日常現象からの解析学

岡本 久 著

近代科学社

◆ 読者の皆さまへ ◆

平素より，小社の出版物をご愛読くださいまして，まことに有り難うございます．

㈱近代科学社は 1959 年の創立以来，微力ながら出版の立場から科学・工学の発展に寄与すべく尽力してきております．それも，ひとえに皆さまの温かいご支援があってのものと存じ，ここに衷心より御礼申し上げます．

なお，小社では，全出版物に対して HCD（人間中心設計）のコンセプトに基づき，そのユーザビリティを追求しております．本書を通じまして何かお気づきの事柄がございましたら，ぜひ以下の「お問合せ先」までご一報くださいますよう，お願いいたします．

お問合せ先：reader@kindaikagaku.co.jp

なお，本書の制作には，以下が各プロセスに関与いたしました：

・企画：小山 透
・編集：石井沙知
・組版（LaTeX）・印刷・製本・資材管理：大日本法令印刷
・カバー・表紙デザイン：川崎デザイン
・広報宣伝・営業：冨髙琢磨，山口幸治，西村知也

はじめに

　応用数学には多種多様な課題があり，汲めどもつきない問題が人々を魅了している．その中でも，非線形力学の諸問題は数学・物理学・工学の融合する場であり，数学，特に解析学の応用には格好の材料である．本書は，主として日常現象に見られる非線形力学現象を数学の立場から解説し，その面白さを理解していただくことを目的とする．現代の応用数学では計算機実験が不可欠となっており，非線形力学の分野では特にその必要性が高い．したがって，本書では具体的に計算した例を多数用意した．

　本書ではできるだけ直観的に分かりやすい議論をしたけれども，中には多少込み入った数式もでてくる．こうした数式に出会っても恐れる必要はない．数式のチェックができなかった読者でも話の筋道はわかるようにしたつもりである．しかし，（最終的にできなかったとしても）できる限り計算を確かめる努力をしてほしい．頭をひねって論理的に推論を進めるというプロセスは，人間の頭脳を鍛える方法として最良のものである．

　数式自体は後の人生で役に立つわけではないかもしれないが，苦労して頭をひねったという経験はいつまでも残り，将来必ず役立つはずである．私の経験によれば，そうして数学で苦労を重ねた人ほど（後々すっかり数学を忘れてしまっても）他の分野で活躍することが多い．ただし，そのとき数学の経験が役立っているにもかかわらず役立っていると感ずるかどうかは別物である．無意識のうちに役立っている，ということが多い．数学無用論を説く人々は「数学が役に立っていないと感じているだけ」であって，数学はそういった数学を敵視する人々さえ，無意識のうちに助けていることが多い．

　本書は放送大学の教材『現象の数理』を元にしてその誤謬を正し，説明に補足を加えたものである．第3章，第10章，付録Aは『現象の数理』にはなかったものであるが，今回新たに付け加えた．その一方，『現象の数理』にあった渦点に関する章は拙著 [8] と重複するので割愛した．数理科学系の3年生・4年生の輪講に使うことを想定して修整したところもある．

　本書の出版許可を与えていただいた放送大学，および仲介の労をとっていただいた長岡亮介氏に感謝の意を表したい．明治大学の矢崎成俊氏，京都大学の磯祐介氏，および近代科学社の小山透氏からはいろいろとアドバイスを頂戴し，本書をず

いぶんと改良することができた．ここに深く感謝の気持ちを表したい．

平成 28 年 1 月

岡本　久

記号などの規約

ここで，本書で使う基本的な記号あるいはいくつかのルールについて述べておく．

- (a, b) は開区間を表す．これは $a < x < b$ を満たすすべての実数からなる集合である．「$x \in (a, b)$」と書いても，「a より大きく b より小さい実数 x」と書いても同じ意味である．
- $[a, b]$ は閉区間を表す．これは $a \leq x \leq b$ を満たすすべての実数からなる集合である．
- すべての実数からなる集合を $\mathbb{R}$ で表す．「$x \in \mathbb{R}$」と書いても，「実数 x」と書いても同じ意味である．
- すべての複素数からなる集合を $\mathbb{C}$ で表す．
- 本書で関数と言えば，特に断らない限り1価な連続関数を意味するものとする．
- f が連続であることを $f \in C^0$ と略記する．f が微分可能で，その導関数 f' が連続となることを $f \in C^1$ と略記する．$f \in C^1$ と言っても，f は1回連続微分可能と言っても同じ意味である．2回微分可能関数で f'' が連続であることを $f \in C^2$ と記し，$C^3, \cdots, C^n$ なども同様の意味とする．f が何回でも微分可能であることを $f \in C^\infty$ と記す．導関数は f' で表わすことが多いが，ドットを使って $\dot{f}$ と記すこともある．

これらに加えて，ランダウの記号も用いる．ある数式 $f(t)$ が変数 t の関数であって，$\lim_{t \to 0} f(t)/t = 0$ となるとき，

$$f(t) = o(t) \qquad (t \to 0)$$

と表す．ある定数 $C > 0$, $t_0 > 0$ がとれて，$0 < t < t_0$ について $|f(t)|/t < C$ となるとき，

$$f(t) = O(t) \qquad (t \to 0)$$

と表す．$o(1)$ とか $O(t^2)$ といったものも用いるが，正確な定義は微積分の教科書を参照してほしい．

本書を読み通すためのアドバイス

　本書は系統だって書かれているわけではなく，しかも**微積分の知識と初等的な物理学の知識は仮定して書かれている**．したがって，言葉使いなどで他のテキストを参照しなければならないところがあるであろう．

　本書は解析学の応用という立場でか書かれているから，簡単な定理には証明をつけることにした．しかし，厳密に証明しようとするとかなりのページ数をくうはめになる．そういう場合には**証明と言えども直観的な説明で終わらせているところも多い**．$\lim$ と $\sum$ の順序交換などは無条件に許されるものではないが，そうしたほうがわかりやすいと思ったらためらわずに使用した．厳密な証明は他書に譲りたい．輪講・セミナー等で使用する際には，「ここの証明をきちんとやるにはどうしたらいいのだろう」と考えながら進んでいただくのがよいと思う．

　本文中の計算はもちろんのこと，章末の問題もできるだけ自分で理解するように努力してほしい．努力したけどわからなかった，というのは仕方がないが，最初からあきらめてしまってはならない．章末の演習問題が理解できると本文のほうも理解が深くなるであろう．

　時間をかけて間違いを追放したつもりであるが，本書にはまだ多くの間違いや読み誤り易い記述が残っているものと思われる．これについては読者の御叱責を得て，修正の機会を待ちたいと思う．

　演習問題の中には難しいものもあれば簡単なものもある．そこで，難易度を✿の数で表すことにした．✿の数が多いほど難しいと理解されたい．

目　次

はじめに i

第1章　応用数学・応用解析学を学ぶ際の心構え
1.1　本書で扱う対象 1
1.2　命題とその逆：ものごとは様々な角度から見てみよう 2
1.3　微分方程式と現象のモデル化 4
1.4　連続体力学 6
1.5　数値計算法 7

第2章　曲線，曲面，そして曲率
2.1　曲線と曲率 11
2.2　曲率の解析的な定義 16
2.3　閉曲線の曲率 17
2.4　曲面 19
2.5　付録：包絡線 22

第3章　図形の重心
3.1　重心の定義 27
3.2　様々な平面図形の重心 30
3.3　3次元図形の重心 33
3.4　浮体の安定性 36

第4章　表面張力
4.1　界面エネルギー 41
4.2　表面張力 44
4.3　ヤング-ラプラスの関係式 49
4.4　水面の形 51

第5章　表面張力に関連した数学の問題
5.1　プラトー問題と極小曲面 59
5.2　厳密解 64

第6章　初等的な変分問題

6.1　準備 ……………………………………………………………………… 67

6.2　等周不等式 ……………………………………………………………… 67

6.3　懸垂線 …………………………………………………………………… 73

6.4　吊り橋の形 ……………………………………………………………… 76

6.5　サイクロイドの性質 …………………………………………………… 77

6.6　エピサイクロイド・ハイポサイクロイド …………………………… 84

第7章　最速降下線—変分法の出発点

7.1　最速降下線 ……………………………………………………………… 91

7.2　最速降下線の存在 ……………………………………………………… 96

第8章　マクスウェル・円錐曲線・幾何光学

8.1　楕円の一般化 …………………………………………………………… 102

8.2　マクスウェルの曲線と幾何光学 ……………………………………… 105

8.3　マクスウェルの関数方程式 …………………………………………… 109

第9章　グリーンの公式と静電気学

9.1　ラプラス作用素と調和関数 …………………………………………… 115

9.2　グリーンの公式 ………………………………………………………… 116

9.3　George Green とは？ …………………………………………………… 119

9.4　電気力学とポアッソン方程式 ………………………………………… 120

9.5　グリーン関数 …………………………………………………………… 123

9.6　ストークスの定理 ……………………………………………………… 127

第10章　熱伝導・フーリエ解析

10.1　熱の本性とは …………………………………………………………… 131

10.2　フーリエ級数 …………………………………………………………… 132

10.3　フーリエ正弦・余弦級数 ……………………………………………… 134

10.4　熱方程式の解法 ………………………………………………………… 135

10.5　収束の吟味 ……………………………………………………………… 138

10.6　熱方程式の解の漸近挙動 ……………………………………………… 139

10.7　拡散現象 ………………………………………………………………… 140

第11章　非圧縮非粘性流体の基礎理論

11.1　流体とは ………………………………………………………………… 143

11.2	完全流体の数学的記述方法	146
11.3	2次元的な流れ	150
11.4	静止流体の力学	150
11.5	具体例	152

第12章　天体の形状

12.1	自転のない場合	159
12.2	自転している場合	163
12.3	楕円体の重力ポテンシャル	164
12.4	平衡状態となるための条件	166

第13章　非圧縮粘性流体の方程式

13.1	ナヴィエ–ストークス方程式	171
13.2	名前の由来	173
13.3	数学的な困難	174
13.4	具体例	175
13.5	ストークス方程式	177
13.6	ストークスのパラドクス	181

第14章　流体中を通過する円柱による粒子の運動

14.1	円柱が非粘性流体中を渦なしで動く場合	183
14.2	球が非粘性流体中を渦なしで動く場合	188
14.3	粘性流の場合	190

付録A　2次曲線

A.1	定義等	193
A.2	円	193
A.3	準線による円錐曲線の定義	194
A.4	双曲線	197
A.5	放物線	199
A.6	円錐	199

付録B　演習問題解答　　205

あとがき	237
関連図書	238
索　引	243

第1章

応用数学・応用解析学を学ぶ際の心構え

　本書の内容に統一的な目標があるわけではない．様々な物理現象の中から日常観測できるものに関連した題材を選び，その背景を数学の言葉で説明したものである．言うならば，理論の紹介ではなく，問題の紹介である．したがって，たとえば『論語』のように一つのエピソードについて話が終わったら次はそれと関係のない問題について論じる，といった形式をとる．もちろん『論語』の全体を読めば孔子の哲学が理解できるように，問題を通じて応用解析学の眺望が得られれば著者としてこの上ない喜びである．本書が『論語』に比べるべくもないものであることは承知しているが，少なくともその形式と孔子の情熱だけは見習いたいものであると思って本書を書いている．

1.1　本書で扱う対象

　さて，応用数学には様々な分野がある．何らかの意味でコンピューターを使うための数理的方法を研究する分野はすべて応用数学だという人もいるが，本書ではより古典的な対象だけを考える．古典力学の現象，表面張力現象，静電気学などであり，高級な物理学理論を必要としない[1]ものばかりである．しかし，本書で目指すものは知識ではない．現象を理論的に理解することである．ある現象を知識として知っていることと，現象の背景を理解することとは大きな隔たりがある．現象が何故発生するのか，それ以外の可能性はないのか，というふうに問いつめてゆくと数学的な背景を調べて方程式を解くという作業が必要になる．これは往々にして困難な作業になるけれども避けて通れないことであり，実はこれこそ応用数学の醍醐味である．したがって読者は，本書に現れる数式をできる限り自分で確かめるようにしてほしい．

　とは言うものの，中には理解しづらい数式も出てくるかもしれない．もしそうし

1　つまり，相対性理論や量子力学を必要としない．

た数式をチェックできなかったら，そこで理解は終わる，ということでは本書の目的は達成できない．そこで，本書は途中の式が未消化であっても全体像がつかめるように工夫したつもりである．たとえば，一つの現象を2種類の方法で説明するとか，一つの定理に別証明を与える，といったことである．厳密科学において証明を与えるということは大変重要であるが，証明は一つ与えれば十分というものではない．分かりやすい別証明を考えれば，それだけ理解が深まるというものである．たとえばピタゴラスの定理には100種類以上の別の証明が存在するというし，オイラーの発見した級数

$$\frac{\pi^2}{6} = 1 + \frac{1}{2^2} + \frac{1}{3^2} + \frac{1}{4^2} + \cdots$$

には11種類もの別証明があるという．本書でも一つの現象を複数の視点から眺めてみたい．

1.2 命題とその逆：ものごとは様々な角度から見てみよう

よく言われることであるが，ある正しい命題の逆は必ずしも正しくない．何か定理を知ったときその逆は正しいのであろうか？と疑問に思うことは自然である．ときにはその逆の成立・不成立を決めることが新しい理論を展開することすらある．こうした見方をすると，定理をよりよく理解することができる．

一つ例をあげてみよう．

> **定理 1.1** 円はどのような方向にも対称軸を持つ.

これは円[2]の中心を通る任意の直線について円が左右対称であることからほぼ自明である．ではその逆はどうであろうか？

> **‘定理’** どのような方向を与えられてもその方向を向いた対称軸を持つ図形は円である.

この‘定理’は成り立たない．円環領域[3]が反例になるからである．しかしこれは対称な図形から相似な図形をくりぬいただけであるから，少しずるい例であるようにも思えるであろう．すなわち，上の‘定理’は定式化が悪いのであり，自然な修正を少し加えれば生き残るかもしれない．実際それは可能である．そのために次の定

---

2 以下では，円板のことを円と呼んだり，円周のことを円と呼んだりするが，文脈の中から判断すればどちらなのかは明白であろうから，いちいち注釈することはしない．

3 たとえば，$\{(x, y) ; 1 < x^2 + y^2 < 4\}$．

義をする.

> **定義 1.1** 平面内の図形が凸（とつ，convex）であるとは，その図形に属する任意の2点をとったとき，その2点を結ぶ線分の任意の点が図形内にあること.

長方形や菱形は凸である.「凹」といった形の曲線で囲まれた領域は凸でない. 皮肉なことであるが,「とつ」を表す文字「凸」は凸曲線でない（図1.1）. しかし,これは慣用であるので致し方がない.

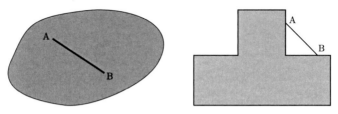

図 1.1 凸な領域に二点をとるとそれを結ぶ線分はその領域内に収まる（左）.「凸」という文字は凸でない. 点 A,B は曲線上にあるが，それを結ぶ線分は曲線の外に出ている（右）.

さて，上の'定理'に少し制限を加えて次のようにしてみると，これは正しい. 実際，きわめて初等的に証明できるので証明は省略する.

> **定理 1.2** どのような方向を与えられてもその方向を向いた対称軸を持つ凸図形は円である.

円に関する次の事実もまた自明である.

> **定理 1.3** 円を平面内のどのような直線に垂直に射影してみても一定の長さの線分になる.

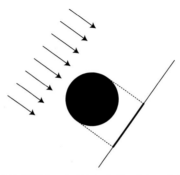

図 1.2 円を射影すると長さが直径に等しい線分となる.

ここで，射影とは，太陽の光が物体に遮られるときにできる影のことである（図1.2）．明らかに円を任意の直線に射影してみても結果は線分で，その長さは常に直径に等しい．この定理の正しさはほぼ自明であるが，その逆はどうであろうか？この定理の逆は次のように書くことができる．

> **'定理'**　平面内のどのような直線に射影してみても一定の長さの線分になるような凸図形は円である．

「平面内のどの方向から見ても一定の幅にみえる図形」のことを**定幅曲線**と呼ぶ．上の定理は，定幅曲線は円に限るということを主張しているのであり，一見もっともに聞こえる．しかし，実はこの'定理'は正しくない．反例を作るのはそう難しいことではない．実は，反例は無数に存在することが知られている．そのうち最も簡単なもの（ルーローの三角形と呼ばれているもの）を図1.3に示す．この図の例が上の'定理'の反例になることを証明することはそう難しいことではないので，読者自ら確かめてほしい．また，三角形ではなく，五角形や七角形に同様のアイデアを施すと別の定幅曲線が得られる．

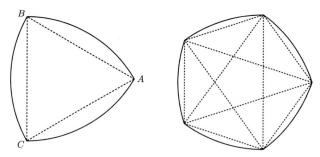

図 1.3　どの方向から見ても一定の幅に見える図形で円でないものの例．3点 ABC は正三角形の頂点であり，点 A を中心とした半径 $\overline{AB}$，開き角 60 度の円弧を描いて B と C を結ぶ．同様に CA を，また，AB を円弧で結ぶと図のような図形ができる（左）．正五角形を使っても定幅曲線ができる（右）．

1.3　微分方程式と現象のモデル化

次章以降，本書では微分方程式を多用する．微分方程式については多くの教科書が書かれているので，本書では読者が常微分方程式に対する初等的な知識を持っているものと仮定する．たとえば [31] や [47] あるいは [52] を参考にあげておく．ロシア語からの翻訳である [46] も良書である．偏微分方程式も現れるが，偏微分方程式の理論を使うわけではないので，多変数の微積分さえわかっていればよい．

さて，微分方程式を何に使うかと言えば，現象の解明および予測に使うのであ

る．これは，物理学や工学では当たり前になっている考え方であるが，初学者には注意が必要である．まず，この考え方には限界があることを知っておこう．「複雑な自然現象もすべて微分方程式で説明できる」というのは一部の数学者の思い上がりである．世の中にはどうやっても今の数学では対処できないものがあるのである．ただ，様々な性質には重要な性質と重要でない性質があるので，重要でないものは（当面の間）無視しておくということは許され得ることである．要するに荒っぽく見るということである．

　例で説明してみよう．太陽の周りを惑星が回っており，惑星は楕円軌道を描く，というのが初等力学の教えてくれるところである．これは，太陽や地球などを質点とみなして常微分方程式を立てて，それを解くことによって説明できる．この段階で様々なものが無視されていることがわかる．つまり，地球の直径は公転軌道の直径に比べれば小さいので無視して，大きさゼロであるとしている．また，他の惑星や月の重力の影響も無視されている．このような近似のもとでケプラーの法則が微分方程式から導かれるのである．

　したがって，数学的手法を用いて物理現象を説明しようとする人は，常に適用限界があることを忘れてはならない．人間が出来ることは，現象をモデル化し，そのモデルを解析することのみである．解析した結果を適用範囲外に当てはめてみても意味があるとは限らない．

　一方で，モデルの精度を上げるために，ありとあらゆる要素をすべて取り入れてごちゃごちゃになった微分方程式を巨大コンピュータで解けばいいのだ，とする態度も問題である．そんなことをして得た結果も簡単なアイデアで単純化したモデルも同じ結果を出すのであれば，ごちゃごちゃしたモデルを考える意味はない．このことの意味は本書を読み進める中で理解が進むであろう．藤田定資の著した『精要算法』の下巻には「久留島先生曰凡数学ハ問ヲ設ケルヲ難シトス．術ヲ施スハ是ニ次グ．」とある．現象の数理でも，いかにして問題をきれいな数学的な形にもってくるかが重要な働きをする．

　本書で扱う現象は身近なものに限ったとしても，我々が目にするもののほんの一部でしかない．だが，より高度な現象にはもう少し高級な道具が必要であるから本書では割愛したい．学部では基礎をしっかり学ぶことに集中すべきであり，高度な内容に飛びつくのは大学院に入ってからでも遅くはない．反応拡散系といった偏微分方程式を使えば，豊かな現象が見えてくるから，いずれはこうしたものも学ぶ必要はあるであろう．[10, 49] を参考書として挙げておく．また，『物理の散歩道』[56] というすぐれたエッセイ集があるが，これもぜひお薦めしたい．そこで取り上げられている問題を数学的により定量化するだけで多くの発見がありそうである．

数理からはかなり離れてしまうが，寺田寅彦の随筆集 [37] も学べるところが多い．

　日常現象には偶然に支配されるものも多い．こうした現象にも数学的に記述できるものがあり，現代科学を学ぶ者はこうした現象の数学的理解にも無関心であってはならない．しかし，そうしたランダムな現象を記述するには確率論的な準備が必要である．それには本書のページ数は足りなさすぎるから，本書では偶然現象の記述に踏み込むことはしない．[12, 26, 43, 63, 84, 107] などを参考書として挙げておく．[107] の問題がきちんと解けるようになれば立派なものである．

1.4　連続体力学

　連続体力学は応用解析学では中心的な分野である．連続体力学は大雑把に分けて，弾性体力学と流体力学に分かれる．塑性体の力学は実に興味のある研究対象であるが，本書の程度を越えるので，ここではふれない．佐野理氏の [23] を読めば，連続体力学が俯瞰できるので，是非一読をお薦めしたい．しかし，両方について数学的に議論しようとすると，どうしてもページ数が足りなくなる．そこで，本書では弾性体理論の話題は割愛した．

　流体は工学的な応用が多く，流体の運動の数理的な背景を知っていることは重要である．しかし，数学的な準備が大変なせいか，初学者には敬遠されがちである．文献 [4] は流体力学の初歩から始めて一通りの理論が説明されているので一読をお薦めする．本書ではもう少し具体的な例を考察し，様々な計算を実行する．

　本書では非粘性非圧縮流体を主に考える．非粘性非圧縮流体の代表的なものは水である．水の圧縮性は極めて小さく，水を扱っている限り非圧縮という仮定は何も問題ではない．一方，現実の流体では粘性があり，これを無視することは時として危険である．しかし，次の理由から本書では粘性を無視する場合が多い：

- 粘性を考慮すると使われる数学が複雑になる；
- 粘性を考慮すると具体例の数値計算が複雑になる．

流体力学の歴史は古いが，数理科学としての流体力学は18世紀のオイラーの研究から始まるとしてよい．本書ではオイラーの基礎方程式を丁寧に説明し，具体例を通して理解を深めるような構成をとっている．オイラー方程式の解には様々なパラドックスに関係するものがある．これについてもふれる予定である．

　オイラー方程式では粘性が無視されている．これに対し，粘性も含めた理論の基礎方程式がナヴィエ–ストークス方程式と呼ばれるものである．ナヴィエはフランスの技師，ストークスはイギリスの数理物理学者である．両者は協力して研究した

わけでもなく，全く独立に研究したわけでもないのになぜ二人の人名が並記されるようになったのか，そこには深いわけがある．それについては後に述べよう．

1.5 数値計算法

良くも悪しくも現代の科学に数値計算は必須のものとなっている．これを単なる必要悪とみなすか，それとも人類の英知のたまものと見るかは，人によって様々である．いずれにせよ数値計算は多くのことを人間に教えてくれる．たとえば，本書で描いた多くの例は計算機で数値計算したものである．現代の天気予報に数値計算は不可欠になっているし，ロケットの軌道計算などもコンピューターで計算される．しかし，下手な使い方をするとコンピューターは全くのウソを伝えてくることもある．数値計算に裏切られないようにするには，何故そのようなことが起きるのか，それを防ぐにはどうしたらよいのか，といったことについて最低限の知識が必要である．こうしたノウハウについては優れた教科書が多いので，それらを参照していただきたい．たとえば [21, 34, 50] などは定評のある教科書である．

最近は数値計算の詳しいノウハウを知らなくても数学ソフトウェアを使えば結構詳しい数値計算ができるようになっている．何もできないよりはそうしたソフトを使って数値計算の経験を積む方が良い．著者は数値計算ソフトに敵意をもつものではない．しかしながら，次のことには注意していただきたい．すなわち，数値計算ソフトで計算できることは他の大多数の人々にもできるということである．自分しか知らない世界を開拓しようと思ったら，自分でアルゴリズムを考案し，C などのプログラミング言語を使ってプログラムを自分で書いてみなければならない．結構大変な作業になることがあるが，そうした努力をした人間だけが味わえる世界があることは事実であり，お手軽な計算のみですべてがわかったつもりになってもらっては困る．

* * *
演習問題

[問題 1] ✿ 定理 1.2 を証明せよ．

[問題 2] ✿✿ 次の定理の逆は正しいか？

> 定理 2点で円と交わる任意の直線について，その 2 交点における円と直線の交わる角度は相等しい．

> **定理の逆** ある凸図形があり，それに交わる任意の直線について，その二つの交点（図形の境界と直線の交点）における図形の接線と直線の交わる角度が等しいならばその図形は円である．

[問題 3] ✿✿ 鋭角三角形 ABC の垂心（3頂点から対辺へ下ろした垂線の交点）を H とする．このとき，ABH を通る円（それはただ一つに決まる）の半径，BCH を通る円の半径，CAH を通る円の半径は同じであることを証明せよ．この命題の逆を述べ，それが正しいかどうかを論ぜよ．

[問題 4] ✿「$\triangle ABC$ が二等辺三角形ならば，その3本の中線（頂点と対向する辺の中点を結んだ線分）のうち2本は長さが等しい．」これは簡単にわかる．では，その逆命題を述べ，それが正しいかどうかを論ぜよ．

[問題 5] ✿✿ $0 < \delta < 1/2$ とし，図 1.4 のように三角形の各頂点と，対辺を $\delta : (1 - \delta)$ に分割する点を結ぶ．このときできる小三角形（図の影のついた部分）の面積は，元の三角形の面積の $\dfrac{(1 - 2\delta)^2}{1 - \delta + \delta^2}$ であることを証明せよ．

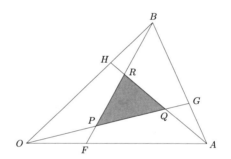

図 1.4 $OF : FA = AG : GB = BH : HO = \delta : (1 - \delta)$

[問題 6] ✿ 次の定理（ジョンソンの定理と呼ばれている．[90]）を証明せよ：半径の等しい3個の円が1点 O を共有している．二つの円の O 以外の交点を A, B, C とする．このとき，A, B, C を通る円の半径はもともとの円の半径に等しい．

[問題 7] ✿ 無数の異なる種類の定幅曲線があることを例示せよ．

[問題 8] ✿✿✿ 図 1.5 のように，楕円の2点から接線を引き，それらの交点が直角に交わるようにする．こうした交点の軌跡がある円になることを証明せよ．

[問題 9] ✿ 円形の池があってその中に島がある．その池端の各点から島への2次元的な視角を計ると常に一定であるという．このとき，島は円形であると結論できるか？

[問題 10] ✿ 有界な平面領域 Ω に対し，

$$d(\Omega) = \sup_{P, Q \in \Omega} \overline{PQ}$$

とおく．ここで $\overline{PQ}$ は線分 PQ の長さである．$d(\Omega)$ を Ω の直径と呼ぶ．これとは別

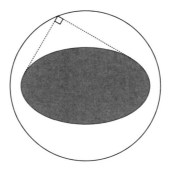

図 1.5　どの方向から見ても一定の角度に見える.

に，$\Omega \subset D$ となる円板 D の直径の下限として $\tilde{d}(\Omega)$ を定義する．$d(\Omega) \leq \tilde{d}(\Omega)$ を証明し，Ω が正 n 角形の場合に $d(\Omega)$ と $\tilde{d}(\Omega)$ を計算せよ．等号が成り立つのはどういう場合か，考えよ．ただし，Ω としては有界閉凸集合のみを考えてよい.

第2章

曲線，曲面，そして曲率

この章は曲線や曲面の曲率に関する基本をおさらいすることを目的とし，4章において表面張力現象を学ぶための準備とする．

2.1 曲線と曲率

平面上の曲線 $y = f(x)$ が与えられたとき，その曲率を定義しよう．その定義の仕方にはいろいろあるが，そのうち最も初等的な方法から始めてみよう．

> **注意 2.1** 以下，曲率という概念を様々な方法で定義する．一つの概念を複数の方法で定義するということはまどろっこしいような気がするかもしれない．一つで十分なのにどうして時間をかけて重複したことをするのか，と疑問に思う方々もおられるであろう．しかし，様々な（しかし同値な）定義を考えることは次の意味で重要である：
>
> - 異なる同値な定義といえどもそのわかりやすさは様々であり，読者はその中で自分にとって最もしっくりくるものを選ぶことができるほうがよい．
> - 一つの概念をある場合には幾何学的に，ある場合には解析的に，というふうに取り扱えると，結論へたどりつく時間を大幅に節約できることが多い．
>
> 同じ概念を違う定義で理解することは，ある芸術的な壺を反対方向から見ると別の味わいが出ることがあるようなものである．数学的に完全な定義が一つあればそれで十分という態度は教育的にはよろしくない．同様に，一つの定理に様々な別証明を与えることは大変重要なことである．

2.1.1 曲率の第1の定義

平面内に任意の曲線を考える．本書では，曲線といえば2階微分可能な曲線であるとする．フラクタル曲線のようなものには曲率は定義できないので，そういった曲線はここでは考えない．

一般に，曲線のある点の近くではその曲線は接線でよく近似できる．あるいは，「曲線をよく近似する直線を接線であると定義する」のである．曲率の定義では，

曲線を接線よりさらによく近似するために円を用いる. 以下の議論では現れる関数が C^2 級であることを仮定しているので, そのことを忘れないようにしてほしい.

はじめに次の定理に注意する:

> **定理 2.1** 平面内の3点を任意にとる. ただし, その3点が同一直線上にはないものとする. このときこの3点を通る円がただ一つ定まる.

証明: よく知られていると思うが, 念のために証明しておく. 任意の2点 P と Q を通る円は無限に多く存在するが, それらの中心はすべて一直線上にある (図2.1). その直線とは線分 $\overline{PQ}$ の垂直二等分線のことである. この直線を ℓ_{PQ} と呼ぶことにしよう. 第3点 R を取り, P と R を通る円を考えるとそれはやはり PR の垂直二等分線 ℓ_{PR} 上にある. 3点は同一直線上にないから, ℓ_{PQ} と ℓ_{PR} は平行ではあり得ず, 必ず1点で交わる. この交点を中心とし, 点 P を通る円を描くとこれは Q も R も通るので, この円が求めるものである. このような円がただひとつしかないことはその作り方から明らかであろう. 証明終

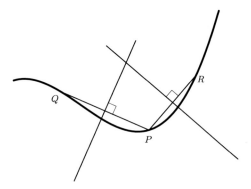

図 2.1 二点を通る円はすべてその2点の垂直2等分線上に中心を持つ.

さて, 曲線 $y = f(x)$ 上に任意の1点 $P = (\xi_0, f(\xi_0))$ をとる. その近くに $Q = (\xi_1, f(\xi_1))$, $R = (\xi_2, f(\xi_2))$ (ただし ξ_0, ξ_1, ξ_2 は互いに相異なるものとする) をとり, これら3点を通る円を考える (ξ_1 および ξ_2 は ξ_0 より大きくても小さくてもどちらでもかまわない). この状況で $\xi_1 \to \xi_0$ かつ $\xi_2 \to \xi_0$ としたときに, その円がある円に収束することを示そう. まず線分 $\overline{PQ}$ の垂直2等分線を考える. その方程式は, ベクトル

$$\left(x - \frac{\xi_0 + \xi_1}{2},\ y - \frac{f(\xi_0) + f(\xi_1)}{2} \right)$$

がベクトル $(\xi_1 - \xi_0, f(\xi_1) - f(\xi_0))$ に垂直であることより,

$$\left(x - \frac{\xi_0 + \xi_1}{2}\right)(\xi_1 - \xi_0) + \left(y - \frac{f(\xi_0) + f(\xi_1)}{2}\right)(f(\xi_1) - f(\xi_0)) = 0$$

で表されることがわかる．同様に，線分 $\overline{PR}$ の垂直 2 等分線の方程式は

$$\left(x - \frac{\xi_0 + \xi_2}{2}\right)(\xi_2 - \xi_0) + \left(y - \frac{f(\xi_0) + f(\xi_2)}{2}\right)(f(\xi_2) - f(\xi_0)) = 0$$

である．これら 2 直線の交点の座標は

$$\begin{pmatrix} \xi_1 - \xi_0 & f(\xi_1) - f(\xi_0) \\ \xi_2 - \xi_0 & f(\xi_2) - f(\xi_0) \end{pmatrix} \begin{pmatrix} x \\ y \end{pmatrix} = \begin{pmatrix} \frac{\xi_1^2 - \xi_0^2}{2} + \frac{f(\xi_1)^2 - f(\xi_0)^2}{2} \\ \frac{\xi_2^2 - \xi_0^2}{2} + \frac{f(\xi_2)^2 - f(\xi_0)^2}{2} \end{pmatrix} \tag{2.1}$$

を解くことによって与えられる．クラーメルの公式を用いて解を表示し，$\xi_1, \xi_2 \to \xi_0$ の極限をとったときに，x, y がある値に収束することを証明すればよい．実際にそうしてもよいが，そうするといかに初等的であるとはいえ，計算は面倒であるので演習問題としよう．ここでは次のように議論を進める．

$\xi_1 = \xi_0 + t$, $\xi_2 = \xi_0 + s$ とおいて (2.1) を t, s についてテイラー展開する．すると，(2.1) は

$$tx + \left(tf'(\xi_0) + \frac{t^2}{2}f''(\xi_0) + o(t^2)\right)y = t\left(\xi_0 + f(\xi_0)f'(\xi_0)\right)$$
$$+ \frac{t^2}{2}\left(1 + f'(\xi_0)^2 + f(\xi_0)f''(\xi_0)\right) + o(t^2)$$
$$sx + \left(sf'(\xi_0) + \frac{s^2}{2}f''(\xi_0) + o(s^2)\right)y = s\left(\xi_0 + f(\xi_0)f'(\xi_0)\right)$$
$$+ \frac{s^2}{2}\left(1 + f'(\xi_0)^2 + f(\xi_0)f''(\xi_0)\right) + o(s^2)$$

となる．第 1 式を t で割り，第 2 式を s で割れば，

$$x + \left(f'(\xi_0) + \frac{t}{2}f''(\xi_0) + o(t)\right)y = \xi_0 + f(\xi_0)f'(\xi_0)$$
$$+ \frac{t}{2}\left(1 + f'(\xi_0)^2 + f(\xi_0)f''(\xi_0)\right) + o(t) \tag{2.2}$$
$$x + \left(f'(\xi_0) + \frac{s}{2}f''(\xi_0) + o(s)\right)y = \xi_0 + f(\xi_0)f'(\xi_0)$$
$$+ \frac{s}{2}\left(1 + f'(\xi_0)^2 + f(\xi_0)f''(\xi_0)\right) + o(s). \tag{2.3}$$

(2.2) で $t \to 0$ とすると

$$x + f'(\xi_0)y = \xi_0 + f(\xi_0)f'(\xi_0) \tag{2.4}$$

を得る．(2.2) から (2.3) を引くと，

$$\left(\frac{t-s}{2}f''(\xi_0)+\cdots\right)y = \frac{t-s}{2}\left(1+f'(\xi_0)^2+f(\xi_0)f''(\xi_0)\right)+\cdots$$

が成り立つ．ここで $\cdots$ は $O((t+s)(t-s))$ であることに注意する．両辺を $t-s$ で割って $t,s\to 0$ とすると，

$$\frac{1}{2}f''(\xi_0)y = \frac{1}{2}\left(1+f'(\xi_0)^2+f(\xi_0)f''(\xi_0)\right) \tag{2.5}$$

を得る．(2.4) と (2.5) から極限円の中心の座標 $(\bar{x},\bar{y})$ がわかる：

$$\bar{x} = \xi_0 - \frac{f'(\xi_0)+f'(\xi_0)^3}{f''(\xi_0)}, \qquad \bar{y} = \frac{1+f'(\xi_0)^2+f(\xi_0)f''(\xi_0)}{f''(\xi_0)} \tag{2.6}$$

以上で極限円の存在が示された．この極限円の半径を $\mathcal{R}$ とすると

$$\mathcal{R}^2 = (\bar{x}-\xi_0)^2 + (\bar{y}-f(\xi_0))^2 = \frac{\left(1+f'(\xi_0)^2\right)^3}{f''(\xi_0)^2}.$$

すなわち，

$$\mathcal{R} = \frac{\left(1+f'(\xi_0)^2\right)^{3/2}}{|f''(\xi_0)|}. \tag{2.7}$$

これを点 $P=(\xi_0,f(\xi_0))$ における**曲率半径**と呼ぶ．曲率半径の逆数を**曲率**と呼び，κ で表す．ただし，慣例では符号つきで定義することになっており，曲率の表示式は

$$\kappa = \frac{f''(\xi_0)}{(1+f'(\xi_0)^2)^{3/2}} \tag{2.8}$$

となる．

> **注意 2.2** $f''(\xi_0)=0$ のときには (2.7) は意味を持たない．このときには曲率半径は無限大であるということにする．このとき曲率はゼロである．

上の論証には大きな欠点があり，厳密な意味では論証となっていない．それは，3 点 P,Q,R が一直線上にあるときには円が取れないことにある．あるいは同じことであるが，(2.1) の連立方程式の解が

$$(\xi_1-\xi_0)(f(\xi_2)-f(\xi_0)) - (\xi_2-\xi_0)(f(\xi_1)-f(\xi_0)) = 0$$

のときには確定しないことであると言ってもよい（係数行列の行列式がゼロになる場合である）．しかし，非常に多くの場合に上の定義は正しいことを注意しておこう．

2.1.2 第 2 の定義

曲率を別の（しかし同値な）方法で定義することができる．曲線 $y = f(x)$ 上の点 $(\xi_0, f(\xi_0))$ でこの曲線に接する円を考える．このような円は無数にある．実際，$(\xi_0, f(\xi_0))$ における法線の任意の点を中心とし，点 $(\xi_0, f(\xi_0))$ を通る円はすべてこの曲線に接する．このような円のうち 2 次の接触をする円がただ一つ定まり，その円の半径を**曲率半径**と呼ぶことにする．ここで，二つの曲線 $y = \phi(x)$ と $y = \psi(x)$ が $x = \xi_0$ で 2 次の接触をするとは，

$$\phi(\xi_0) = \psi(\xi_0), \quad \phi'(\xi_0) = \psi'(\xi_0), \quad \phi''(\xi_0) = \psi''(\xi_0)$$

が成り立つことである．

> **注意 2.3** ある曲線と直線が 1 次の接触をすること（すなわち，$\phi(\xi_0) = \psi(\xi_0)$, $\phi'(\xi_0) = \psi'(\xi_0)$ となること）はこの直線が接線になることに他ならない．

この定義が先ほどの定義と同値であることを確認しておこう．円の中心を (X_0, Y_0) とし，その半径を $\mathcal{R}$ とする．すると円の方程式は $y = Y_0 \pm \sqrt{\mathcal{R}^2 - (x - X_0)^2}$ である．当面，

$$y = Y_0 - \sqrt{\mathcal{R}^2 - (x - X_0)^2}$$

を考えて話を進めよう．これと $y = f(x)$ が 2 次の接触をするわけであるから，

$$f(\xi_0) = Y_0 - \sqrt{\mathcal{R}^2 - (\xi_0 - X_0)^2}, \qquad f'(\xi_0) = \frac{\xi_0 - X_0}{\sqrt{\mathcal{R}^2 - (\xi_0 - X_0)^2}},$$

$$f''(\xi_0) = \frac{\mathcal{R}^2}{(\mathcal{R}^2 - (\xi_0 - X_0)^2)^{3/2}}$$

が成り立つ（$f''(\xi_0) < 0$ のときには円 $y = Y_0 + \sqrt{\mathcal{R}^2 - (x - X_0)^2}$ を用いる）．第 2，第 3 式から X_0 を消去すると，

$$\mathcal{R}^2 = \frac{\left(1 + f'(\xi_0)^2\right)^3}{f''(\xi_0)^2}. \tag{2.9}$$

を得るが，これは (2.7) で導いたものと同じである．

曲線 $y = f(x)$ 上の点 $P = (\xi, f(\xi))$ の曲率を定義するのに，次のようにしてもよい．まず，点 P で法線を引き，点 P の近くの点 $Q = (\zeta, f(\zeta))$ で法線を引く．特殊な場合を除き，この 2 法線は交点を持つ．$Q \to P$ のときに法線の交点の極限を S とする．すると，(2.6) を用いて $S = (\bar{x}, \bar{y})$ となる．そして $\mathcal{R} = \overline{PS}$ として

曲率を $\pm 1/\mathcal{R}$ で定義する．符号は法線の向きをどちらにとるかで決まる．このやり方が上に述べた方法と同値であることはやはり初等的な方法で証明できるが，ここではあまりにくどくなるので証明は省略する．

2.2 曲率の解析的な定義

微分幾何学の標準的な教科書ではこれまで述べてきたような定義を採用しないほうが普通である．通常は，上に述べたもの（それらは厳密なものではない）ではなく，解析的な次の定義が採用される．そのためにまず弧長というものを定義する．

> **定義 2.1**
>
> $$s(\xi) = \int_{\xi_0}^{\xi} \sqrt{1 + f'(x)^2}\,\mathrm{d}x$$

とおき，s を**弧長パラメータ**と呼ぶ．s は，曲線の点 $(\xi_0, f(\xi_0))$ から点 $(\xi, f(\xi))$ までの長さである（ただし，$\xi < \xi_0$ のときには長さは負の数として数える）．s は ξ の単調増加関数であるからその逆関数が存在する．これを $\xi = \xi(s)$ と書くことにしよう．

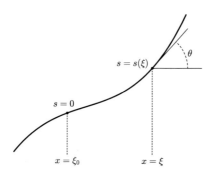

図 **2.2** 弧長パラメータと接線の傾き．

点 $(\xi_0, f(\xi_0))$ の近くで，接線が x 軸となす角度 θ を定める（図 2.2 参照）：

$$\tan\theta = f'(\xi).$$

（π の整数倍だけの不定性が残るけれども，これは後の議論に関係しない．）θ を s の関数とみなすと，$\theta(s) = \tan^{-1}(f'(\xi(s)))$ であるから，

$$\kappa = \frac{\mathrm{d}\theta}{\mathrm{d}s} \tag{2.10}$$

とし，これを**曲率**と呼ぶ．これが同じ定義を与えることは次のようにして理解することが可能である．まず微分を実行する：

$$\frac{\mathrm{d}\theta}{\mathrm{d}s} = \frac{1}{1+f'(\xi)^2}\frac{\mathrm{d}f'(\xi)}{\mathrm{d}\xi}\frac{\mathrm{d}\xi}{\mathrm{d}s}.$$

定義 2.1 によって $\mathrm{d}\xi/\mathrm{d}s = 1/\sqrt{1+f'(\xi)^2}$ であるから，

$$\frac{\mathrm{d}\theta}{\mathrm{d}s} = \frac{f''(\xi)}{(1+f'(\xi)^2)^{3/2}}$$

となり，証明が終わる．この定義を採用すると先ほどの定義で出てきたような曖昧さはなくなる．

2.3 閉曲線の曲率

以上で $y = f(x)$ という形の曲線の曲率を定義することができた．しかし，曲線にはこうした形でかけないものも存在する．円 $x^2 + y^2 = R^2$ も点 $(R,0)$ の近傍では $y = f(x)$（f は微分可能な関数）という形に書けない．しかし，この場合でも $x = \phi(y)$ で ϕ が微分可能な関数として書くことができる．したがって，x と y の役割を交換して上の定義を用いれば曲率を定義することができる．一般に，どのような曲線であれ，ある点の近傍では適当な直交座標系 (x,y) を新たにとって $y = f(x)$ という形にできるから，これですべての曲線に対して曲率が定義できたことになる．

この定義が矛盾なく成り立つためには，曲率が座標系の取り方によらない，という事実が必要である．これは正しい事実であり，(2.10) を使って確かめることができる．実際，曲線の長さも，接線の傾きの増分も直交座標変換で変わらない量である（接線の傾きの値自体はどの方向を x 軸にとるかで変わるが，その変化率は x 軸の取り方に依存しない）．ただし符号に任意性は残る．これは曲線の向きづけに依存する．たとえば円の場合，右回りをその向きと決めるか左回りをその向きと決めるかは考える人の意志に任されている．しかし，一つの向きが定められたら，その曲線の右側と左側を定義できる（曲線の向きの方向に向かったときに右手側を右側とし，反対側を左側と定義する）[1]．そして，曲率円の中心が左側にあるときに正の曲率，右側にあるとき負の曲率と定義すればよい．

次の定理は (2.8) からほぼ自明であるが，大事な事実である．

---

[1] もちろん，右側・左側は考えている点の近傍でのみ意味があり，全域的に意味を持つものではない．しかし，これは本書では支障をもたらすことはない．

> **定理 2.2** ある曲線の曲率は，曲率を計るべき点を原点にとって曲線を $y = f(x)$ （ただし $f'(0) = 0$）という形に書くとき $\kappa = f''(0)$ で与えられる．

どのような曲線のどの点でも法線を y 軸にとって座標を取り直すとこの定理の仮定を満たすようにできるから，曲率の計算は簡単に行うことができる．

次の定理は直観的には明らかに見えるが，証明は必要である．

> **定理 2.3** 直線の曲率はいたるところゼロである．円の曲率は定数であり，（± の符号を除いて）円の半径の逆数に等しい．逆に曲率が一定の曲線は円と直線しかない．

証明： 前半部を計算で確かめておこう．直線の方程式は一次式であるから $f'' \equiv 0$ である．これは $\kappa \equiv 0$ を意味する．次に，円 $y = \sqrt{R^2 - x^2}$ を考えてみよう．$y' = -x/\sqrt{R^2 - x^2}$, $y'' = -R^2(R^2 - x^2)^{-3/2}$ となるからこれを (2.8) に代入すると，$\kappa = -1/R$ となり，確かに定数である．

逆にある曲線 $y = f(x)$ が曲率一定ならば $\kappa = \frac{f''(\xi)}{(1+f'(\xi)^2)^{3/2}}$ の左辺は ξ によらない定数である．この式は

$$\kappa = \frac{\mathrm{d}}{\mathrm{d}\xi}\left(\frac{f'(\xi)}{(1 + f'(\xi)^2)^{1/2}}\right)$$

と書けるから，積分することによって

$$\kappa\xi + \gamma = \frac{f'(\xi)}{(1 + f'(\xi)^2)^{1/2}}$$

を得る．ただし γ は定数である．これより，$f'(\xi)^2 = \frac{(\kappa\xi+\gamma)^2}{1-(\kappa\xi+\gamma)^2}$, つまり，

$$f'(\xi) = \pm\frac{\kappa\xi + \gamma}{\sqrt{1 - (\kappa\xi + \gamma)^2}}. \tag{2.11}$$

これは積分できて，$\kappa \neq 0$ ならば，

$$f(\xi) = \mp\frac{1}{\kappa}\sqrt{1 - (\kappa\xi + \gamma)^2} + \beta$$

（β は定数）となる．これは

$$(f(\xi) - \beta)^2 + \left(\xi + \frac{\gamma}{\kappa}\right)^2 = \frac{1}{\kappa^2}$$

と書けるから，円の方程式に他ならない．$\kappa = 0$ ならば (2.11) は「$f'(\xi) = $ 定数」であるが，これは直線の方程式である． 証明終

　以上で曲率の定義はほぼ完成であるが，いくつか補足しておかねばならぬことがある．まず最初は，曲線がパラメータ表示されているときの曲率の表示式である．$y = f(x)$ という形式はいつも便利であるとは限らない．第 6 章で述べるサイクロイドのように，$(x(\alpha), y(\alpha))$ $(0 \le \alpha \le L)$ というふうにパラメータ表示する方が便利な事も多い．たとえば楕円には次の二種類の表示方法がある：

$$\frac{x^2}{a^2} + \frac{y^2}{b^2} = 1, \qquad (x, y) = (a\cos\theta, b\sin\theta) \quad (0 \le \theta \le 2\pi).$$

そこで，(2.8) をパラメータ表示の場合に書き直しておこう．

$$\frac{\mathrm{d}y}{\mathrm{d}x} = \frac{\mathrm{d}y}{\mathrm{d}\alpha} \bigg/ \frac{\mathrm{d}x}{\mathrm{d}\alpha} \equiv \frac{y_\alpha}{x_\alpha}$$

と

$$\frac{\mathrm{d}^2 y}{\mathrm{d}x^2} = \frac{\mathrm{d}}{\mathrm{d}\alpha}\left(\frac{y_\alpha}{x_\alpha}\right) \bigg/ \frac{\mathrm{d}x}{\mathrm{d}\alpha} = \frac{x_\alpha y_{\alpha\alpha} - y_\alpha x_{\alpha\alpha}}{x_\alpha^3}$$

に注意する[2]．これらを (2.8) に代入すると，次式を得る：

$$\kappa = \frac{x_\alpha y_{\alpha\alpha} - y_\alpha x_{\alpha\alpha}}{\{(x_\alpha)^2 + (y_\alpha)^2\}^{3/2}}. \tag{2.12}$$

　極座標 r, θ を使って $r = f(\theta)$ と表される曲線が与えられれば，これは $(f(\theta)\cos\theta,$ $f(\theta)\sin\theta)$ とパラメータ表示される曲線とみなせるから，その曲率は次式で与えられる．

$$\kappa = \frac{f^2 + 2(f')^2 - ff''}{\{(f)^2 + (f')^2\}^{3/2}}. \tag{2.13}$$

2.4 曲面

　本書では曲面の一般論を展開することはしない．一般論は諦めて，$z = f(x, y)$ というグラフで描かれる曲面を中心に考えることにする．以下に述べる曲率の定義は座標系に強く依存しており，標準的な微分幾何学の教科書にあるものとは異なっている．しかし，本節で与える定義のほうが直観的でわかりやすいので，標準的な定義は採用しなかった．後で表面現象を考察する際に必要となることがらのみを簡単におさらいしよう．

　曲面 $z = f(x, y)$ の 1 点を固定して考えよう．法線を z 軸にとることにより，こ

2　下付きの指数はその変数について微分することを意味する．

の点が $(0, 0, 0)$ であり（特に $f(0, 0) = 0$），しかも $f_x(0, 0) = f_y(0, 0) = 0$ である
としてよい[3]．xy 平面において，原点を通り x 軸と角度 α をなす直線 $\ell_\alpha : y \cos \alpha = x \sin \alpha$ を考える．この直線と z 軸の双方を含む平面を考える．この平面と曲面 $z = f(x, y)$ の共通部分を考えるとこれは平面曲線になるから，原点における曲率が定義できる．これを $\kappa(\alpha)$ と書くことにする．α が $[0, 2\pi]$ を動くとき，この曲率は α の関数と考えることができる（図 2.3 参照）．

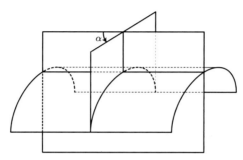

図 2.3 平均曲率の定義の仕方．曲線を平面で切り，その切り口の曲率を考える．図は円筒面の場合である．

> **定義 2.2** 点 $(0, 0, 0)$ における曲面の**平均曲率**を
> $$H = \frac{1}{2\pi} \int_0^{2\pi} \kappa(\alpha) \, d\alpha$$
> で定義する．

この定義は，曲面の様々な切り口を考え，そこからできる平面曲線の曲率を平均したものが平均曲率である，ということである．曲面の曲率にはこれ以外にも全曲率（＝ガウス曲率）という重要な概念も存在するが，これは表面張力現象には現れてこないので本書では述べない．

> **注意 2.4** 平面曲線の曲率では ± の符号が座標系の取り方に依存するから，平均曲率も ± の符号が座標系によって変わる．曲面の法線は 1 本に定まるが，その直線のどちらを正の向きにとるかは考える人に任されている．しかし，この符号の違いはそう大きな問題を生ずるわけではないのであまり神経質になることはない．

平均曲率に関し次の事実が成り立つ：

---

3 上でも述べたように，偏微分 $\frac{\partial f}{\partial x}$ を f_x と略記する．f_y についても同様．

定理 2.4 任意に固定した α_0 に対して

$$H = \frac{1}{2}\left(\kappa(\alpha_0) + \kappa\left(\alpha_0 + \frac{\pi}{2}\right)\right). \tag{2.14}$$

κ の最大値と最小値を $\kappa_{\max}$, $\kappa_{\min}$ とすると,

$$H = \frac{1}{2}\left(\kappa_{\max} + \kappa_{\min}\right). \tag{2.15}$$

証明: ℓ_α と z 軸を含む平面の横座標を x' とする. 縦座標はもちろん z である. このとき, この平面と曲面の切り口は

$$z = f(x'\cos\alpha, x'\sin\alpha)$$

で与えられる. 法線を z 軸にとってあるから, $f_x(0,0) = f_y(0,0) = 0$ である. 定理 2.2 によって, 切り口の曲線の曲率は

$$\kappa(\alpha) = \cos^2\alpha f_{xx}(0,0) + 2\cos\alpha\sin\alpha f_{xy}(0,0) + \sin^2\alpha f_{yy}(0,0) \tag{2.16}$$

となる ($f_{xx} = \frac{\partial^2 f}{\partial x^2}$ などと略記している).

$$\int_0^{2\pi} \cos^2\alpha\,\mathrm{d}\alpha = \pi, \quad \int_0^{2\pi}\cos\alpha\sin\alpha\,\mathrm{d}\alpha = 0, \quad \int_0^{2\pi}\sin^2\alpha\,\mathrm{d}\alpha = \pi$$

を用いると

$$H = \frac{1}{2}\left(f_{xx}(0,0) + f_{yy}(0,0)\right) \tag{2.17}$$

を得る. 一方, (2.16) を使って

$$\kappa(\alpha) + \kappa(\alpha + \pi/2) = f_{xx}(0,0) + f_{yy}(0,0)$$

を証明することは容易である. これで (2.14) が示された. (2.16) を使えば (2.15) を証明することも容易であるので, (2.15) の証明は省略する. 　　　　証明終

微分作用素 $\dfrac{\partial^2}{\partial x^2} + \dfrac{\partial^2}{\partial y^2}$ を $\triangle$ で表し, **ラプラス作用素**と呼ぶ. このとき (2.17) は次のように書き直せる.

系 2.1 $z = f(x,y)$ が $f_x(x_0, y_0) = f_y(x_0, y_0) = 0$ を満たすならば, (x_0, y_0) における平均曲率は $H = \frac{1}{2}\triangle f(x_0, y_0)$.

定理 2.4 を用いると半径 R の球面の平均曲率が (± の符号を除いて)

$$H = \frac{1}{2}\left(\frac{1}{R} + \frac{1}{R}\right) = \frac{1}{R}$$

であることがわかる．同様に，半径 R の円を切り口にもつ直円筒の平均曲率が

$$H = \frac{1}{2}\left(0 + \frac{1}{R}\right) = \frac{1}{2R}$$

であることも容易にわかる．

曲面 $z = f(x,y)$ の一般の点 $(x,y,f(x,y))$ での曲率は次の式で計算できる．

> **定理 2.5** 一般の曲面の任意の点 $(x,y,f(x,y))$ における平均曲率は次式で与えられる：
>
> $$H = \frac{(1+f_y^2)f_{xx} - 2f_x f_y f_{xy} + (1+f_x^2)f_{yy}}{2\left(1+f_x^2+f_y^2\right)^{3/2}}. \qquad (2.18)$$

本書ではこれは証明しない．たとえば [17] を見よ．

> **定理 2.6** 空間内の閉曲面[4]がいたるところ一定の平均曲率を持つならば，それは球面である．

この定理は**アレクサンドロフの定理**と呼ばれ，その証明は定理 2.3 に比べてはるかに難しいので本書ではその証明を割愛する．興味のある読者は文献 [117] を参考にされたい．

2.5 付録：包絡線

後の章で出てくるので，ここで包絡線を定義しておく．ある曲線の族 Γ_t ($t \in (a,b)$) が与えられているものとする．

> **定義 2.3** 曲線 E が曲線族 $\{\Gamma_t\}$ の**包絡線** (envelope) であるとは，すべての t に対して Γ_t と E がある点で接することである．

例で考えるのが一番わかりやすい．$0 < t < 1$ に対して，$(0, 1-t)$ と $(t, 0)$ を結ぶ直線を Γ_t とする．$(0,1)$ 内の多くの t について直線を描いてみると，図 2.4 (左) からわかるように，これらすべてとどこかで接する曲線が浮かび上がってくる．これが包絡線である．この図の包絡線は，斜めの直線 $x = y$ を軸に持つ放

---

4 球面やドーナツ面のように境界がなくしかも有界な曲面を**閉曲面**と呼ぶ．無限に伸びた円筒面は閉曲面ではない．途中で切った円筒面は境界があるのでやはり閉曲面ではない．

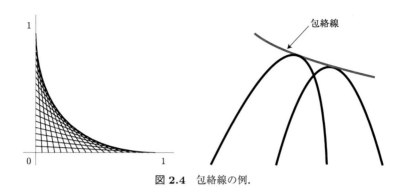

図 2.4 包絡線の例.

物線であることがわかる.

　一般に, Γ_t が方程式 $\Phi(t, x, y) = 0$ で与えられている状況を考えよう. Γ_t と E の接点を $(x(t), y(t))$ とする. このとき, $\Gamma_{t+\mathrm{d}t}$ と Γ_t との交点を $(X(t + \mathrm{d}t), Y(t + \mathrm{d}t))$ とする. $\mathrm{d}t \to 0$ のとき $(X(t + \mathrm{d}t), Y(t + \mathrm{d}t)) \to (x(t), y(t))$ である. 定義によって

$$\Phi(t + \mathrm{d}t, X(t + \mathrm{d}t), Y(t + \mathrm{d}t)) - \Phi(t, x(t), y(t)) = 0$$

である. $\mathrm{d}t$ で割って $\mathrm{d}t \to 0$ とすると,

$$\Phi_t + \dot{X}\Phi_x + \dot{Y}\Phi_y = 0$$

を得る. 定義から, $(\dot{X}(t), \dot{Y}(t)) = (\dot{x}(t), \dot{y}(t))$ であり, 点 $(x(t), y(t))$ において $(\dot{X}, \dot{Y})$ と (Φ_x, Φ_y) は直交する (図 2.4 の右図参照) から, $\Phi_t(t, x(t), y(t)) = 0$ を得る. もちろん, $\Phi(t, x(t), y(t)) = 0$ であるから, これら二つの式から t を消去すれば x と y の式を得ることになり, これが包絡線の式となる. あるいはこれらをパラメータ t による包絡線のパラメータ表示だとみなすことができる.

　図 2.4 の例では $\frac{x}{t} + \frac{y}{1-t} = 1$ が曲線族である. これを $(1-t)x + ty - t(1-t) = 0$ と書きなおす. 包絡線は, これと, これを微分したもの $-x + y - 1 + 2t = 0$ を連立させればよい. $2(x + y) = 1 + (x - y)^2$ が包絡線となる.

*   *   *

演習問題

[問題 1]　点 $P = (\xi, f(\xi))$ における法線と点 $Q = (\zeta, f(\zeta))$ の法線の交点を求め, $\zeta \to \xi$ のときに交点は (2.6) で定まる $(\bar{x}, \bar{y})$ に収束することを示せ.

[問題 2]　✿ 放物線 $y = x^2$ の, $(0,0)$ から (a, a^2) までの長さが

$$\frac{a}{2}\sqrt{1+4a^2} + \frac{1}{4}\log\left(2a + \sqrt{1+4a^2}\right)$$

であることを証明せよ．

[問題3] ✿ 曲線 $y = \cosh x$ の，$(0,0)$ から $(a, \cosh a)$ までの長さを計算せよ．

[問題4] ✿ 曲線 $y = f(x)$ 上の 2 点 $(\xi_0, f(\xi_0))$ と $(\xi_1, f(\xi_1))$ で法線を引き，その交点を (X, Y) とする．$\xi_1 \to \xi_0$ のとき，X と Y はそれぞれ，

$$\overline{X} = \xi_0 - \frac{f'(\xi_0)\left(1 + f'(\xi_0)^2\right)}{f''(\xi_0)}, \qquad \overline{Y} = f(\xi_0) + \frac{1 + f'(\xi_0)^2}{f''(\xi_0)}$$

に収束することを示せ．これから (2.9) を導け．

[問題5] ✿✿ 式 (2.1) を x, y について解き，$\xi_1 \to \xi_0$ とせよ．次に $\xi_2 \to \xi_0$ としたとき極限が (2.6) となることを確かめよ．

[問題6] ✿ 極座標で $r = f(\theta)$ と表される曲線の曲率が (2.13) で与えられることを証明せよ．

[問題7] ✿ a を正定数とする．極座標を用いて $r = a\theta$ と表される曲線をアルキメデスの螺旋と呼ぶ．θ は 0 から 2π まで動くとき，この曲線を描け．この螺旋の端点 $(2\pi a, 0)$ と原点を直線で結んだときにできる図形の面積を求めよ．また，この曲線 $(0 \le \theta \le 2\pi)$ の長さを求めよ．最後に，この曲線の曲率を求めよ．

[問題8] ✿ アニェージ[5]の曲線，あるいは，versiera という名前がついている，$y = \dfrac{1}{x^2 + 1}$ という曲線の曲率を計算し，曲率がゼロになる点を求めよ．

[問題9] ✿ 古代ギリシャのニコメデスが考案したコンコイドという曲線は次のように定義される．a, b を正定数とする．ある定点から距離 a だけ離れた直線を描く．その定点を発し，直線に交わる半直線を描き，交点から定点とは反対方向に b だけ離れた点を取る．このような点の軌跡をコンコイドと呼ぶ．最初の定点を $(-a, 0)$ とし，直線を x 軸として曲線の概形を描け．また，点 $(0, b)$ における曲率を求めよ．

[問題10] ✿ 江戸時代の和算家坂部廣胖[6]が 1815 年に刊行した『算法点竄指南録』は次の問題と答えが書かれているという．

> **問題** ある楕円の短径の端点でこの楕円に接し楕円を内部に含む円（図 2.5）のうち最も半径の小さいものは何か？
> **答え** その半径は長径 × 長径 ÷ 短径．

これを微積分を知らなかった当時の人が解決したという事実には脱帽するしかないが，微積分を使えば簡単に示すことができる．楕円の方程式を $\dfrac{x^2}{a^2} + \dfrac{y^2}{b^2} = 1$ とする．ここで，$0 < b < a$ とする．点 $(0, b)$ における楕円の曲率を求めることによって坂部廣胖の答えが正しいことを説明せよ．

---

5 Maria Gaëtana Agnesi, 1718-1799.
6 さかべこうはん．1759-1824.

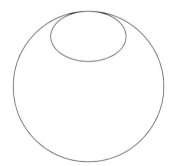

図 **2.5** 楕円に接する円.

[問題 11] ✿ 和算家は曲率半径という概念を知らなかったようであるが，これに関連した多数の問題を解いていた．[42] には多くの問題が集められており，大変おもしろいので一読をお薦めする．

[問題 12] ✿ $a > 0$ とする．三次曲線 $y = x^3 - a^2 x$ の曲率の絶対値が最大となる点の x 座標 ξ は，

$$\xi^2 = \frac{2a^2 + \sqrt{9a^4 + 5}}{15}$$

を満たすことを証明せよ．

[問題 13] ✿ 双曲線 $y = \sqrt{x^2 + 1}$ の曲率を計算せよ．

[問題 14] ✿ 楕円の曲率を計算し，曲率の絶対値が最も大きくなるのは長径の端点であることを証明せよ．最少となるのはどこか？

[問題 15] ✿ 平均曲率の公式 (2.18) は

$$2H = \frac{\partial}{\partial x} \frac{f_x}{\sqrt{1 + f_x^2 + f_y^2}} + \frac{\partial}{\partial y} \frac{f_y}{\sqrt{1 + f_x^2 + f_y^2}} \tag{2.19}$$

とも表されることを証明せよ．

[問題 16] ✿ 球面 $z = \sqrt{R^2 - x^2 - y^2}$ の平均曲率が $-1/R$ であることを確かめよ．

[問題 17] ✿ (2.16) を用いて (2.15) を証明せよ．

[問題 18] ✿ 楕円面

$$\frac{x^2}{a^2} + \frac{y^2}{b^2} + \frac{z^2}{c^2} = 1$$

を考える．ただし，$0 < c < b < a$ と仮定する．このときこの曲面の点 $(a, 0, 0)$，$(0, b, 0), (0, 0, c)$ における平均曲率を計算し，すべて異なっていることを確かめよ．

[問題 19] ✿ 回転面 $z = f(r)$ $(r = \sqrt{x^2 + y^2})$ に対する平均曲率を，

$$z_x = \frac{x}{r}f', \qquad z_{xx} = \frac{x^2}{r^2}f'' + \frac{y^2}{r^3}f'$$

などの式を用いて計算し，

$$2H = \frac{f'}{r\sqrt{1+(f')^2}} + \frac{f''}{(1+(f')^2)^{3/2}} = \frac{1}{r}\left(\frac{rf'}{\sqrt{1+(f')^2}}\right)' \qquad (2.20)$$

となることを証明せよ．

[問題 20] ✿ 開き角 α の円錐 $z^2 = \cot^2\alpha(x^2+y^2)$ の円錐面の平均曲率を求めよ．それは原点からの距離に逆比例していることを確かめよ．ただし，$0 < \alpha < \pi/2$ とする．

[問題 21] ✿ ドーナツ面 $z^2 + (r-2)^2 = 1$ の平均曲率を計算せよ．ただし，$r = \sqrt{x^2+y^2}$ であり，$1 < r < 3$ とする．

第3章

図形の重心

　三角形の重心については高校で習うので，読者はよくご存じであろう．本章では
これを様々な図形について定義し，その性質を調べよう．

3.1　重心の定義

　三角形の重心についておさらいしよう．

> **定義 3.1**　$\triangle ABC$ が与えられたとき，各頂点からそれに対向する辺の中点へ
> 直線を引く．これら3本の直線（それらは中線と呼ばれる）が1点で交わる
> ことが証明され，それを**重心**という．

この定義はしかし，なぜそれが重さの中心という名を持つのかは教えてくれない．
重心というわけは，三角形をその点で支えるとどの方向にも傾かないということで
ある．これを説明するには力のモーメントという概念を導入するのが便利である．
　太さが無視できる剛体棒 AC を考える（図 3.1）．この棒の1点 B を固定し支点
と呼ぶ．支点から距離 x だけ離れた点に力がかかっているものとし，この力の，
棒に垂直な成分を f とする．このとき，xf を，この力の点 B に関するモーメント
と呼ぶ．　ここで，力が支点 B から点 C に向かって右側を向いているときに f は
正であるとし，左側を向いているときに負であるとする．

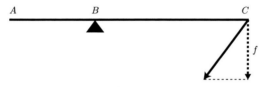

図 3.1　力のモーメント.

　次に，図 3.1 において，物質が AC 上に連続的に分布しているものとする．AC
は水平であるとすれば，これは重力によって AC に垂直な力を及ぼす．その線密
度を $f(x)$ とする．点 B は固定されているから，線分 BC は B の周りに時計方向

にまわろうとし，線分 AB は反時計周りにまわろうとする．両者がつり合うには，すべてのモーメントを合わせたものがゼロにならねばならない．すなわち，

$$\int_0^\gamma (x-\beta)f(x)\,\mathrm{d}x = 0 \tag{3.1}$$

が条件となる．ここで $A=(0,0), B=(\beta,0), C=(\gamma,0)$ という座標を設定した．

たとえば，f が正定数ならば，$0 = \int_0^\gamma (x-\beta)\,\mathrm{d}x = \frac{1}{2}\gamma^2 - \beta\gamma$. すなわち，$\beta = \gamma/2$ でなければならない．これは，天秤のつり合いに関する直観と一致する．

この考察を定義にすることができる．すなわち，図 3.1 のような天秤棒があって，その質量密度の分布が $f(x)$ である場合，(3.1) を満たす β を求めれば，それが重心の位置である，と定義することにする．以下，図形を考えるときには密度一定の質点が詰まっているものとする．

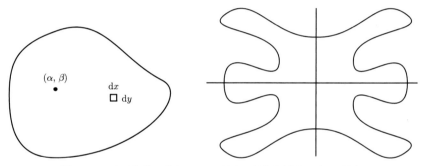

図 3.2 2 次元物体の重心 (α, β)（左），対称な領域の重心（右）．

以上の定義は 1 次元的なものに適用されているが，2 次元や 3 次元でも同様の定義ができる．2 次元では図 3.2（左）のように，微小な長方形 $\mathrm{d}x\,\mathrm{d}y$ が点 (α, β) に関して生み出すモーメントを総計すると，

$$\iint_\Omega ((x,y)-(\alpha,\beta))\,\mathrm{d}x\mathrm{d}y = (0,0) \tag{3.2}$$

となる．つまり，重心の座標は

$$\alpha = \frac{\iint_\Omega x\,\mathrm{d}x\mathrm{d}y}{\iint_\Omega \mathrm{d}x\mathrm{d}y}, \qquad \beta = \frac{\iint_\Omega y\,\mathrm{d}x\mathrm{d}y}{\iint_\Omega \mathrm{d}x\mathrm{d}y} \tag{3.3}$$

で与えられる．$\iint_\Omega \mathrm{d}x\mathrm{d}y$ は Ω の面積に他ならないから，これを $|\Omega|$ で表すと，

$$\alpha = \frac{1}{|\Omega|}\iint_\Omega x\,\mathrm{d}x\mathrm{d}y, \qquad \beta = \frac{1}{|\Omega|}\iint_\Omega y\,\mathrm{d}x\mathrm{d}y \tag{3.4}$$

が重心の座標を与えることになる．長方形の場合にこれを計算すると，これらは長方形の中心の座標を与えることは直ちにわかる．三角形の場合にこの積分を実行す

ると，これが上に述べた定義 3.1 と一致することが確かめられる．これは適当に座標をとって積分を実行すれば証明できるが，馬鹿正直に計算すると手間がかかる．むしろ，次のような発見的考察の方が役立つであろう[1]．

その前に一つの定理を証明しておこう．

定理 3.1 Ω を二つの部分に分ける．$\overline{\Omega} = \overline{\Omega_1} \cup \overline{\Omega_2}, \Omega_1 \cap \Omega_2 = \emptyset$．このとき Ω_1 の重心を (α_1, β_1) とし，Ω_2 の重心を (α_2, β_2) とするとき，Ω の重心は，(α_1, β_1) と (α_2, β_2) を結ぶ線分を $|\Omega_2|$ 対 $|\Omega_1|$ に分ける点である．

証明は簡単で，(3.4) を

$$\alpha = \frac{|\Omega_1|}{|\Omega_1| + |\Omega_2|} \frac{1}{|\Omega_1|} \iint_{\Omega_1} x \,\mathrm{d}x\mathrm{d}y + \frac{|\Omega_2|}{|\Omega_1| + |\Omega_2|} \frac{1}{|\Omega_2|} \iint_{\Omega_2} x \,\mathrm{d}x\mathrm{d}y$$
$$= \frac{|\Omega_1|}{|\Omega_1| + |\Omega_2|} \alpha_1 + \frac{|\Omega_2|}{|\Omega_1| + |\Omega_2|} \alpha_2$$

と書き直せば，これが証明になっている（β についても同様）．

もうひとつ簡単な定理を証明しておこう．

定理 3.2 図形がある直線について左右対称ならば，重心はその対称軸上にある．2 本の直行する直線があって，図形 Ω はその各々について線対称であるとする．このとき Ω の重心は，その 2 本の直線の交点である．

定義 (3.4) を当てはめれば，この定理は直ちに従う．後半は前半の系である．2 本の直線は直交するから，図形は左右対称でありかつ上下対称であると言ってもよい．実際，アルキメデスはこの定理を自明のこととして使っている．この定理の帰結として，長方形の重心は，対角線の交点であることがわかる．長方形でなくても，2 本の対称軸さえあればいいのであって，図 3.2（右）のように，形はどれだけ歪んでいてもよい．

次の定理も (3.4) からほぼ自明であろう．

定理 3.3 図形 Ω がある点について点対称であるとする．このとき Ω の重心は，その点である．

その点を原点にとると，

$$(x, y) \in \Omega \Longleftrightarrow (-x, -y) \in \Omega$$

---

1 これは，アルキメデスが三角形の重心を決定したときに使った方法とほぼ同じアイデアを用いている．

である．これと (3.4) から定理が従う．この定理の帰結として，平行四辺形の重心
はその対角線の交点であることがわかる．

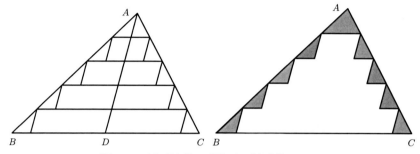

図 3.3　三角形内部に平行四辺形を内接させる．

　さて，三角形 ABC が与えられたとし，図3.3のように中線 AD を n 等分し，
BC に平行な線と AD に平行な線を引いて $n-1$ 個の平行四辺形を内接させる．
この図形を H_n としよう．n を大きくしてゆけば $\triangle ABC \setminus H_n$ の面積（図 3.3 の
右）はいくらでも小さくできる．$\Omega = \triangle ABC, \Omega_1 = H_n, \Omega_2 = \triangle ABC \setminus H_n$ とし
て定理 3.1 を適用する．すると，$\triangle ABC$ の重心と H_n の重心は，n さえ十分大き
ければいくらでも近いことになる．ところで，内接されている各々の平行四辺形の
重心は線分 AD の上にあり，それらを束ねたものが H_n であるから，定理 3.1 に
よって H_n の重心は線分 AD 上になければならない．したがって，$\triangle ABC$ の重心
は AD 上になければならない．同じ論法は他の中線についても成り立つから，重
心はすべての中線の交点とならねばならない．

　ここで注意を二つ与えておく．まず一つ目は，中学・高校でならう重心の定義は
重心の意味をまったく無視したものであるということである．**一般の図形に対する
(3.4) がこそが定義であり，定義 3.1 は実は定理である**．二つめの注意は，重心は
必ずしも Ω に属するとは限らないことである．たとえば，$0 < a < b$ なる定数をと
って $a^2 < x^2 + y^2 < b^2$ なる集合を考えると，これは円環領域を表すが，この重心
は原点であり，Ω に属さない．ただし，Ω が凸ならば重心はその領域に属する．

3.2　様々な平面図形の重心

　図形の重心の位置を求める問題は力学では重要な問題である．たとえば，船の重
心が高すぎれば船は傾いてしまう．したがって，様々な図形でこれを計算しておく
ことは，数理科学を学ぶ学生にとってよい訓練になろう．

　まず，多角形の重心はその多角形を三角形に分割し，定理 3.1 を適用することに

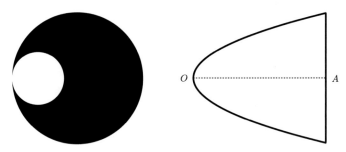

図 3.4 小円をくりぬいた円板（左），放物線と直線（右）．

よって得られることに注意しておく．

定理 3.1 の応用として，佐藤雪山の問題を解いてみよう．佐藤雪山は 19 世紀の越後の和算家で，彼の遺した『算法円理三台』には次の問題があげられている[2]．図 3.4（左）のように円に内接する小円をくりぬいた図形の重心を求めることが問題である．大円の半径を a とし，小円の半径を b とする．大円の中心を原点にとろう．図形は上下対称であるから，重心は $(\alpha, 0)$ とおくことができる．小円の重心は $(-a+b, 0)$ である．したがって，定理 3.1 によって

$$(a-b) \times \pi b^2 = \alpha \times (\pi a^2 - \pi b^2)$$

が成り立たねばならない．つまり，$\alpha = b^2/(a+b)$ である．

3.2.1 放物線

図 3.4（右）のように，放物線とその軸に直交する直線で囲まれた領域の重心を求めよう．点 A の x 座標を a とし，放物線を $bx = y^2$ とする．ただし a と b は正定数である．

対称性によって，重心は x 軸にある．(3.3) を用いると，

$$\alpha = \frac{\int_0^a x \int_{-\sqrt{bx}}^{\sqrt{bx}} \mathrm{d}y \mathrm{d}x}{\int_0^a \int_{-\sqrt{bx}}^{\sqrt{bx}} \mathrm{d}y \mathrm{d}x} = \frac{\int_0^a 2\sqrt{b}x^{3/2} \,\mathrm{d}x}{\int_0^a 2\sqrt{b}x \,\mathrm{d}x} = \frac{3a}{5}.$$

この結果はアルキメデスが最初に導いたものである（[86]）．

アルキメデスは放物線を斜めに切った場合にも同様の結果を得ている（[86]）．これは演習問題としよう．

2　これが佐藤雪山のオリジナルの問題なのか，それとも彼がどこかからとってきたものなのか，著者は知らない．

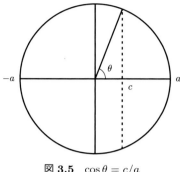

図 **3.5** $\cos\theta = c/a$

3.2.2 円

円の重心がその中心となることは定理 3.2 から明らかである．では，円を適当な直線で切った図形（図 3.5）の重心は計算できるであろうか？ 円を $x^2 + y^2 = a^2$ とし，$-a < c < a$ なる定数 c をとって

$$\Omega = \{(x,y) \mid x^2 + y^2 < a^2, c < x < a\}$$

という領域を考える．この図形の重心は明らかに x 軸上にある．図 3.5 のように θ をとると，その面積は

$$\int_c^a 2\sqrt{a^2 - x^2}\,dx = 2a^2 \int_0^\theta \sin^2 u\,du = a^2\left(\theta - \frac{\sin 2\theta}{2}\right).$$

であり，

$$\int_c^a 2x\sqrt{a^2 - x^2}\,dx = 2a^3 \int_0^\theta \sin^2 u \cos u\,du = \frac{2}{3}a^3 \sin^3\theta$$

であるから，重心の x 座標は次式で与えられる：

$$\alpha = \frac{2a\sin^3\theta}{3(\theta - \frac{1}{2}\sin 2\theta)} \qquad (c = a\cos\theta).$$

特に，半円の場合には $\theta = \pi/2$ であるから，

$$\alpha = \frac{4a}{3\pi}. \tag{3.5}$$

平面図形の極限として非常に細い領域を考えると，曲線状に質量が分布している場合の重心を求めることができる．円弧

$$\{(x,y) \mid x^2 + y^2 = a^2, c \leq x \leq a\}$$

上に一様に質量が分布しているものとすると，その重心は x 軸上にあり，その x 座標は，

$$\alpha = \frac{a}{2\theta} \int_{-\theta}^{\theta} \cos u \, \mathrm{d}u = a \frac{\sin \theta}{\theta}$$

となる．

3.3　3次元図形の重心

　球の重心がその中心になることは対称性から見て自明のことである．では，半球の重心はどこであろうか．半径 a の半球

$$x^2 + y^2 + z^2 \leq a^2, \qquad 0 \leq x$$

の重心はもちろん，x 軸上にある．

$$\int_0^a x \times \pi(a^2 - x^2) \, \mathrm{d}x = \frac{\pi a^4}{4}$$

であり，これを半球の体積で割ると重心の x 座標 α がわかる．

$$\alpha = \frac{3a}{8}.$$

3.3.1　回転放物体

　図 3.4（右）の図形を x 軸の周りに回転させて得られる 3 次元図形の重心を計算しよう．これもアルキメデスによって得られた結果である．x 座標が ξ の平面で切ると，その切り口は半径 $\sqrt{b\xi}$ の円になる．したがって体積は

$$\int_0^a \pi b x \, \mathrm{d}x = \frac{1}{2} \pi b a^2.$$

一方，

$$\iiint_\Omega x \, \mathrm{d}x\mathrm{d}y\mathrm{d}z = \int_0^a \pi b x^2 \, \mathrm{d}x = \frac{1}{3} \pi b a^3$$

であるから，重心の x 座標は

$$\alpha = \frac{2a}{3} \tag{3.6}$$

である．

アルキメデスのこの結果[3]は16世紀には知られていたが，どうやって証明したのかが伝わっておらず，ガリレオもずいぶんと苦労して重心の位置を求めている（『新科学対話』の付録）．ガリレオらの努力は後の積分学の嚆矢であるということができるので，歴史的には極めて重要である．

ここでちょっと遠回りして，ニュートンやライプニッツの微積分ができる前に，一体どのようにしてガリレオが物体の体積や重心を求めたのか，説明しておこう．今の我々からすれば迂遠な方法ではあるが，ガリレオの数学者としての才能が遺憾なく発揮されているので，これについて学ぶことも無益ではなかろう．

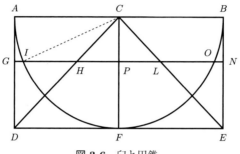

図 3.6 臼と円錐.

球の体積の決定は，ガリレオの『新科学対話』[11] の第1日に現れる．図3.6（これは [11] にある図と本質的に同じものである）は AB および DE を直径とする直円柱に半球 $AFBCA$ を挿入したものを横から見たところである．ここには DE を基底とし C を頂点に持つ直円錐が埋め込まれている．そしてガリレオは，直円柱から半球 $AFBCA$ を取り除いた臼のような領域と円錐 $DFEC$ が同じ体積を持つことを証明する．このためガリレオは，基底に平行な任意の平面（図3.6の $GIHPLON$）で切る．ピタゴラスの定理から，

$$IP^2 + PC^2 = IC^2 = GP^2$$

これは $GP^2 - IP^2 = PC^2 = HP^2$ を意味する．すなわち，

$$\pi HP^2 = \pi GP^2 - \pi IP^2$$

である．左辺は円錐を平面で切ったときの切り口の面積であり，右辺は臼の切り口（円環領域となる）の面積である．これが，平面がどの位置にあっても正しいのであるから，「臼と円錐の体積は等しい」ということが結論される．これは現在の積分論でやる方法と極めて近いと言えよう．**「カヴァリエリの原理」** を使っていると

---

3 もちろん彼は，「取り尽くし法」を使って幾何学的にこれを証明するのである．こんなに簡単に計算できたわけではない.

いうこともできる[4].

$$半球の体積 = 円柱の体積 - 臼の体積 = 円柱の体積 - 円錐の体積$$
$$= \frac{2}{3} \times 円柱の体積$$

であるから, 球の体積もわかった. アルキメデスが球の体積を計算した方法 [86] と比べればはるかにわかりやすい.

3.3.2 回転双曲面

双曲線 $y = 1/x$ の $1 \leq x \leq a$ の部分を x 軸のまわりに回転して得られる曲面と平面 $x = 1, x = a$ で囲まれた領域 (図 3.7 (左)) の重心を $(\alpha, 0)$ とすると,

$$\alpha = \frac{\int_1^a x \times \pi x^{-2}\,\mathrm{d}x}{\int_1^a \pi x^{-2}\,\mathrm{d}x} = \frac{a \log a}{a - 1}. \tag{3.7}$$

体積 $\int_1^a \pi x^{-2}\,\mathrm{d}x = \pi(a - 1)/a$ は $a \to \infty$ としても有限にとどまる. すなわち, 無限に長いラッパのような領域が有限の体積を持つことになる. これはトッリチェッリが 1644 年に証明した事実で, 当時の人々にはパラドクスとして見られ, かなりの論争を引き起こした.

3 次元空間内の領域 Ω には三つの属性が考えられる. 体積, 表面積, そして直径である. 直径は

$$d(\Omega) = \sup_{x, y \in \Omega} |x - y|$$

で定義される. トッリチェッリは $d(\Omega) = \infty$ であっても体積は有限であることを例示した. では, その表面積は有限であろうか, それとも無限であろうか? 計算するとわかるが, これは無限大になる:

$$\int_1^\infty 2\pi y(x) \sqrt{1 + \left(\frac{\mathrm{d}y}{\mathrm{d}x}\right)^2}\,\mathrm{d}x = 2\pi \int_1^\infty \frac{\sqrt{1 + x^2}}{x^2}\,\mathrm{d}x \geq 2\pi \int_1^\infty \frac{1}{x}\,\mathrm{d}x = \infty.$$

(3.7) で $a \to \infty$ とすればわかるように, 無限に伸びたトッリチェッリのラッパの重心の位置は無限大となってしまい, 有限には定まらない.

3.3.3 円錐・角錐

底面積が S の直円錐を考えよう. 高さを a とする (図 3.7 右). 円錐の軸を x 軸

---

4 カヴァリエリが彼の結果を発表するのはガリレオの『新科学対話』よりも前であるが, ガリレオがこのアイデアを思いついたのはカヴァリエリよりも古いのであろう.

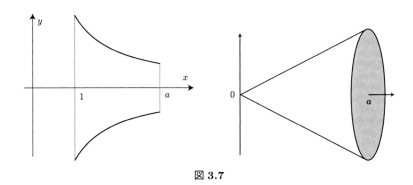

図 3.7

にとると，x における切断面の面積は $(x/a)^2 S$ である．したがって，重心の x 座標は

$$\alpha = \frac{\int_0^a \frac{S}{a^2} x^3 \, \mathrm{d}x}{\int_0^a \frac{S}{a^2} x^2 \, \mathrm{d}x} = \frac{3a}{4}$$

となる．この事実は底面が円以外の図形でも変わらない．

円錐を次のように拡張してみよう．$p > 0$ を定数とする．$y = x^p$ を x 軸の周りに回転して得られる曲面と $x = 1$ で囲まれた図形の重心を求めよ．

$$\int_0^1 \pi x^{2p} \, \mathrm{d}x = \pi \frac{1}{2p+1}, \qquad \int_0^1 \pi x^{2p+1} \, \mathrm{d}x = \pi \frac{1}{2p+2}$$

から，重心の x 座標が $\alpha = (2p+1)/(2p+2)$ と計算される．$p = 1$ とすると円錐の場合を得る．

3.4 浮体の安定性

アルキメデス [86] は回転放物体が水に浮かんでいるとき，それが安定であるための条件を与えている．ここでは彼の定理を紹介しよう．図 3.8 のように，回転放物体を軸に垂直に切った浮体 $BB'Q'PAQB$ を考える．この浮体の比重は水の比重よりも小さいものと仮定する．図のように物体を伏せた形で水に浮かべ，放物体の基底面は完全に水の中に入っているものと仮定する．放物体を定義する放物線は $by = x^2$ を y の周りに回転させたものとする．最後に，放物体の高さ AN は $3b/4$ よりも小であると仮定する．このとき図のように浮かんでいるならば放物体の頂点が上に動く．特に，頂点が上にあり軸が鉛直な状態は安定である．

図 3.8 において QQ' が喫水線とする．水の上に出ている部分 QPQ' の重心を F，放物体全体の重心を C とし，水の下にある部分の重心を H とする．$AC =$

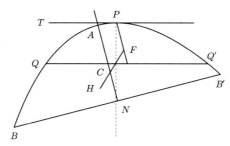

図 3.8　水に浮かぶ回転放物体.

$\frac{2}{3}AN$ であるから，放物体の高さ AN が $3b/4$ より小さいということは，$AC < b/2$ を意味することに注意せよ．ここで次の補題を用意する.

> **補題 3.1**　$b > 0$ とする．$by = x^2$ の原点以外の点で法線を描き，法線と放物線の軸との交点を $(0, p)$ とするとき，$p > b/2$ となる.

図 3.8 の P は一番高いところにある点である．ここにおいて放物面に法線（図 3.8 の破線）を引くと，$AC < b/2$ であるから，線分 AC は法線を横切らない．ゆえに，$\angle CPT$ は鋭角である．浮力は H において垂直上方にはたらいているから，力のモーメントは物体を図において右に回すことになる.　　　　　　証明終

＊　＊　＊

演習問題

[問題 1]　✿ $A = (a, 0), B = (b, c), C = (0, 0)$ を三頂点とする三角形を Ω とするとき，(3.4) を直接計算して，これが三角形の重心を与えることを証明せよ．ただし，a, b, c はいずれも正数とする.

[問題 2]　✿ 同じ大きさの円形の金メダルと銅メダルをちょうど半分に切り，半分ずつ継ぎ合わせる．このとき，重心の位置はどこか．ただし，銅の比重を 8.82 とし，金の比重を 19.32 とせよ．また，金メダルはすべて純金からなると仮定し，銅メダルも銅のみからなっていて，どちらも同じ半径の円形であると仮定する.

[問題 3]　✿ 補題 3.1 を証明せよ.

[問題 4]　✿ 図 3.9 のように放物線を AB で切る．AB と平行に接線を引き，接点を E と名付ける．E を通り，放物線の軸と平行な直線を引き，線分 AB との交点を D とする．このとき $AD = DB$ であることを証明せよ.

[問題 5]　✿ 前問を用いて，斜めに切った放物線領域，すなわち，図 3.9 の斜線で囲まれた領域の重心が，ED を $3 : 2$ に分割する点であることを証明せよ.

[問題 6]　✿ 回転放物体を斜めに切ったとき，図 3.9 の ED を 2 対 1 に分ける点が重心である

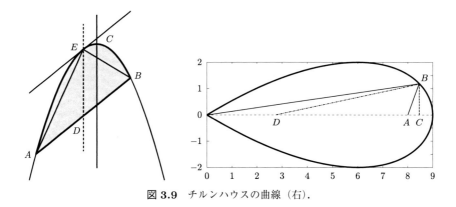

図 3.9　チルンハウスの曲線（右）.

ことを証明せよ. これはアルキメデスが証明していたのであるが, その証明はその後
失われてしまった.

[問題 7]　✿ 球を $x = b$ という平面で切るとどうなるであろうか.

$$\{(x, y, z)\ ;\ x^2 + y^2 + z^2 \leq a^2,\quad b \leq x\}$$

の重心はもちろん x 軸上にある. その x 座標を求めよ.

[問題 8]　✿✿ 次の曲線の概形を描き, これで囲まれた領域の重心を求めよ.

$$r = \cos 2\theta \qquad (-\pi/4 < \theta < \pi/4).$$

[問題 9]　✿ 次の曲線の概形を描き, これで囲まれた領域の重心を求めよ.

$$y^2 = x^3(1 - x) \qquad (0 \leq x \leq 1).$$

[問題 10]　✿ チルンハウス[5]の曲線 ([94], 図 3.9 右) とは,

$$x = 3(3 - t^2), \qquad y = t(3 - t^2), \qquad (-\sqrt{3} \leq t \leq \sqrt{3})$$

で表される曲線である. これが囲む領域の重心を求めよ.

[問題 11]　✿✿✿ 前問の曲線は角の三等分に使うことができる. 図 3.9 （右）の $\angle BAC$ を任意
の角とし, B は曲線上にあり, そこから x 軸に下ろした垂線の足を C とする. この
とき $\angle BAC$ を三等分する方法を述べよ.

[問題 12]　✿✿ 次の曲線はデカルトの葉線 (folium) と呼ばれるものと本質的に同じものである.

$$y^2 = \frac{x^2(3 - x)}{3(1 + x)}$$

この曲線の $0 \leq x \leq 3$ の部分で囲まれる領域の重心を求めよ.

[問題 13]　✿ xy 平面における $y = f(x)$ $(1 \leq x < \infty)$ のグラフを x 軸の周りに回転して得られ

5　Ehrenfried Walter von Tschirnhaus, 1651-1708.

る 3 次元図形の直径・表面積・体積，および重心の位置を考える．次の表に当てはまる正値単調減少関数 $f_1(x), f_2(x)$ を例示せよ．

関数	直径	表面積	体積	重心の位置
$y = 1/x$	∞	∞	有限	∞
$f_1(x)$	∞	∞	有限	有限
$f_2(x)$	∞	有限	有限	有限

[問題 14] ✿ 図 3.10 のように，中心を通る直円柱を球からくり抜いたときに，円柱の高さを測ってみたら $2a$ であった．このときくり抜かれて残った部分の体積を求めよ．これが球の半径に無関係であることを確かめよ．

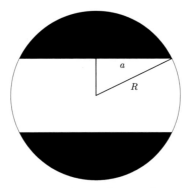

図 **3.10** 球から円柱をくり抜く．

[問題 15] ✿ アニェージの曲線（前章の問題 8）$y = 1/(1+x^2)$ と x 軸と $x = \pm a$ で囲まれる領域の重心を計算し，$a \to \infty$ の極限を求めよ．

第 4 章

表面張力

液体は表面を伴うのが普通である．特に，水と空気の境界面はどこでも見かけることができる．一般に，液体と気体の境界は表面，液体と別種類の液体との境界面を界面と呼ぶことが多いようである．しかし，数学的には両者の違いを区別する意味があまりないので，本書では表面も界面も同じ意味に用いることにする．本章では，表面あるいは界面に伴う現象を数学的に少し深く考察してみよう．

4.1　界面エネルギー

水にアルコールを混ぜるとほぼ均一に混じるが，水に食用油を混ぜても両者は混ざることなく分離する．この違いはその質量もさることながら，異なる分子間の相互作用の違いによるものであり，混じるか分離するかは物質ごとに決まっている．そして，混じらない場合，その境界面はある定まった幾何学形状を示す．また，ある種の繊維は水をはじき，あるものは水となじんでこれを吸収する．こうした性質が様々な工業製品に応用されていることは実感されるところであろう．

こうした現象を説明するためには様々な方法が考えられるが，最もわかりやすいのは「界面エネルギー」の存在を仮定する方法である．これを説明するために水と油の界面を念頭に置いて説明してみよう．分子は隣の分子と引力あるいは斥力を作用することで相互作用している．一般にこうした相互作用は極めて短い距離でしか働かないことが知られており，重力や電磁気力のように目に見える距離まで効果がある力とは全く異なっている．このような力が働いているので分子にはエネルギーが蓄えられていると見ることができる．これは重力の作用が位置エネルギーを定義するのと同様である．

さて，水の中の分子は周りを水分子のみに取り囲まれているが，界面における水分子は半分を水に囲まれ半分を油と接触している．したがって，界面において水分子のもつエネルギーは水中におけるそれと異なっている．その違いがどういう原理でどう定量化されるかは今問わないことにして，界面における分子が水中における

分子よりもエネルギーの高い状態にあるものと仮定しよう．分子間の相互作用が極めて短距離しか働かないことにより，高いエネルギーにある分子の数は界面の表面積に比例することになる．

つまり，界面の面積を S とするとき，σS だけ余分なエネルギーが存在することになる．ここで，σ は比例定数であり，界面を作っている2種類の液体が決まれば σ も決まる．物理系は平衡状態において "エネルギーが極小になる" ような状態になるから，（$\sigma > 0$ ならば）体積が一定の制限のもとでできる限り σS を小さくするように平衡状態が作られることになる（体積一定なのは水の圧縮性が無視できるからである）．もし $\sigma < 0$ ならば完全に混じり合った状態の方がエネルギーが低いことになるが，これが水とアルコールの間で起きていることに対応する．

以上の考察を基にするだけで，いろいろな現象を説明することができる．たとえば，無重力の状態で水の塊が球形になることも表面エネルギーを仮定することで説明できる．実際，無重力状態で水が空間に浮かんでおり，外から力が加えられていないとする．さらに水は平衡状態にあるものとする（つまり内部の水の流れはないものとする）．このとき水の表面は球面になる．それ以外の形状を示すことはない．この事実は次の定理が具現化したものと言うことができる．

> **定理 4.1** 曲面によって囲まれる領域の体積が与えられた定数であるもの全体を考えよう．このような曲面のうちで，表面積が最小となるのは曲面が球面である場合であり，その場合に限る．

実際，物理系はエネルギーが最小になる状態で安定になり，今の仮定では表面エネルギーだけが問題になるから，表面積が最小になる状態で系は安定になる．定理4.1によってそのような閉曲面は球面しかないので，水は球形になるのである．

定理4.1の証明は簡単ではない．だが古代ギリシャよりその正しさは認識されていたようである[1]．例えば，コペルニクスの有名な『天体の回転について』（文献 [20]）では宇宙の形が球形であることを主張し，その理由を次のように書いている：

> 理由はこの形が最も完全であって接ぎ目も何も要らないということでも，それがすべてを包括する最大の容積を持つことでも，（中略）水滴その他の液がそれ自体で境されているときにこの形をとる性質があるからであってもかまわない．

---

1 [87] を読めばわかるように，ゼノドロス（紀元前2世紀）はこの定理の正しさを確信していた．ただ，証明は不完全であった．

しかし，厳密な証明を行おうとすると様々な困難が現れる．本書では直感的な説明でその正しさを納得してもらうにとどめよう．以下に述べる説明は決して厳密ではないが，定理の正しさを理解する手助けにはなるものと思う．証明のために，まず，次の状況を考える：D を 2 次元領域とし，D で定義された 2 階連続微分可能な関数 $f = f(x, y)$ を考える（図 4.1）．曲面 $z = f(x, y)$ の表面積は

$$S = \iint_D \sqrt{1 + f_x^2 + f_y^2} \, \mathrm{d}x\mathrm{d}y$$

である．

図 4.1 曲面 $z = f(x, y)$

いま，この曲面から少しずれた曲面を考えよう．このため，D で定義された 2 階連続微分可能関数 ϕ で，D の境界においてゼロになるものをとる．そして，小さなパラメータ ϵ を導入し，$z = f(x, y) + \epsilon\phi(x, y)$ で表わされる局面を考える．その面積は

$$S(\epsilon) = \iint_D \sqrt{1 + (f_x + \epsilon\phi_x)^2 + (f_y + \epsilon\phi_y)^2} \, \mathrm{d}x\mathrm{d}y$$

で与えられる．この関数を ϵ で微分して $\epsilon = 0$ における微係数を計算すると，

$$S'(0) = \iint_D \frac{f_x\phi_x + f_y\phi_y}{\sqrt{1 + f_x^2 + f_y^2}} \, \mathrm{d}x\mathrm{d}y$$

を得る．ここで部分積分を実行し，計算結果を整理すると

$$
\begin{aligned}
S'(0) &= -\iint_D \left\{ \left(\frac{f_x}{\sqrt{1 + f_x^2 + f_y^2}} \right)_x + \left(\frac{f_y}{\sqrt{1 + f_x^2 + f_y^2}} \right)_y \right\} \phi(x, y) \, \mathrm{d}x\mathrm{d}y \\
&= -\iint_D \frac{(1 + f_y^2)f_{xx} - 2f_x f_y f_{xy} + (1 + f_x^2)f_{yy}}{(1 + f_x^2 + f_y^2)^{3/2}} \phi(x, y) \, \mathrm{d}x\mathrm{d}y \\
&= -2\iint_D H\phi \, \mathrm{d}x\mathrm{d}y
\end{aligned}
\tag{4.1}
$$

となる（ここで ϕ が境界でゼロになることを使っている）．右辺に平均曲率 H が出てきたことに注意してほしい．

さて，上の曲面と xy 平面で囲まれる 3 次元領域の体積（図 4.1）は

$$V(\epsilon) = \iint_D (f + \epsilon\phi)\,\mathrm{d}x\mathrm{d}y$$

である．そこで我々が示すべきことは，すべての ϵ に対して $V(\epsilon) = V(0)$ となるような ϕ が与えられたとき，$S(\epsilon)$ が $\epsilon = 0$ で最小になる条件を求めることである．つまり，体積一定の中で表面積が極小になると仮定して，f がどのような性質を持つか，調べることである．

$S'(0) \neq 0$ だと適当な ϵ をとると $S(\epsilon) < S(0)$ になる．したがって $S'(0) = 0$ でなくてはならない．$V(\epsilon) \equiv V(0)$ は $\iint \phi\,\mathrm{d}x\mathrm{d}y = 0$ と同値であるから，$S'(0) = 0$ と H が定数であることは同値である．したがって $z = f(x,y)$ の平均曲率はどこでも一定であることになる．この事実は $z = f(x,y)$ という形の曲面でなくても，一般に成り立つ事実である．したがって，体積一定で表面積が最小になる曲面がもしあればそれは平均曲率一定であるということがわかった．ここでアレクサンドロフの定理 2.6 を用いるとこの曲面が球面であることがわかる．

'証明' 終

定理 4.1 の厳密な証明は意外に難しいので本書では割愛する．たとえば [112] を参照していただきたい．この定理の 2 次元版である次の定理

> **定理 4.2** 囲んでいる領域の面積が一定である曲線全体のうちで，周囲の長さが最小となるのは領域が円板である場合であり，その場合に限る．

あるいは同値な

> **定理 4.3** 周囲の長さが一定の曲線のうち，それが囲む領域の面積が最大となるものは周が円である場合であり，その場合に限る．

はもう少し易しい証明が可能であるが，それでも厳密にやろうとするとかなりのページ数を要する．そこで，その証明は 6.2 節で行うこととし，ここでは先へ進もう．

4.2 表面張力

界面エネルギーは具体的には表面張力として目に見える形に現れる[2]．表面張力は異なる流体の表面あるいは界面に働くもので，その力は界面を形成する 2 種類

---

2 界面であれ表面であれ表面張力と呼ぶことにする．界面張力と言わないわけではないが本書では用いない．

の物質の物理的特性によって決まる．表面張力は，界面の一部がとなりの界面を引っ張る力として実現され，その力の方向は表面に平行である．1円玉が水の表面に浮かぶことができるのはこの引っ張る力が存在しているからである（図4.2）．アメンボが水面で生活できるのも表面張力のおかげである．[65] や [89] にはこうしたおもしろい現象が詰まっているので，ぜひ一読をお薦めする．

図 4.2 1円玉も水面に浮かぶ.

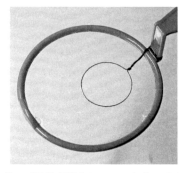

図 4.3 針金の枠に糸の輪をくっつけたもの．全体に石鹸液が張られているときには糸はゆるんでいる（左）．しかし，糸の内部の液面をつぶすと糸は円形にぴんと張る（右）．

　他にも次のような実験で表面張力の存在を示すことができる：針金で丸い枠を作り，その中に糸で輪を作ってそれを針金に結びつける．これら全体を石鹸液に浸すと液膜ができる（図4.3左）．糸は液膜内でどのようにも変化することができ，任意の形状で平衡状態になり得る．しかし，もし輪状の糸の内部の膜を何かで破ってやると糸は円形にピンと張る（図4.3右）．その位置は任意でよいが形状は円形である．これは糸の外側の液膜が張力を及ぼしていることでしか説明ができない．糸内部の液膜を破る前に任意の形状をとり得たのは糸の両側から引っ張る力が同じだからである．

　それでは，表面張力によってどんな現象が起きるか，具体例をさらにあげてみよう．たいていの人はシャボン玉を作った経験があるだろう．シャボン玉はほぼ球形

をしており，もっと複雑な形状のシャボン玉が現れることは（単独のシャボン玉が平衡状態にある限り）ない．これは次のようにして説明がつく：まず，シャボン玉を作っている液体の量は微々たるものであるから重力は無視できる．したがって作用している力は表面張力だけであるとしてよい．また，シャボン玉の内部および外部の空気の運動は無視できるものとする．シャボン玉の膜が及ぼす表面張力は大きなものではないから，空気の圧縮性は無視できる．したがってシャボン玉が囲む領域の体積はシャボン玉の形によらず一定である．このような中で，表面エネルギーを最小にするには表面積を最小にするしかない．したがって定理 4.1 によってシャボン玉の形は球面である．

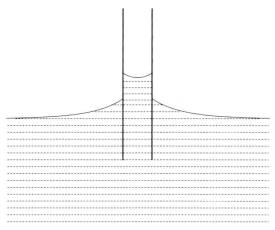

図 4.4　水の中に 2 枚の板を入れたときに見える水の盛り上がり．水面を表す曲線は楕円関数などで書き表すことができる．

　容器内の水が壁際で少し盛り上がるのは誰もが知っている事実であろう（図4.4）．これも表面張力がなせるわざなのであるが，シャボン玉の場合と違うのは，水と壁，壁と空気，空気と水の間に働く 3 種類の力が関係することである．このような現象では接触角というものが重要な働きをする．接触角とは壁と自由表面がなす角度のことで（図 4.5（左）），この角度は物質の種類だけで決まる量である．では接触角はどう決まるかというと，それは接触点での力の釣り合いによって決定される．

　壁と水と空気が会する点において力の釣り合いを考えよう（図 4.5（右））．水と壁の間に働く表面張力を T_1，水と空気の間に働く表面張力を T_2，空気と壁の間の表面張力を T_3 とする．壁は T_2 によって横方向に引っ張られるが，壁は剛体であるのでそれに抗する力 R によって形を維持する．これらの間の力の釣り合いを考えれば，$T_3 = T_1 + T_2 \cos\theta$ が成り立つことがわかる．この式は，表面張力 T_i が決

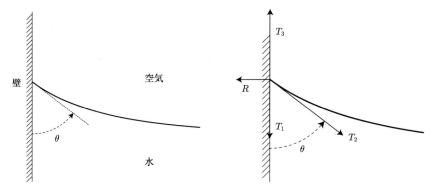

図 4.5 接触角 θ は物質の種類だけで決まる量である（左）．壁からの抗力 R と三種類の表面張力が釣り合う（右）．

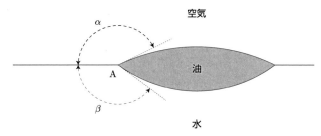

図 4.6 水と空気の間に油が浮いているとき．

まれば接触角 θ も決まることを意味する．表面張力は物質の種類だけで決まるから，「接触角は物質の種類だけで決まり，物質の量にはよらない」ことが示された．

次に，固体がない場合，つまり，3種類の液体または気体が接触している場合の接触角がどう決まるかを説明しよう（図 4.6 では水と空気の間に油が浮いている）．このとき角度 α と β はどのようなメカニズムで決まるのであろうか？　油の量によって角度は変わるのであろうか，それとも量には依存しないのであろうか？　実は角度は油の量にはよらず物質の種類だけで決まることが次のようにしてわかる．図 4.6 のように，接触点では3種類の力が働いている：水と油の間に働く表面張力を $\boldsymbol{T}_1$，空気と油の間に働く表面張力を $\boldsymbol{T}_2$，水と空気の間に働く表面張力を $\boldsymbol{T}_3$，とすると，これらが点 A で釣り合っている[3]．したがって，$\boldsymbol{T}_1 + \boldsymbol{T}_2 + \boldsymbol{T}_3 = 0$ が（ベクトルとして）成り立つ．成分ごとに考えると，

---

[3]　もちろん重力も働いているが，これは無視することができる．なぜならば，この角度は接触点の小さな近傍だけで決まるものであるから，たとえば，点 A を中心として半径 $\delta > 0$ の球で考えれば十分である．ここで働く表面張力の大きさは表面積に比例するから δ^2 に比例する．一方，重力は体積に比例するから，δ^3 に比例する．δ は小さいから重力は無視してよいのである．

$$T_1 \cos\beta + T_2 \cos\alpha + T_3 = 0, \qquad T_1 \sin\beta = T_2 \sin\alpha$$

を得る．ここで，$T_j = |\boldsymbol{T}_j|$ $(j = 1, 2, 3)$ である．これから α と β が決まる．

　以上で接触点における角度が物質の種類だけで決まることがわかった．しかし，この議論では図 4.6 のような平衡状態の存在を仮定していた．このとき，$\boldsymbol{T}_1 + \boldsymbol{T}_2 + \boldsymbol{T}_3 = 0$ は図 4.7（右）のような三角形ができることを意味する．三角形の三辺の間には $T_1 < T_2 + T_3$, $T_2 < T_3 + T_1$, $T_3 < T_1 + T_2$ という不等式が成り立つ．したがって，もし T_j のうちにひとつだけ突出した値があれば三角形ができないことになる．言い換えれば，三種類の界面のうち一種類において表面張力が大きいとき，たとえば $T_3 > T_1 + T_2$ のときには図 4.6 のような平衡状態は存在しえないことになる．この場合には油は水面上を際限なく広がってゆき，$\alpha = \beta = 180°$ となる．

　これに対し $T_1 > T_2 + T_3$ のときには，図 4.8 のように液滴は丸くなる．葉っぱの上の水滴が丸くなるのも同じ原理に基づく．

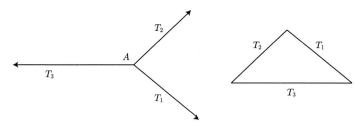

図 **4.7**　3 個のベクトルの釣り合い．3 個のベクトルは三角形をなす．

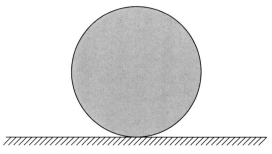

図 **4.8**　$T_1 > T_2 + T_3$ のときには液滴は丸くなる．

4.3 ヤング–ラプラスの関係式

界面においてその表面張力の大きさと圧力の関係を与える関係式がヤング[4]とラプラス[5]によって独立に発見された（文献 [70]）．これは表面張力現象を定量的に記述するために不可欠の関係式であるので，本節でその導出を行う．

平衡状態にある水と空気の間の界面を考えよう．面に沿って短い直線を引く．このとき，その線の右側にある表面が左側を引っ張り，左側は（作用反作用の法則によって）同じ強さの力で右側を引く．線の単位長さあたりの力の強さを σ とするとき，σ はその線の位置にも向きにも依存しないと仮定する．

定義 4.1 σ を**表面張力**と呼ぶ．

表面張力は界面を作っている二つの物質の種類だけで決まる定数である．界面には表面張力以外に圧力が働いている．空気が液体を押している力は大気圧と呼ばれている．水はやはり空気を押している．圧力については後ほど流体力学の章で詳しく考察するので，ここでは次の仮定を認めることにしよう：

仮定 空気の圧力は界面において界面に垂直に働き，水の圧力も界面に垂直である．

界面において空気が水を押す圧力の強さを p_1 とし，水が空気を押す強さを p_2 としたとき，**ヤング–ラプラスの関係式**とは

$$p_1 - p_2 = 2\sigma H \tag{4.2}$$

のことをいう．ここで，H は界面の平均曲率である．曲面 $z = f(x, y)$ の平均曲率には z の方向を決めないと符号の不定性が残ることを 2 章で学んだ．今の場合，z 軸は水から空気の方向へとるものと約束する．

以下，どのようにして (4.2) が導かれるのかを説明しよう．界面が $z = f(x, y)$ で表されているとき，その任意の小部分を考えよう．この小部分が平面領域 D を用いて $\{(x, y, z) ; z = f(x, y) \ \ ((x, y) \in D)\}$ と表されているものとする．法線ベクトルは

$$\frac{1}{\sqrt{1 + f_x^2 + f_y^2}}(-f_x, -f_y, 1)$$

である．この面を少しずらすためにどれだけのエネルギーが必要になるか考えてみ

---

4 Thomas Young, 1773-1829.
5 Pierre-Simon Laplace, 1749-1827

よう．曲面が $z = f(x, y) + \epsilon\phi(x, y)$ にずれたとする．z 方向のずれが $\epsilon\phi$ なのだから，法線方向のずれは

$$\frac{\epsilon\phi}{\sqrt{1 + f_x^2 + f_y^2}}$$

となる．面には $p_1 - p_2$ の圧力が加わっているから，曲面をずらしたとき，

$$\iint_D (p_1 - p_2) \frac{\epsilon\phi}{\sqrt{1 + f_x^2 + f_y^2}} \sqrt{1 + f_x^2 + f_y^2}\, \mathrm{d}x\mathrm{d}y$$

の仕事量が必要である（仕事＝力 × 距離）．さて，曲面をずらすと表面積も変わるので表面エネルギーが増減する．その増分は (4.1) からわかるように

$$-2\sigma\epsilon \iint_D H\phi\, \mathrm{d}x\mathrm{d}y + O(\epsilon^2)$$

である．結局，エネルギーの収支は

$$\iint_D (p_1 - p_2)\epsilon\phi\, \mathrm{d}x\mathrm{d}y - 2\epsilon \iint_D H\phi\, \mathrm{d}x\mathrm{d}y + O(\epsilon^2)$$

これの ϵ に関する導関数が $\epsilon = 0$ でゼロでなければならない（そうでないと平衡状態にはならない）．このためには

$$p_1 - p_2 - 2\sigma H = 0$$

が成り立つことが必要十分である．これがすなわちヤング–ラプラスの関係式である．   証明終

　ヤング–ラプラスの関係式はエネルギーの考察ではなく，力の釣り合いから導くこともできる．点 $(x, y, f(x, y))$ を含む微小な面要素を考えよう．具体的には $D = [a, a+\mathrm{d}a] \times [b, b+\mathrm{d}b]$ とし，$(x, y) \in D$ に対して面の微小部分 $S = \{(x, y, f(x, y))\,;\,(x, y) \in D\}$ を考える．

　点 $(a, y, f(a, y))$ における，S から外向きに出ている接ベクトルで境界に垂直なものは

$$\sqrt{\frac{1 + f_y^2}{1 + f_x^2 + f_y^2}} \left(-1, \frac{f_x f_y}{1 + f_y^2}, -\frac{f_x}{1 + f_y^2} \right)$$

である．ここで関数は (a, y) の値であるとする．点 $(x, b, f(x, b))$ における外向き接ベクトルで境界に垂直なものは

$$\sqrt{\frac{1 + f_x^2}{1 + f_x^2 + f_y^2}} \left(\frac{f_x f_y}{1 + f_x^2}, -1, -\frac{f_y}{1 + f_x^2} \right)$$

$$\frac{\rho g}{2} \left(f^2\right)' = \sigma \left(-\frac{1}{\sqrt{1+(f')^2}}\right)'.$$

積分すると，定数 c を用いて

$$\frac{\rho g}{2} f^2 - c = -\frac{\sigma}{\sqrt{1+(f')^2}}. \tag{4.6}$$

無限遠点で $f(\infty) = f'(\infty) = 0$ が成り立つことから定数 c が決まり，

$$\sigma - \frac{\rho g}{2} f^2 = \frac{\sigma}{\sqrt{1+(f')^2}}. \tag{4.7}$$

を得る．これより，壁際の盛り上がりの高さ $h = f(0)$ は

$$h = \sqrt{\frac{2\sigma}{\rho g}(1-\sin\theta)} = a\sqrt{1-\sin\theta} \tag{4.8}$$

となることがわかる．ここで，定数 a を $a = \sqrt{\frac{2\sigma}{\rho g}}$ で定義した．理科年表 [55] によれば 20℃ において $\sigma = 72.75\,g/s^2$ である．これから，だいたい $a = 3.85\,\mathrm{mm}$ となる．

次に，(4.7) を f' について解いて

$$\frac{\mathrm{d}x}{\mathrm{d}f} = -a\frac{1-\frac{f^2}{a^2}}{f\sqrt{2-\frac{f^2}{a^2}}} = -\frac{a^2-f^2}{f\sqrt{2a^2-f^2}}. \tag{4.9}$$

これをさらにもう一度積分すれば

$$x = \frac{a}{\sqrt{2}}\log\left(\frac{\sqrt{2}a}{f} + \frac{\sqrt{2a^2-f^2}}{f}\right) - \sqrt{2a^2-f^2} + \text{定数} \tag{4.10}$$

となる．定数は $f = h$ で $x = 0$ という条件で決まる．

いささか面倒な積分の計算が出てきたので面食らった方もおられるであろうが，計算ができなくても悲観することはない．ただ，本章の理論によって，壁際の盛り上がりなどの現象が初等関数等で記述され，図 4.5 のようなグラフを簡単に描くことができることだけは覚えておいてほしい．

注意 4.1　水銀をガラスの容器に入れると図 4.5 とは逆に壁ぎわで水銀面は下がる．このような場合には上の議論は h の符号の取り方などを変えねばならない．しかし，全く同じ原理が使えるので，修正は容易である．

次に，図 4.4 のように 2 枚の板で挟まれた水の盛り上がりを考えよう．板が $x =$

$\pm d$ において垂直に立っているものとしよう. このとき,

$$\rho g f(x) = \sigma \frac{f''(x)}{\left(1 + (f'(x))^2\right)^{3/2}} \qquad (-d < x < d)$$

と境界条件 $f'(\pm d) = \pm \cot\theta$ を満たす $f(x)$ を求めることが問題である. この水面が y 軸について左右対称であるのは直観的に間違いなかろう. そこで右半分だけ考えることにすれば,

$$\rho g f(x) = \sigma \frac{f''(x)}{\left(1 + (f'(x))^2\right)^{3/2}} \qquad (0 < x < d) \tag{4.11}$$

と境界条件

$$f'(0) = 0, \qquad f'(d) = \cot\theta \tag{4.12}$$

をみたす f を求めればよい[7].

(4.6) を導いたときのように積分すると,

$$\frac{\mathrm{d}x}{\mathrm{d}f} = \frac{a^2 + h^2 - f^2}{a^4 - (a^2 + h^2 - f^2)^2}$$

がわかる. ここで $f(0) = h$ とおいた. この式で $x = d$ とおくと,

$$f(d)^2 = f(0)^2 + a^2(1 - \sin\theta)$$

が導かれる. これから, 板の中間点での盛り上がり $f(0)$ がわかれば壁際での盛り上がり $f(d)$ が計算できる ((4.8) と比較せよ). f と x の関数関係は

$$x = \int_h^f \frac{a^2 + h^2 - y^2}{\sqrt{a^4 - (a^2 + h^2 - y^2)^2}} \, \mathrm{d}y \tag{4.13}$$

から決定できる[8]. 特に,

$$d = \int_h^{\sqrt{h^2 + a^2(1 - \sin\theta)}} \frac{a^2 + h^2 - y^2}{\sqrt{a^4 - (a^2 + h^2 - y^2)^2}} \, \mathrm{d}y \tag{4.14}$$

(4.14) は a^2 と d が与えられたときに h を決定する式であるとみるべきであるが,

---

7 ここの議論では 2 枚の板は同じ種類のものであると仮定している. 別種の板であっても微分方程式は変わらない. ただ, 対称性はもはや成り立たず, $x = -d$ と $x = d$ に別種の境界条件が課されることになる.

8 ここで, $0 < h < f(d)$ であることを仮定している. $f(d) < h < 0$ のときには適宜修正が必要となるが, どうすればよいかは明らかであろう.

h について陰的であるので，むしろ，h を与えて d を決定する式であるとみてもよい．その関数 $d = d(h)$ の逆関数を取ったらいいわけである．関数の概形を図 4.9 に記した．ただし，(4.14) の被積分関数は積分の左端で無限大になるので，このまま積分しても精度よく計算はできない．下のように変数変換するのがよい．

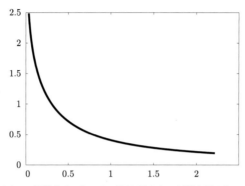

図 4.9　h/a の関数としての d．横軸が h/a で縦軸が d/a．$s_0 = 0.5$．

$s_0 = 1 - \sin\theta, y^2 = h^2 + (k^2 - h^2)\sin^2 u$ と変数変換すると，(4.14) は次のように書き換えられる．

$$\frac{d}{a\sqrt{s_0}} = \int_0^{\pi/2} \frac{1 - s_0 \sin^2 u}{\sqrt{2 - s_0 \sin^2 u}} \frac{\cos u}{\sqrt{(h/a)^2 + s_0 \sin^2 u}} \, du \tag{4.15}$$

この形にすると被積分関数が滑らかになり，数値積分がしやすくなる．$a = 3.85$ mm, $\sin\theta = 0.5$ とし[9]，$h = 5\,\text{mm}$ とすると，この積分値はおよそ 0.38 となるから，$d \approx 1.23\,\text{mm}$ すなわち，2 枚の板の距離 $2d$ がおよそ 2.68 mm のとき 5 mm 水面が上昇することになる．$h \to \infty$ の漸近形を計算することは難しいことではない．

$$d \approx a\sqrt{s_0} \times \frac{a}{h} \int_0^{\pi/2} \frac{1 - s_0 \sin^2 u}{\sqrt{2 - s_0 \sin^2 u}} \cos u \, du = \frac{\sigma \cos\theta}{\rho g h}. \tag{4.16}$$

書き直すと，

$$h = \frac{\sigma \cos\theta}{\rho g d} \tag{4.17}$$

これが水面の高さを与えるわけであるが，これは d が小さいときにのみ正しい近

9　接触角がどれくらいの値を持つかは結構難しい問題のようである．物質の表面の状態や汚れなどによって計測値が変わるようである．ここでは適当な値を使っている．

似式でしかないことを忘れてはならない[10]. 最後に, 水面の形は次式から計算できる.

$$\frac{x}{a} = \sqrt{s_0} \int_0^u \frac{1 - s_0 \sin^2 u}{\sqrt{2 - s_0 \sin^2 u}} \frac{\cos u}{\sqrt{(h/a)^2 + s_0 \sin^2 u}} \, \mathrm{d}y, \tag{4.18}$$

$$\frac{y^2}{a^2} = \frac{h^2}{a^2} + s_0 \sin^2 u. \tag{4.19}$$

つまり, a, s_0, d を与えて h を (4.15) から決定し, (4.18) を用いればよい. 数値積分する必要があるが, 大きな問題ではなかろう. 一例を図 4.10 に記す.

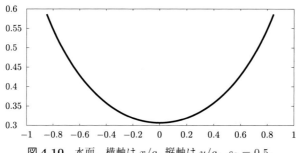

図 **4.10** 水面. 横軸は x/a, 縦軸は y/a. $s_0 = 0.5$.

(4.17) は物理的な直観に基づいて, もう少し簡単に導くことも可能である. これはマクスウェル [104] にある方法で, 次のような論法である. ヘリの周辺での盛り上がりは小さいから無視して, 水の盛り上がりを h とする. このとき, 単位長さあたり, 盛り上がっている水の重さは $\rho \times 2d \times h$ である. 表面張力の鉛直成分は $\sigma \cos\theta$ であり, 壁は 2 枚あるから上に引っ張っている力は $2\sigma \cos\theta$ である. 力のつり合いの式は

$$2\sigma \cos\theta = \rho g \times 2dh$$

これから (4.17) を得る.

(4.18) は (4.10) のように初等関数で書き表すことはできない. ただ, (4.18) を, 楕円関数を使って書くことはできる. 一昔前の教科書では楕円関数表を使ってこうした問題を解くことが重要な演習問題であったが, 現在では楕円関数論の相対的な地位は低下している. そんなものを使うよりも, あるいは, (4.18)(4.19) を使わずとも, この境界値問題 (4.11)(4.12) を直接に差分法や有限要素法で離散化し, コンピュータで数値計算した方がよい. 現在では様々な数値解析ソフトも普及しているから, 数値計算にはそういうソフトを使えばよい.

10　実際, d が大きくなると h はきわめて急速にゼロに近づくことが図 4.9 から読み取ることができる. つまり, d がある程度大きければ h は実質的にはゼロなのである.

本章で考えた物理現象は表面張力が関連するもののうち，ほんの一部である．[35, 38, 65, 79, 89] にはわくわくする話題がいっぱいつまっている．

* * *
演習問題

[問題 1] ✿ 定理 4.1 と次の定理は同値であることを証明せよ：

> **定理 4.4** 表面積が与えられた定数になるような曲面全体を考えよう．このうちで，曲面が囲む体積が最大となるのは曲面が球面である場合であり，その場合に限る．

[問題 2] ✿ 「屋根まで飛んで壊れて消えた．風，風，吹くな．シャボン玉とばそう」と童謡にも歌われているように，風があるとシャボン玉は消えやすい．シャボン玉どうしが衝突したくらいでは壊れないものが何故風には弱いのか，その理由は何か？ 推測せよ．原因はひとつとは限らない．様々な可能性を考えよ．

[問題 3] ✿ グラスに入れたビール（サイダーでもよいが，コーラのように色の黒いものは泡が見えないから不可である）の泡を観察せよ．泡は水面へ向かってほぼまっすぐ上昇する．その後どう動くか，見てみよ．その動きの理由を説明せよ．

[問題 4] ✿ (4.10) が (4.9) を満たすことを証明せよ．

[問題 5] ✿ (4.15) を用いて，h が大きいときに $d \approx \sigma \cos\theta / \rho g h$ となることを示せ．

[問題 6] ✿✿ (4.15) を用いて，h が小さいときの d の漸近形を導け．

[問題 7] ✿ (4.10) は $x = x(f)$ という形なので $z = f(x)$ が多価関数の場合例えば図 4.11 のような場合にも使えることを確認せよ．

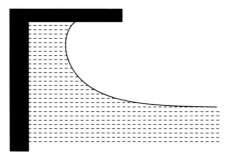

図 4.11 せり出したひさしにくっついている水面の形も (4.10) で記述できる．高さ $h = a\sqrt{1 + \cos\theta}$ となる．

[問題 8] ✿ 水に挿入されたのが 2 枚の板ではなく細い円形の管であれば，その外側の水面はどういう微分方程式に従うか？

第 5 章

表面張力に関連した数学の問題

　前章に引き続いて，表面張力に関連した話題を取り上げる．本章ではプラトー問題の数学的側面を解説する．

5.1　プラトー問題と極小曲面

　空間内に針金で任意の閉曲線を作る．そしてそれを石鹸液につけたあと石鹸液から取り出すと，石鹸膜できれいな曲面ができる．こうした類の実験を初めておこなったのがプラトー[1]である．石鹸膜が定常状態にあれば表面張力によってその面積は極小になっているはずである．ここで定理 4.1 の議論を振り返ってみよう．曲面 $z = f(x, y)$ の表面積は

$$S = \iint_D \sqrt{1 + f_x^2 + f_y^2}\,\mathrm{d}x\mathrm{d}y$$

である．この曲面から少しずれた曲面の表面積は

$$S(\epsilon) = \iint_D \sqrt{1 + (f_x + \epsilon\phi_x)^2 + (f_y + \epsilon\phi_y)^2}\,\mathrm{d}x\mathrm{d}y$$

で与えられる．導関数を計算すると，

$$S'(0) = -2\iint_D H\phi\,\mathrm{d}x\mathrm{d}y \tag{5.1}$$

今の問題の場合，石鹸膜は空気を閉じこめている訳ではないから体積が一定という制約条件は存在しない．したがって，すべての連続可微分関数 ϕ について (5.1) がゼロになる必要がある．つまり石鹸膜の平均曲率は至る所ゼロである，という事実がわかった．そこで次の定義をしよう．

1　Joseph Antoine Ferdinand Plateau, 1801-1883. ベルギーの物理学者．彼は 1873 年の Statique expérimentale et théorique des liquides soumis aux seules forces moléculaires において様々な実験結果を公表した．これを読むと，単純なプラトー問題以外にも表面張力現象を深く考察していたことが見て取れる．

> **定義 5.1**　いたるところ平均曲率がゼロになる曲面を**極小曲面**と呼ぶ.

　さて，プラトーの実験を数学的な問題の形に述べると，「任意形状の閉曲線が空間内に与えられたとき，その閉曲線を境界に持つ極小曲面は存在するか」ということになる. プラトーの実験を実際に試みてみればわかるように，どんな針金に対しても石鹸膜は張れるから，上の問いに対する答えは YES であろうと想像はつくが，数学的に証明することは実験を行うよりもはるかにむつかしい.

　この問題はプラトーにちなんで**プラトー問題**と呼ばれている. プラトー問題が肯定的に解決されたのはプラトーが死んでからずっと後のことで，ラド[2]とダグラス[3]によって独立に存在証明が得られた. ラドの論文が発表されたのが 1930 年，ダグラスの論文が発表されたのが 1931 年のことである. ダグラスはこの業績によって 1936 年，第 1 回のフィールズ賞を受賞している. プラトー問題の解決がいかに困難なものであったのかが推測されるであろう.

　ラドも独立に証明したのに，ダグラスだけに栄誉が与えられたのは不公平だ，とお思いの方もおられるだろうが，これにはフィールズ賞の規定が関係してくる. フィールズ賞はもともと若手を激励する意味もあって，若手数学者に授与することが決まっている. 40 歳までの数学者に与えられることになっているので，ダグラスは 1936 年の時点で 39 歳，ラドは 41 歳であることが決め手になったのであろう.

5.1.1　例：懸垂面

解が手で計算できる場合を考えてみよう. 半径 a の円形の針金が 2 本，どちら

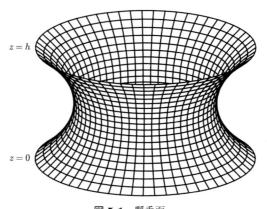

$z = h$

$z = 0$

図 5.1　懸垂面.

2　Tibor Radó, 1895-1965.
3　Jesse Douglas, 1897-1965.

も z 軸にその中心があって，どちらも z 軸に垂直になっている場合を考える（図 5.1）．与えられたデータはすべて z 軸について回転対称であるから，解も回転対称であるはずである．二つの針金が平面 $z = 0$ と $z = h$ に，その中心を z 軸上にして置かれているものとすると，解は，xz 平面で $x = R(z)$ $(0 \leq z \leq h)$ というグラフを z 軸について回転した曲面として得られるはずである（図 5.1）．R は $R(0) = R(h) = a$ を満たさねばならない．張られる曲面の面積は

$$2\pi \int_0^h R(z)\sqrt{1 + (R'(z))^2}\,\mathrm{d}z \tag{5.2}$$

となる．$R(0) = R(h) = a$ を満たす関数 R のうちで (5.2) を極小にするものが見つかったとして，その性質を調べてみよう．例によって，少しずらして考える；ϕ は C^1 級で $\phi(0) = \phi(h) = 0$ とする：

$$2\pi \int_0^h (R + \epsilon\phi)\sqrt{1 + (R' + \epsilon\phi')^2}\,\mathrm{d}z.$$

これを ϵ で微分して $\epsilon = 0$ とおくと，次の条件を得る：

$$2\pi \int_0^h \left[\sqrt{1 + (R')^2}\,\phi + \frac{RR'}{\sqrt{1 + (R')^2}}\phi' \right]\mathrm{d}z = 0.$$

部分積分すると，

$$2\pi \int_0^h \left[\sqrt{1 + (R')^2} - \left(\frac{RR'}{\sqrt{1 + (R')^2}} \right)' \right]\phi\,\mathrm{d}z = 0.$$

これがすべての ϕ について成り立つわけであるから，面積が極小になるためには

$$\sqrt{1 + (R')^2} - \left(\frac{RR'}{\sqrt{1 + (R')^2}} \right)' = 0 \tag{5.3}$$

という微分方程式が満たされることが必要である．この式の微分を実行して整理すると，最終的に

$$RR'' - (R')^2 = 1 \tag{5.4}$$

を得る．

(5.4) は R の代わりに $u = \log R$ を使うとより簡単な形に書き換えることができる．実際，

$$u' = \frac{R'}{R}, \qquad u'' = \frac{RR'' - (R')^2}{R^2} = \frac{1}{R^2}$$

となるから，u は $u'' = e^{-2u}$ を満たす．両辺に u' を掛けて積分すると，

$$\frac{1}{2}\left(u'\right)^2 = -\frac{1}{2}e^{-2u} + 定数.$$

定数を $c^2/2$ とおくと

$$\frac{\mathrm{d}z}{\mathrm{d}u} = \pm\frac{1}{\sqrt{c^2 - e^{-2u}}} = \pm\frac{e^u}{\sqrt{c^2 e^{2u} - 1}}.$$

再び変数を R にもどすと

$$\frac{\mathrm{d}z}{\mathrm{d}R} = \pm\frac{1}{\sqrt{c^2 R^2 - 1}}. \tag{5.5}$$

あとはこの積分を実行すればよい．結果は

$$R(z) = c^{-1}\cosh\left(cz + d\right) \tag{5.6}$$

となる．ここで，d はもう一つの定数である．境界条件は $R(0) = R(h) = a$ であるが，これから定数 c, d が求められ，最終的な結果は

$$R(z) = c^{-1}\cosh\left(c\left(z - \frac{h}{2}\right)\right) \tag{5.7}$$

ここで，$c > 0$ は

$$\cosh\left(ch/2\right) = ca \tag{5.8}$$

の解である．(5.8) は，これを c に関する方程式であると見たとき，

1. $a > \frac{h}{2}\sinh\xi_0$ のとき二つの解 $c > 0$ を持ち，
2. $a = \frac{h}{2}\sinh\xi_0$ のときただ一つの解 $c > 0$ を持ち，
3. $a < \frac{h}{2}\sinh\xi_0$ のとき $c > 0$ なる解を一つも持たない，

ことがわかる（章末の演習問題）．ここで，ξ_0 は $x\tanh x = 1$ の正根である．特に，二つの針金の輪があまり遠くに離れすぎると上のような極小曲面は存在しないことがわかった．参考のために近似値を与えておく：

$$\xi_0 = 1.1997, \qquad \frac{1}{2}\sinh\xi_0 = 0.7544.$$

Rz 平面内の曲線 (5.6) を **懸垂線** (catenary) と呼び，次章で再度登場する．この曲線を z 軸について回転した曲面を **懸垂面** (catenoid[4]) と呼ぶ．

4　オイラーは懸垂面が極小曲面であることを証明した．L. Euler, Methodus inveniendi lineas cur-
vas maximi minimive proprietate gaudentes, 1744, Opera Omnia I, 24. オイラーのこの本は変
分法の豊穣さを如実に示し，彼の業績の中でも特に輝いているものである．この中で等周問題の解法も詳

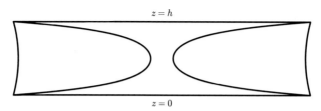

図 5.2 懸垂面（カテノイド）の切り口．片方は面積最小である．もう片方は最小ではない．

　例として半径 $a = 1.0$，針金の輪の距離 $h = 0.5$ の場合を図 5.2 に描いた．面積が大きい方の懸垂面の面積は最小ではない．この例は，ある場合には懸垂面は面積 (5.2) の微分をゼロにするだけであって，必ずしも最小とは限らないことを教えてくれる．図 5.3 から類推できるように，微分をとるだけでは最小を求めることができないのである．微分がゼロになることは必要条件であるが，十分条件ではないのである．

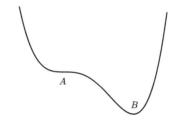

図 5.3 A でも B でも導関数はゼロになるが，最小なのは B だけである．

　さて，懸垂面は確かに極小曲面であるが，これ以外にも解はある．たとえば，二つの針金それぞれを平らな円板で覆ってもやはり解である．この場合の面積と懸垂面の面積とどちらが大きいか，比較しておこう．h がある程度小さいときには懸垂面の方が小さく，ある程度大きいときには二つの円板のほうが小さいのは直感的には明らかであろう．途中の計算は複雑なので結果のみを書く．結果は h が a の $1.055\cdots$ 倍よりも小さいときには懸垂面の面積のほうが小さく，h がそれ以上のときは二つの円板のほうが小さい．

5.1.2　例：三角柱

　次に，図 5.4（左）のような三角柱の針金枠を作り，これが張る石鹸膜がどのようなものになるのか，考えてみよう．この枠は単純閉曲線ではない（頂点では 3 本の線分が交わっている）ので，ラドやダグラスの定理は適用されない．しか

しく説明されている．

し，実際に実験を行うと解の存在は間違いないことが納得されるであろう．図5.4（右）のように底面と側面を平面で張ることも不可能ではないが，このような張り方よりも合計面積が少なくなる張り方が存在するので，実際の実験ではそちらの張り方が現れる．その張り方とは図5.5に示されたような膜のことで，ここでは六つの三角形と三つの台形の平面がうまく交差していることに注意されたい．

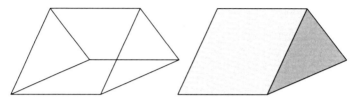

図 5.4　三角柱の針金枠（左）．右図のように平面で張ることも可能ではあるが…．

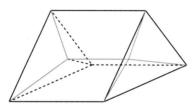

図 5.5　底面と側面を平面で張るよりも面積を少なくする張り方がある．

5.2　厳密解

初等関数などで厳密に表される解は貴重である．懸垂面もその一つである．こうした解はいくつか知られている．自然界にそのままで見つかることはないであろうが，第一近似としてこうした厳密解が使えることはあるから，実用上の意味もある．[111] には解析関数を用いて厳密解を作る方法が紹介されているので，参考になるであろう．ここでは，$z(x, y) = f(x) + g(y)$ という形の解を探してみよう．このとき，ある定数 c が存在して，

$$\frac{f''(x)}{1 + (f'(x))^2} = c, \qquad \frac{g''(y)}{1 + (g'(y))^2} = -c$$

となる．これを積分すると，

$$z(x, y) = \frac{1}{c} \log \frac{\cos(cx + d)}{\cos(cy + d')}$$

ここで d, d' は別の定数である．これを Scherk[5] の極小曲面という．$c = 1,\ d =$

5　Heinrich Ferdinand Scherk. 1798-1885.

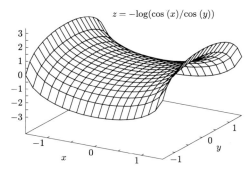

図 **5.6** Scherk の極小曲面.

$d' = 0$ として $(x, y) = (0, 0)$ の近傍を描くと図 5.6 のようになる.

次のようにパラメータ表示される曲面は Enneper[6] の極小曲面と呼ばれる（図 5.7）.

$$x_1 = \frac{u}{2} - \frac{u^3 - 3uv^2}{6}, \qquad x_2 = -\frac{v}{2} - \frac{3u^2v - v^3}{6}, \qquad x_3 = \frac{u^2 - v^2}{2}.$$

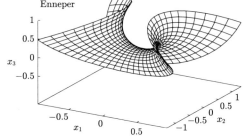

図 **5.7** Enneper の極小曲面.

極小曲面の話題は無尽蔵にある. 様々な応用もあり, 教科書にも事欠かない. こ こでは [15, 65, 68, 89, 110, 111] をあげておく.

* * *
演習問題

[問題 1] ✿ (5.3) から (5.4) を導け.

[問題 2] ✿ (5.8) がどういうときに根を持つか, グラフを描いて調べよ.

[問題 3] ✿ 方程式 $x \tanh x = 1$ は $0 < x < \infty$ なる解をただ一つ持つことを証明せよ.

[問題 4] ✿ $\gamma_0 > 0$ を $\gamma_0 - 1 - e^{-\gamma_0} = 0$ の唯一の正の解とする. このとき, 懸垂面の面積が二 つの円板の面積の合計よりも小さくなるための必要十分条件は $2a/h > e^{\gamma_0/2}$ である

---

6 Alfred Enneper. 1830-1885.

ことを証明せよ.

[問題 5] ✿ (5.6) は (5.4) と (5.5) を満たすことを確認せよ.

[問題 6] ✿✿ 図 5.5 を真横から見た図と側面から垂直に見た図を図 5.8 に描いてある. 柱の切り口は正三角形で, その一辺の長さを a とする. また, 柱の高さを h とする. 図のように d をとり, 石鹸膜の面積の合計を $S(d)$ とするとき, $S(d)$ を d の具体的な関数として表し, それを最小にする d を求めよ.

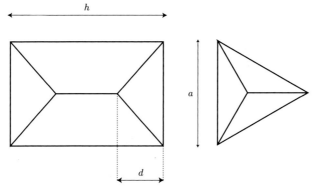

図 5.8 側面真正面から見た図 (左) と切り口の図 (右). 切り口は一辺の長さが a の正三角形であり, 角柱の高さは h である.

[問題 7] ✿ 上の問題で, 最小にする d のときに $S(d)$ は, 図 5.4 (右) のように張られたときの面積よりも小さいことを確かめよ.

[問題 8] ✿✿ 図 5.5 において石鹸膜どうしは 120 度の角度で交わっていることを証明せよ (どの交わりでも皆同じである). また, 120 度になる理由を直感的に説明せよ.

[問題 9] ✿ 実は, もし a が h に比べてある程度以上大きいときには, 図 5.5 のような張り方よりも小さい張り方が存在する. これを確かめよ.

[問題 10] ✿ 正 4 面体の針金枠を作る. そしてすべての辺に石鹸膜が張られるものとしよう. このとき, 図 5.9 を参考にして石鹸膜がどう張られるかを考えよ.

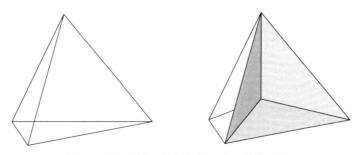

図 5.9 正 4 面体の針金枠 (左) と石鹸膜 (右).

第 6 章

初等的な変分問題

変分法 (calculus of variations) は解析学の極めて重要な分野をなす．本章では等周問題を抽象的に考え，その後に懸垂線やサイクロイドといった曲線の性質を調べ，第 7 章で行う変分問題への導入としたい．

6.1 準備

コーシー–シュヴァルツの不等式というのをご存じであろう．二つの 1 変数関数 f, g に対して

$$\int_a^b f(x)g(x)\,\mathrm{d}x \leq \left[\int_a^b f(x)^2\,\mathrm{d}x\right]^{1/2} \times \left[\int_a^b g(x)^2\,\mathrm{d}x\right]^{1/2}$$

が成り立つというものである．$a = 0, b = 1, g(x) \equiv 1$ とすると，次式を得る．

$$\int_0^1 f(x)\,\mathrm{d}x \leq \left[\int_0^1 f(x)^2\,\mathrm{d}x\right]^{1/2}.$$

ここで $f(x) \geq 0$ となる関数のみを考えることにすると，左辺はこの関数と x 軸および直線 $x = 0$ と直線 $x = 1$ で囲まれた領域の面積 S を表す．この領域の重心の y 座標を G で表すと，右辺の積分は $2GS$ である．ゆえに我々は $S^2 \leq 2GS$ という不等式を得る．等号は f が定数関数のときにのみ成立する．

この不等式 $S \leq 2G$ は次のように解釈することが可能である．すなわち，一定の面積を与える関数 f のうち，最も重心の位置を低くするのは f が定数関数のときである．このように，不等式は最大最小問題を簡単に解決する働きを持つ．

6.2 等周不等式

本節の目的は定理 4.2 を証明することである．本節で使う道具は決して難しいも

のではないが，計算が得意でない読者には証明を追うことが必ずしもやさしくはないかもしれない．証明を正確に追うことができなくてもその雰囲気さえ理解できればそれでもかまわないので，そのつもりで証明を読んでほしい．

　表題の「等周不等式」の説明に入る前に，第2章で出てきた弧長パラメータというものを再度説明しておく．今，平面内の閉曲線が

$$(x, y) = (x(\sigma), y(\sigma)) \quad (0 \le \sigma \le \lambda)$$

と表されているものとしよう．曲線は閉じていると仮定しているから $x(0) = x(\lambda)$，$y(0) = y(\lambda)$ となる．すなわち，x, y は λ を周期とする周期関数である．たとえば，原点を中心とする半径 a の円周の場合，$\lambda = 2\pi$ ととり，

$$x(\sigma) = a \cos \sigma, \quad y(\sigma) = a \sin \sigma, \qquad (0 \le \sigma \le 2\pi) \tag{6.1}$$

ととればよい．一つの曲線に対してそれを表示するパラメータ σ の選び方は無数にある．φ が単調増加関数のとき，$s = \varphi(\sigma)$ と定義すれば x, y を s の関数と見ることもできる．すなわち，

$$(x, y) = \big(x(\varphi^{-1}(s)), y(\varphi^{-1}(s))\big) \qquad (0 \le s \le \varphi(\lambda))$$

も一つのパラメータ表示である．

　φ をうまく選ぶことによって様々な解析がし易くなる場合がある．中でも弧長表示は便利なことが多い．それは

$$\left(\frac{\mathrm{d}X}{\mathrm{d}s}\right)^2 + \left(\frac{\mathrm{d}Y}{\mathrm{d}s}\right)^2 \equiv 1 \tag{6.2}$$

を満足する表示のことである．ここで，$X(s) = x(\varphi^{-1}(s))$，$Y(s) = y(\varphi^{-1}(s))$ と表した．したがって $s = \varphi(\sigma)$ が弧長表示であることと

$$\sqrt{\left(\frac{\mathrm{d}x}{\mathrm{d}\sigma}\right)^2 + \left(\frac{\mathrm{d}y}{\mathrm{d}\sigma}\right)^2} = \frac{\mathrm{d}s}{\mathrm{d}\sigma}$$

とは同値である．見方を変えれば，この式を積分して $s = \varphi(\sigma)$ を定義すればよい．s を**弧長パラメータ**と呼ぶ．この式は $\mathrm{d}s^2 = \mathrm{d}x^2 + \mathrm{d}y^2$ と書いても，$\mathrm{d}s = \sqrt{1 + (y')^2}\,\mathrm{d}x$ と書いても同じことであることに注意していただきたい．円周 (6.1) の場合には $\varphi(\sigma) = a\sigma \quad (0 \le \sigma \le 2\pi)$ である．したがって σ が $0 \le \sigma \le 2\pi$ を動くとき s は $0 \le s \le 2\pi a$ を動く．

　弧長パラメータ s で $(X, Y) = (X(s), Y(s)) \quad (0 \le s \le \gamma)$ （ただし $X(0) =$

$X(\gamma), Y(0) = Y(\gamma))$ と表されている曲線を考えよう. その曲線の長さ L は

$$L = \int_0^\gamma \sqrt{\left(\frac{\mathrm{d}X}{\mathrm{d}s}\right)^2 + \left(\frac{\mathrm{d}Y}{\mathrm{d}s}\right)^2}\,\mathrm{d}s$$

で与えられる. しかし, (6.2) によって右辺は γ に等しい. すなわち, $\gamma = L$ であり, 弧長パラメータの動く範囲は 0 から L までである. 点 $(x(0), y(0))$ から点 $(x(s), y(s))$ までの弧の長さは

$$\int_0^s \sqrt{\left(\frac{\mathrm{d}X}{\mathrm{d}s'}\right)^2 + \left(\frac{\mathrm{d}Y}{\mathrm{d}s'}\right)^2}\,\mathrm{d}s' = s$$

であり, これが弧長パラメータと呼ばれる理由である. 以上の事実をまとめよう:

> **定理 6.1** 長さ L の閉曲線が与えられたとき常に弧長パラメータ $0 \leq s \leq L$ をとることができる.

以上の準備のもとで等周不等式というものを紹介しよう. 平面内の閉曲線が与えられており, それが囲む領域の面積を S, その長さを L とする. このとき次の定理が成り立つ:

> **定理 6.2** どのような閉曲線についても
> $$L^2 \geq 4\pi S \tag{6.3}$$
> が成り立つ. 閉曲線が円のときにのみ等号が成り立ち, その他の場合には不等号が成り立つ.

> **定義 6.1** 不等式 (6.3) を**等周不等式**と呼ぶ.

定理 4.2 も定理 4.3 も定理 6.2 の系となる. 定理 4.2, 4.3 は古代から知られていた[1]ようであるが, 厳密な証明をしたのはオイラー[2]であると言われており, それほど古いことではない[3]. 以下ではフルヴィッツ[4]が 20 世紀初頭に発表した定理 6.2 の証明 [88] を紹介しよう.

1　ヒース [87] によれば, 紀元前 2 世紀に活躍したゼノドロスが定理 4.2 と同等の内容に到達していた.

2　Leohard Euler, 1707-1783.

3　古代ギリシャの証明は言うまでもなく, オイラーの証明でさえ, 現代の我々から見れば証明の厳密性に難癖をつけることはできる. しかし, そういったけちの付け方はあまり生産的ではない. 当時の水準で可能な限り厳密であったのだから, そのアイデアは賞賛されるべきである.

4　Adolf Hurwitz, 1859-1919.

定理 6.2 の証明：弧長パラメータで表された閉曲線 $(X(s), Y(s))$ $(0 \leq s \leq L)$ が囲む領域の面積は

$$S = \frac{1}{2} \int_0^L \left(X \frac{\mathrm{d}Y}{\mathrm{d}s} - Y \frac{\mathrm{d}X}{\mathrm{d}s} \right) \mathrm{d}s \tag{6.4}$$

で与えられる．この公式の証明はそう難しいものではないから演習問題とする．

ここで，周期 L の任意の関数が

$$X(s) = \frac{a_0}{2} + \sum_{k=1}^{\infty} a_k \cos \left(\frac{2\pi ks}{L} \right) + \sum_{k=1}^{\infty} b_k \sin \left(\frac{2\pi ks}{L} \right), \tag{6.5}$$

$$Y(s) = \frac{c_0}{2} + \sum_{k=1}^{\infty} c_k \cos \left(\frac{2\pi ks}{L} \right) + \sum_{k=1}^{\infty} d_k \sin \left(\frac{2\pi ks}{L} \right) \tag{6.6}$$

と表されることを用いる[5]．右辺を**フーリエ級数**と呼ぶ．ここで，$\{a_k\}, \{b_k\}, \{c_k\}$, $\{d_k\}$ はすべて実定数であり，**フーリエ係数**と呼ばれる．(6.2) によって

$$L = \int_0^L \left[\left(\frac{\mathrm{d}X}{\mathrm{d}s} \right)^2 + \left(\frac{\mathrm{d}Y}{\mathrm{d}s} \right)^2 \right] \mathrm{d}s \tag{6.7}$$

が成り立つが，この右辺に (6.5)(6.6) を代入する．このとき三角関数を含む積分が現れる．これらは容易に計算できて，

$$\int_0^L \sin \left(\frac{2\pi k\sigma}{L} \right) \sin \left(\frac{2\pi \ell\sigma}{L} \right) \mathrm{d}\sigma = \int_0^L \cos \left(\frac{2\pi k\sigma}{L} \right) \cos \left(\frac{2\pi \ell\sigma}{L} \right) \mathrm{d}\sigma = \frac{L}{2} \delta_{k\ell},$$

$$\int_0^L \sin \left(\frac{2\pi k\sigma}{L} \right) \cos \left(\frac{2\pi \ell\sigma}{L} \right) \mathrm{d}\sigma = 0$$

となる．ここで $\delta_{k\ell}$ はクロネッカーのデルタと呼ばれる量で，$k = \ell$ のとき 1 を，そうでないときゼロを表す．これらを用いて (6.7) を計算する．結果は

$$L = \sum_{k=1}^{\infty} \frac{2\pi^2 k^2}{L} \left(a_k^2 + b_k^2 + c_k^2 + d_k^2 \right) \tag{6.8}$$

である．次に同様のことを (6.4) についても行う．結果は

$$S = \sum_{k=1}^{\infty} \pi k (a_k d_k - b_k c_k) \tag{6.9}$$

である．(6.8) と (6.9) より，

---

5 任意の C^1 級関数がこのような級数で表されることは第 10 章で説明されるので，ここではこれを認めてもらうことにする．

$$\frac{L^2}{4\pi} - S = \sum_{k=1}^{\infty} \frac{\pi k^2}{2} \left(a_k^2 + b_k^2 + c_k^2 + d_k^2\right) - \sum_{k=1}^{\infty} \pi k(a_k d_k - b_k c_k)$$

を得る．したがって，（$k^2 \geq k$ だから）

$$\frac{L^2}{4\pi} - S \geq \sum_{k=1}^{\infty} \frac{\pi k}{2} \left(a_k^2 + b_k^2 + c_k^2 + d_k^2\right) - \sum_{k=1}^{\infty} \pi k(a_k d_k - b_k c_k) \tag{6.10}$$

$$= \sum_{k=1}^{\infty} \frac{\pi k}{2} \left[(a_k - d_k)^2 + (b_k + c_k)^2\right] \geq 0 \tag{6.11}$$

が示された．つまり (6.3) が証明された．これを見ると面積が与えられた場合，その周長は $\sqrt{4\pi S}$ を下ることはない，ということになる．円の場合には $L = 2\pi R, S = \pi R^2$ であるからちょうど $L^2 = 4\pi S$ が成り立つ．すなわち，円は周長が最小の場合になっていることがわかった．最後に，円以外に等号を与える図形があるかどうかを考えてみよう．等周不等式で等号が成り立つのは (6.10) で等号が成り立ち，かつ，(6.11) の右側の等号が成立するときである．(6.10) の等号が成り立つのはすべての $k \geq 2$ について $a_k = b_k = c_k = d_k = 0$ が成り立つ場合である．(6.11) で等号が成り立つのは $a_k = d_k, b_k = -c_k$ がすべての k について成り立つことである．以上で，等周不等式で等号が成り立つのは

$$X(s) = \frac{a_0}{2} + a_1 \cos\left(\frac{2\pi s}{L}\right) + b_1 \sin\left(\frac{2\pi s}{L}\right) \tag{6.12}$$

$$Y(s) = \frac{c_0}{2} - b_1 \cos\left(\frac{2\pi s}{L}\right) + a_1 \sin\left(\frac{2\pi s}{L}\right) \tag{6.13}$$

となる場合であることがわかる．しかし，これは円のパラメータ表示に他ならない．以上で，周長が最小になるのは円だけに限ることがわかった．　　　　証明終

等周不等式には他にも様々な証明がある．文献 [18] には等周不等式の証明がい

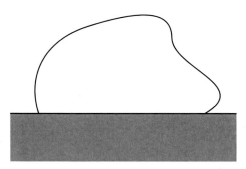

図 **6.1**　ディドの問題.

くつかのっており，大変面白い本であるので，ぜひ一読されることをお薦めしたい．

等周問題には多くのバリエーションがあり，[108] に応用を見ることができる．ここではいわゆるディドの問題として知られている問題を紹介するにとどめよう．

ディドの問題とは，ウェルギリウスの有名な叙事詩アエネーイスに出てくるカルタゴ建設の逸話[6] に関連した次の問題（[6] 上巻の 42 ページ）である．長さ L の曲線 $(x(s), y(s))$ $(0 \le s \le L)$ の端点がどちらも x 軸上にあり，上半平面におかれているものとする（図 6.1 参照）．この図で上半平面がアフリカ大陸であり，下半平面が地中海となる．海は棄てて陸地だけをできるだけ大きく囲みたい．すなわち，この曲線と x 軸で囲まれた領域の中で面積最大のものは何か？ これが問題である．曲線の端点の位置は x 軸上であればどこでもよい．

答えは，曲線が半円になるようにとることである．これを次のように証明する．曲線 $(x(s), y(s))$ $(0 \le s \le L)$ は弧長パラメータで表示されているものとする．L は与えられた定数である．囲まれた領域の面積は $S = \int_0^L y\dot{x}\, ds$ で与えられる．任意の $\delta > 0$ と任意の実数 a, b に対して $2ab \le \delta^2 a^2 + \delta^{-2} b^2$ であるから，

$$S \le \frac{1}{2}\int_0^L \left\{\delta^2 y^2 + \delta^{-2}\dot{x}^2\right\}\, ds.$$

弧長パラメータであるから，$\dot{y}^2 + \dot{x}^2 = 1$ である．ゆえに，

$$S \le \frac{1}{2}\int_0^L \left\{\delta^2 y^2 + \delta^{-2} - \delta^{-2}\dot{y}^2\right\}\, ds = \frac{L}{2\delta^2} + \frac{1}{2}\int_0^L \left\{\delta^2 y^2 - \delta^{-2}\dot{y}^2\right\}\, ds.$$

ここで，$\delta^2 = \pi/L$ となるように $\delta > 0$ をとると，

$$S \le \frac{L^2}{2\pi} + \frac{\pi}{2L}\int_0^L \left\{y^2 - \frac{L^2}{\pi^2}\dot{y}^2\right\}\, ds. \tag{6.14}$$

ここで，

$$\int_0^L y^2\, ds \le \frac{L^2}{\pi^2}\int_0^L \dot{y}^2\, ds. \tag{6.15}$$

に注意する[7]．この不等式は等周不等式を証明したときと同じようにして証明することができる．実際，曲線の両端点は x 軸上にあるので，$y(0) = y(L) = 0$ である．ゆえに，

6　ディドは一匹の牛の皮を切ってひも状につなぎ，そのひもでできうる限り囲める土地を購入してそれが都市国家カルタゴになっていったという伝説である．

7　この不等式はフーリエ級数を使わないでも証明できる．実際，ラックス [95] はもっと初等的に証明している．しかし，等周不等式のフルヴィッツの証明に合わせて，ここでやったように証明した方が統一感が出てよかろうと判断した．

$$y(s) = \sum_{k=1}^{\infty} A_n \sin \frac{\pi k s}{L} \qquad (0 \le s \le L)$$

とフーリエ展開できる[8].

$$\int_0^L y(s)^2 \, ds = \frac{L}{2} \sum_{k=1}^{\infty} A_n^2, \qquad \int_0^L y'(s)^2 \, ds = \frac{L}{2} \sum_{k=1}^{\infty} \frac{\pi^2 k^2}{L^2} A_n^2$$

と計算し，$1 \le k^2$ に注意すれば，(6.15) を得る．(6.14) と (6.15) から $2\pi S \le L^2$ となる．半円の場合に等号が成り立つことは明らかである．上の証明のすべての等号が成り立つ条件を丁寧に調べてみれば半円以外の場合には不等号となることがわかる． 証明終[9]

6.3 懸垂線

懸垂線（カテナリー）は英語では catenary という．これはラテン語の catena ＝ 鎖から生まれた言葉である．その由来は次の問題にある：

> **問題**：壁の任意の 2 点に固定して自然に垂らした鎖のなす形はなにか？

鎖だと角ができるからひもで実験してみるとよい（図 6.2）．これは一見すると放物線のようにも見える．実際，ガリレオはその曲線が放物線であると予想していたらしい（『新科学対話』[11] の第 2 日）．しかし，放物線を紙に描いてひもを垂らすと（図 6.2）懸垂線は放物線よりも横に出っぱっていることがわかり，放物線は解

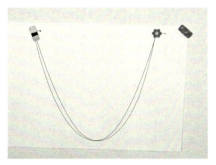

図 6.2 懸垂線は放物線ではなく，放物線よりも少し横に張り出している．左はひもをたらした状態．右では紙に放物線を描き，垂らしたひもを重ねた（一番底の点が一致するようにしてある）．

---

8 これはフーリエ正弦展開である．第 10 章参照．
9 この証明はラックス [95] によるものを少しだけ変形したものである．

でないということが推測できる．では，懸垂線の正体はなんであろうか？　これが本節の主題である（注意：ひもの太さや伸び縮みは無視できるものとする）．

　まず答を先に述べよう：懸垂線は左右対称で，その対称軸を y 軸にとるとその関数は

$$y = \frac{1}{a}\cosh(ax) + b = \frac{1}{a}\left(\frac{e^{ax} + e^{-ax}}{2}\right) + b \tag{6.16}$$

と表される（a と b は定数）．

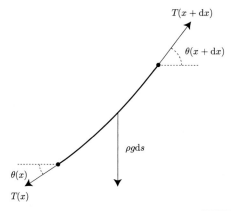

図 6.3 ひもの微少部分における力の釣り合い． $\mathrm{d}s = \sqrt{(\mathrm{d}x)^2 + (f'(x)\mathrm{d}x)^2}$

　これを証明するために，ひものかたちを $y = f(x)$ とし，ひもの小さな一部を考えよう．この左端の座標を $(x, f(x))$ とし，右端を $(x + \mathrm{d}x, f(x + \mathrm{d}x))$ とする．ひもの左端からは，その点よりも左にあるひもの部分が引っ張っており，右端ではその点よりも右の部分が引っ張っている．これをひもの張力と呼ぶ．図 6.3）．さらに重力が働いており，これら3種類の力が釣り合っている．x 方向の力の釣り合いから，

$$T(x + \mathrm{d}x)\cos\theta(x + \mathrm{d}x) = T(x)\cos\theta(x) \tag{6.17}$$

を，y 方向の力の釣り合いから

$$T(x + \mathrm{d}x)\sin\theta(x + \mathrm{d}x) = T(x)\sin\theta(x) + \rho g\sqrt{(\mathrm{d}x)^2 + (f'(x)\mathrm{d}x)^2} \tag{6.18}$$

を得る．ここで g は重力加速度，ρ はひもの重量の線密度を表す．

　式 (6.17) は $T(x)\cos\theta(x)$ が x によらない定数であることを意味する．そこで，$T(x)\cos\theta(x) = \tau$ とおく．(6.18) の両辺を $\mathrm{d}x$ で割って $\mathrm{d}x \to 0$ とすると

$$\frac{\mathrm{d}}{\mathrm{d}x}\big[T(x)\sin\theta(x)\big] = \rho g\sqrt{1 + (f'(x))^2} \tag{6.19}$$

を得る．定義によって $\tan\theta(x) = f'(x)$ であるから，

$$T(x)\sin\theta(x) = \tau\tan\theta(x) = \tau f'(x) \tag{6.20}$$

を得る．(6.19) と (6.20) から

$$f''(x) = \frac{\rho g}{\tau}\sqrt{1 + (f'(x))^2} \tag{6.21}$$

が導かれる．あとはこの微分方程式を解けばよい．

$\alpha = \rho g/\tau$ とし，$u = f'$ とおけば，上の微分方程式 (6.21) は

$$u' = \alpha\sqrt{u^2 + 1} \tag{6.22}$$

を得る．つまり，

$$\int \frac{du}{\sqrt{u^2 + 1}} = \alpha x + \text{定数}. \tag{6.23}$$

左辺の積分を計算するには，関数 g を天下り的に，$g(u) = \log\left(u + \sqrt{u^2 + 1}\right)$ で定義する．微分してみると，

$$g'(u) = \frac{1}{\sqrt{u^2 + 1}}$$

がわかるから，$\log\left(u + \sqrt{u^2 + 1}\right) = \alpha x + \beta$ がわかる（β は定数）．よって，$u + \sqrt{u^2 + 1} = \exp(\alpha x + \beta)$ となり，これを整理して

$$f' = u = \frac{1}{2}\left(e^{\alpha x + \beta} - e^{-\alpha x - \beta}\right)$$

を得る．これを積分すると $f(x) = \frac{1}{\alpha}\cosh\left(\alpha x + \beta\right) + \gamma$ （γ は定数）となる．$x + \frac{\beta}{\alpha}$ を改めて x とおけば (6.16) の形となる．

このように，積分 (6.23) を実行することはそう難しいことではないが，もっと初等的で非天下り的解法もある．そのために (6.22) をもう一度微分すると，

$$u'' = \frac{\alpha u u'}{\sqrt{u^2 + 1}}.$$

右辺に (6.22) を代入すると $u'' = \alpha^2 u$ を得る．これは線形の微分方程式であり，その一般解が知られている．一般解は，

$$u(x) = Ae^{\alpha x} + Be^{-\alpha x} \tag{6.24}$$

となる．ここで，A, B は定数である．(6.24) を (6.22) に代入すると，

$$\alpha^2(Ae^{\alpha x} - Be^{-\alpha x})^2 = \alpha^2\left\{(Ae^{\alpha x} + Be^{-\alpha x})^2 + 1\right\}$$

を得る．これより $4AB = -1$ が直ちに導かれる．これから A と B が反対符号で
あることがわかる．ゆえに，$Ae^{\alpha x_0} = -Be^{-\alpha x_0}$ で x_0 を定義することができる．
このとき (6.24) は $f' = 2Ae^{\alpha x_0}\sinh\alpha(x - x_0)$ と書き直すことができる．これを積
分すれば (6.16) の形になる．

> **注意 6.1** 以上の議論では定数 τ は未定定数である．未定であっても関数の形は決まってし
> まうが，α がどれくらいの大きさなのかはわからない．だが，ひもの長さを与えると τ も決
> めることができる（演習問題）．

6.4 吊り橋の形

以上の考察を吊り橋に応用してみよう．二つの塔の間にロープを張り，それで道
を吊っている構造を考えよう（図6.4）．ただし，吊られている道の重さとロープ
の重さを比べるとロープの方がずっと軽いのでロープの重量は無視できるものとし
よう．明石海峡大橋のような建造物では道の重さは圧倒的である．この仮定によっ
て，問題は懸垂線とは別のものになる．このような場合，力の釣り合いは図6.4の
ようになり，(6.17) はそのままでよいが，(6.18) の方は次のように修正せねばなら
ない：

$$T(x + \mathrm{d}x)\sin\theta(x + \mathrm{d}x) = T(x)\sin\theta(x) + \rho g\mathrm{d}x \qquad (6.25)$$

つまり，重力はロープの長さに比例するのではなく，それにぶら下がっている道の
重さに比例する．道の重量は道の長さに比例するから（図6.4），(6.25) が導かれ
る．

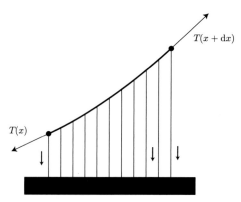

図 **6.4** 吊り橋にかかる重量はロープの長さではなく，横幅に比例する．

(6.25) を積分して，$T(x)\sin\theta(x) = \rho g x + \beta$（$\beta$ は定数）となる．これと $T(x)\cos\theta(x) = \tau$ より $\tau\tan\theta(x) = \rho g x + \beta$ を得るが，$\tan\theta(x) = f'(x)$ であるから $f'(x) = \frac{\rho g}{\tau}x + \frac{\beta}{\tau}$ を得る．これは簡単に積分できて，$f(x) = \frac{\rho g}{2\tau}x^2 + \frac{\beta}{\tau}x + \gamma$（$\gamma$ は定数）となる．すなわち，釣り合いの状態では，吊り橋のロープは放物線となる．

> **注意 6.2**　ここで図 6.4 の縦線は十分に密であると仮定している．どの程度に密ならば上のモデルが現実に合うかを確かめるには，より精密な計算が必要である．

6.5　サイクロイドの性質

　サイクロイドとは円が直線上をころがるときにその円周上の 1 点が描く軌跡のことである．円の半径を R とし，円が x 軸上を転がるものとしよう．このときサイクロイドは

$$x = R\alpha - R\sin\alpha, \quad y = R - R\cos\alpha \qquad (0 \le \alpha \le 2\pi) \qquad (6.26)$$

とパラメータ表示できる（図 6.5 の左図）．

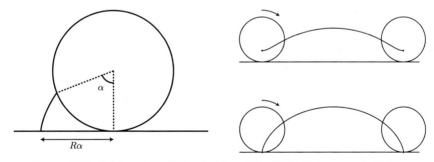

図 6.5　（左）サイクロイドの定義．サイクロイド（右下）とトロコイド（右上）．

　これに対し，円内部の点が描く軌跡を**トロコイド**と呼ぶ．定数 $0 < r < R$ を固定しよう．円の中心から距離 r だけ離れた点の描く軌跡は

$$x = R\alpha - r\sin\alpha, \quad y = R - r\cos\alpha \quad (0 \le \alpha \le 2\pi) \qquad (6.27)$$

となる．図 6.5 の右図にサイクロイドとトロコイドの例を描いた．

　サイクロイドにはおもしろい性質がいくつか知られているのでそれを紹介しよう．今，図 6.5（右）にあるサイクロイドを上下反対にした曲線を考えよう．この曲線は，円が天井にくっつきながら横にころがるときの円周の 1 点の軌跡である

図 6.6　サイクロイドに沿って動く玉. 摩擦の無いときには一定の周期で振動する.

ということもできる. この曲線もサイクロイドと呼ぶ (図 6.6 参照). このサイクロイドが針金でできており, それに玉が 1 個通されているものとする. 玉を適当な位置において手を離すと玉は周期運動する (ただし, 摩擦は無視できるものとする). このとき次の定理が成り立つ:

> **定理 6.3**　玉の周期は, 手を離した位置に関係なく一定である. ただし, 摩擦や玉の大きさは無視できるものとし, 手を離したときの玉の速度はゼロであるとする. また, $t = 0$ ではサイクロイドの底点にはないものとする.

証明:　図 6.6 のサイクロイドのパラメータ表示を

$$x = R\alpha - R\sin\alpha, \quad y = R + R\cos\alpha \qquad (0 \le \alpha \le 2\pi) \tag{6.28}$$

とする. 手を離した位置を $(R\alpha_0 - R\sin\alpha_0, R + R\cos\alpha_0)$ とし, 時刻 t における玉の位置を $(x(t), y(t)) = (R\alpha(t) - R\sin\alpha(t), R + R\cos\alpha(t))$ とする. $\alpha(0) = \alpha_0$ である. 初期位置は底点ではないと仮定しているから $\alpha_0 \neq \pi$ である. 玉の速度は

$$\frac{\mathrm{d}}{\mathrm{d}t}(x(t), y(t)) = R(\dot\alpha - \dot\alpha\cos\alpha, -\dot\alpha\sin\alpha)$$

で与えられる. ここで $\dot\alpha$ は α の t に関する導関数を表す. 最初に最低点 $(\pi, 0)$ に到達したときの時刻を T としよう, すなわち, $\alpha(T) = \pi$. 図 6.6 から明らかなように, 周期は $4T$ に等しいから, T が α_0 によらないことを証明すればよい.

玉の質量を m とすればその運動エネルギーは

$$\begin{aligned}
\frac{m}{2}\left(\dot{x}^2 + \dot{y}^2\right) &= \frac{mR^2}{2}\left(\dot\alpha\right)^2 \left\{(1 - \cos\alpha)^2 + \sin^2\alpha\right\} \\
&= \frac{mR^2}{2}\left(\dot\alpha\right)^2 (2 - 2\cos\alpha) = 2mR^2\left(\dot\alpha\right)^2 \sin^2\frac{\alpha}{2}
\end{aligned}$$

となる.「運動エネルギー + 位置エネルギー」は保存されるから

$$2mR^2\left(\dot\alpha\right)^2 \sin^2\frac{\alpha}{2} + gmy(t) = 2mR^2\left(\dot\alpha\right)^2 \sin^2\frac{\alpha}{2} + gmR(1 + \cos\alpha)$$

は時間によらない（g は重力加速度）．したがって特に，それは時刻 $t = 0$ での値に等しい．よって，

$$2mR^2 \left(\dot{\alpha}\right)^2 \sin^2 \frac{\alpha}{2} + gmR(1 + \cos \alpha) = gmR(1 + \cos \alpha_0).$$

これから $\dot{\alpha}$ が決まる：

$$\dot{\alpha}(t) = \pm\sqrt{\frac{g}{2R}}\,\frac{\sqrt{\cos \alpha_0 - \cos \alpha}}{\sin \frac{\alpha}{2}}.$$

どちらの符号をとるかは $t = 0$ での位置による．図 6.6 から考えて，$0 \le \alpha(0) < \pi$ ならば，$0 \le t \le T$ で $\dot{\alpha} \ge 0$ である．そこで $\alpha_0 < \pi$ のときには + をとり，$\alpha_0 > \pi$ のときは − をとる．$\alpha_0 > \pi$ の場合でも同様の計算ができるから，以後 $\alpha_0 < \pi$ と仮定しよう．この仮定の下で

$$\frac{\sin \frac{\alpha}{2}}{\sqrt{\cos \alpha_0 - \cos \alpha}}\dot{\alpha}(t) = \sqrt{\frac{g}{2R}} \tag{6.29}$$

が成り立つ．これを $0 \le t \le T$ で積分すると，

$$T\sqrt{\frac{g}{2R}} = \int_0^T \frac{\sin \frac{\alpha}{2}}{\sqrt{\cos \alpha_0 - \cos \alpha}}\dot{\alpha}(t)\,\mathrm{d}t = \int_{\alpha_0}^{\pi} \frac{\sin \frac{\alpha}{2}}{\sqrt{\cos \alpha_0 - \cos \alpha}}\,\mathrm{d}\alpha.$$

あとはこの積分が α_0 によらないことを示せば証明は終わる．$u = \cos(\alpha/2)$ とおき，$u_0 = \cos(\alpha_0/2)$ と定義しよう．このとき上の積分は次のように書き換えられる：

$$\int_0^{u_0} \frac{2\,\mathrm{d}u}{\sqrt{2u_0^2 - 2u^2}}.$$

ここで $u = u_0 v$ とすると，積分はさらに次のように書き換えられる：

$$\int_0^{u_0} \frac{2\,\mathrm{d}u}{\sqrt{2u_0^2 - 2u^2}} = \sqrt{2}\int_0^1 \frac{\mathrm{d}v}{\sqrt{1 - v^2}} = \frac{\pi}{\sqrt{2}}.$$

これは α_0 に依存しない． 証明終

系 6.1 玉の運動の周期は $4\pi\sqrt{\dfrac{R}{g}}$.

この定理を使うと**サイクロイド振り子**という概念に到達するのは容易である．サイクロイド振り子とは何かを説明する前に，**振り子の等時性**について復習しておこ

う．振り子の等時性はガリレオ・ガリレイが発見したと言われる事実で，次のよう
に述べることができる：「振り子の周期は振幅の大きさにかかわらず同じである．」

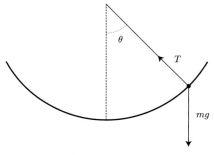

図 6.7 振り子．

　この理由を理解するために振り子の運動方程式を思い出そう．図 6.7 のように座
標をとる．鉛直下方を $\theta = 0$ とする．おもりの重さを m とし，振り子の長さを L
とすると，

$$mL\frac{\mathrm{d}^2\theta}{\mathrm{d}t^2} = -mg\sin\theta \tag{6.30}$$

となる．振幅が大きくないとき，つまり $|\theta| \ll 1$ のとき $\sin\theta \approx \theta$ であるから，近
似的に次式を得る：

$$\frac{\mathrm{d}^2\theta}{\mathrm{d}t^2} = -\frac{g}{L}\theta. \tag{6.31}$$

この方程式の解は，定数 A, B を用いて

$$\theta(t) = A\sin\sqrt{\frac{g}{L}}t + B\cos\sqrt{\frac{g}{L}}t$$

と書ける．この関数の周期は

$$2\pi\sqrt{\frac{L}{g}}$$

であり，振幅 $(= \sqrt{A^2 + B^2})$ には無関係である．これが振り子の等時性である．
　この説明からわかるように，振り子の等時性には $\sin\theta \approx \theta$ を用いており，**あく
まで近似的な法則**であることを忘れてはならない．実際，(6.30) の解の周期は振幅
に依存するのである（章末の演習問題）．
　もう一つ準備としてサイクロイドの伸開線がサイクロイドになることを証明して
おく．(6.28) というサイクロイドをとる．ただし，α はすべての実数を動くものと
する．点 $(0, 2R)$ から点 $(\pi R, 0)$ まで，サイクロイドに沿ってサイクロイドの外側
に糸をぴんと巻きつける．そして点 $(\pi R, 0)$ から静かに糸をはがしてゆく（張り付

けたテープをはがしてゆくと考えてもよい．図 6.8）．このとき，糸の端点は再び
サイクロイド

$$x = R(\beta - \pi - \sin\beta), \qquad y = -R + R\cos\beta \qquad (0 \le \beta \le 2\pi) \tag{6.32}$$

を描く．これを証明するには，まず点 $(R(\alpha_0 - \sin\alpha_0), R(1 + \cos\alpha_0))$ と点 $(\pi R, 0)$
の間の弧長を計算すると，

$$\int_{\alpha_0}^{\pi} R\sqrt{(1 - \cos\alpha)^2 + \sin^2\alpha}\,d\alpha = 4R\cos\frac{\alpha_0}{2}$$

である．点 $(R(\alpha_0 - \sin\alpha_0), R(1 + \cos\alpha_0))$ における単位接ベクトルは $\frac{1}{2\sin(\alpha_0/2)}(1 - \cos\alpha_0, -\sin\alpha_0)$ である．ゆえに，接線上を $4R\cos\frac{\alpha_0}{2}$ だけ進むと，点

$$(R(\alpha_0 - \sin\alpha_0), R(1 + \cos\alpha_0)) + 2R\cot\frac{\alpha_0}{2}(1 - \cos\alpha_0, -\sin\alpha_0)$$

$$= (R(\alpha_0 + \sin\alpha_0), R(-1 - \cos\alpha_0))$$

に到達する．$\alpha_0 = \beta - \pi$ とおくと，(6.32) を得る．

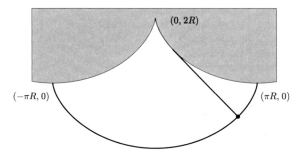

図 6.8 サイクロイド振り子．サイクロイドの頂点から長さ $4R$ のひもをたらす．

さて通常の振り子では等時性は近似的にしか成り立たない．ところが，うまい工
夫をすることによって等時性が厳密に成り立つようにすることができることを示そ
う．そのために図 6.8 のようにサイクロイドの形をした天井を作り，その頂点から
長さ $4R$ のひもをたらす．ひもの一端は $(0, 2R)$ に固定され，他端にはおもりが取
り付けられているものとする．すると，上で証明した伸開線の性質から，このひも
のおもりはサイクロイド上を動く．すると，定理 6.3 によって，振り子は振幅が何
であれ，正確に同じ周期を刻むことになる．

このようなサイクロイド振り子の原理はホイヘンス[10]が 17 世紀に発見していた．
これを利用すれば，通常の振り子を使う時計よりもずっと正確な振り子時計を作る

---

10 Christiaan Huygens, 1629-1695.

ことができる―はずである．これが正しければ当時の技術に大きな影響を与えたは
ずであるが，実際にはサイクロイド振り子は使われることはなく，普通の振り子を
改良したものが使われた．その理由は，サイクロイド振り子では天井とひもが長い
時間にわたって接触するために摩擦の影響を強く受け，通常の振り子（そこではひ
もが 1 点でのみ固定されているために摩擦の影響は比較的小さい）のほうがより
正確な時刻を刻むからであろうか．著者は理由を知らない．

　ここで，サイクロイドの長さと面積を計算しておこう．その長さ

$$L = \int_0^{2\pi} \sqrt{\dot{x}(\alpha)^2 + \dot{y}(\alpha)^2}\, \mathrm{d}\alpha = 2R \int_0^{2\pi} \sin\frac{\alpha}{2}\, \mathrm{d}\alpha = 8R$$

は簡単である．しかし，これが最初に計算されたとき[11]にはこうした微積分の公式
はできておらず，ユークリッド幾何学的な計算を駆使せねばならなかった．

　次に，面積を考えてみよう．x 軸と (6.26) によって囲まれた領域の面積は，

$$\int_0^{2\pi} y\, \mathrm{d}x = R^2 \int_0^{2\pi} (1 - \cos\alpha)^2\, \mathrm{d}\alpha = 3\pi R^2.$$

つまり，転がる円の面積の 3 倍である．この面積はロベルヴァルやトッリチェッ
リによって独立に計算された．特に，1630 年代には計算されていたと言われてい
るロベルヴァルのものは最も古いものである．もちろん，1630 年代に上のような
定積分のやり方がわかっていたわけではないから，どうやって計算したか不思議に
思われるであろう．彼は，以下に示すようなアイデアで計算に成功しているのであ
る ([124])．天才と言うべきであろう．

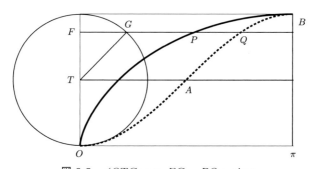

図 **6.9**　$\angle OTG = \alpha$, $FG = PQ = \sin\alpha$

　サイクロイドの左半分を考えよう．ロベルヴァルは図 6.9 のようにサイクロイ
ド OPB と円を描く（簡単のために円の半径は 1 であるとしておく）．任意に水平
線 FGP を引く．ここで，F は垂直な直径上の任意の点であり，G は円周上にあ

り，P はサイクロイド上にある．このとき，$PQ = FG$ となるように Q を同じ直線上にとり，Q の軌跡を描く．$\angle OTG = \alpha$ とおくと，$P = (\alpha - \sin\alpha, 1 - \cos\alpha), Q = (\alpha, 1 - \cos\alpha)$ となる．すなわち，P がサイクロイドを動くときの Q の軌跡は，$y = 1 - \cos x$ という曲線であり，図の破線のようになる．以上の考察から，サイクロイドの面積の半分は，$y = 1 - \cos x$ という曲線の下部 $O\pi BQAO$ の面積 S_1 と，この曲線とサイクロイドで囲まれた領域の面積 S_2 を合わせたものになる．

　$S_1 = \pi$ は簡単にわかる．実際，曲線 $y = 1 - \cos x$ は点 $(\pi/2, 1)$ について点対称である[12]から曲線と x 軸で囲まれた領域は幅 π で高さが 2 の長方形の面積の半分である．これから $S_1 = \pi$ が従う．S_2 については，この領域を x に平行な曲線で切るとその切り幅 PQ は定義によって FG に常に等しい．したがって，いわゆるカヴァリエリの原理[13]によって S_2 の面積は半円の面積に等しい．つまり，$S_2 = \pi/2$．これでサイクロイドの面積が計算できたことになる．

　この面積公式に関して一つのエピソードを紹介しておこう．ロベルヴァルはパリで活躍した数学者で，様々な独創にみちた発見をしたものの，それらはすべて生前には公表されなかった．なぜそんなもったいないことをしたのか，今の我々には不思議に思えよう．しかし，公表しなかったことには理由がある．当時，大学の教授職は 3 年の任期がついており，3 年ごとに試験があって，対抗馬となる新候補者との優劣によって再採用が決められていた．ロベルヴァルはきわめて優れた数学者であったが，新候補者を蹴落とすためには対抗馬が知らないようなテクニックを持っている必要はあった．最先端の知識を公表してしまえば，それを身につけた若手が自分を今の地位から蹴落としてしまうかもしれないのである．そこで，彼のアイデアは門外不出となり，対抗馬を蹴落とすためにのみ使われたのである．彼のアイデアが 1690 年代に出版されたときには，彼の業績は（他の数学者によって）すでに既知のものとなっていた．実にもったいないことである．このエピソードは，**科学者・数学者には，安定した環境を与えて，世のため人のために知識を公開することができるようにしないと，結局社会の損失となる**ことを教えてくれる．

　ガリレオはサイクロイドを定義した人物でもある．彼はその面積を計算したくても，そのために必要な数学的知識を持ち得なかった．しかし，彼は実験によって，サイクロイドの面積がそれを生成する円の面積の 3 倍程度であると見当をつけている．彼はサイクロイドの形をした金属板と円形の金属板の重さを量り，その比が

12　これは，$\cos(\pi - x) = -\cos x$ という対称性の結果である．
13　カヴァリエリの原理の名前はイタリア人カヴァリエリ (Bonaventura Cavalieri, 1598-1647) に由来するが，ロベルヴァルはカヴァリエリとは独立に発見したと言われている．

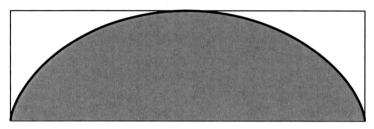

図 6.10 サイクロイドとその外接長方形.

およそ 3 倍であることを見つけたと言われている.

　著者は高校生相手の授業でこれを実際に実行してみたことがある. 図 6.10 のように, サイクロイドを内接する長方形に紙を切り, そこにサイクロイドを描き, まず重さを量る. 次にサイクロイド以外の部分を切り落として重さを量り, 両者の比を求めると, 正確に 4 : 3 になるはずである. サイクロイドを描いた長方形の紙を 28 枚用意し, 量った結果を平均してみると, 比は 4 : 3 から 3% くらいしかずれていなかった. したがって, 上に述べたガリレオの逸話は真実であってもおかしくはないのである.

6.6　エピサイクロイド・ハイポサイクロイド

定義 6.2　エピサイクロイド (epicycloid) とは, ある固定された円の外側を別の円が滑らずに転がってゆくときの円周上の一点の軌跡である. 外側ではなく内側を転がるときは**ハイポサイクロイド** (hypocycloid) と呼ぶ.

固定された円の半径を R とし, その中心を原点にとる. 時刻ゼロで半径 r の円が点 $(R, 0)$ において外側に接しており, 点 $(R, 0)$ にマークをつける.

$$x = (R + r)\cos\alpha - r\cos\frac{(R + r)\alpha}{r},$$
$$y = (R + r)\sin\alpha - r\sin\frac{(R + r)\alpha}{r} \quad (0 \leq \alpha < \infty)$$

がエピサイクロイドのパラメータ表示となる. 特に, $R = r$ のときは**カーディオイド** (cardioid) と呼ばれる. (その名はギリシャ語の $\kappa\alpha\rho\delta\iota\alpha$ (心臓) に由来する.)

　同様にして, ハイポサイクロイドのパラメータ表示は次式となる.

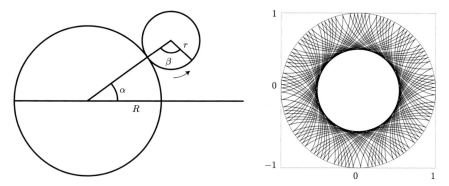

図 6.11 （左）エピサイクロイドの定義. $R\alpha = r\beta$.（右）ハイポサイクロイド, $R = 1$, $r = \sqrt{5} - 2, 0 \le \alpha \le 50\pi$.

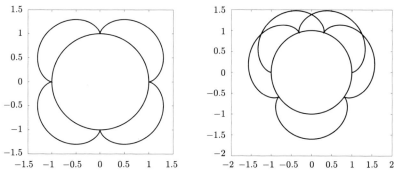

図 6.12 エピサイクロイド. 右は $R = 1$, $r = 0.3$ で, 自己交差がある. 左は $R = 1$, $r = 0.25$ で, 自己交差がない.

$$x = (R - r)\cos\alpha + r\cos\frac{(R - r)\alpha}{r},$$
$$y = (R - r)\sin\alpha - r\sin\frac{(R - r)\alpha}{r} \quad (0 \le \alpha < \infty).$$

エピサイクロイドもハイポサイクロイドも, r/R が有理数ならば閉曲線となる. ただし, 自己交差はあり得る（図 6.12, 6.13）. r/R が無理数ならば閉曲線とはならず, 環状領域で稠密になる. 稠密になる場合の例を図 6.11（右）にのせた. ルネサンス期のドイツの画家アルブレヒト・デューラーは, 数学的な著作も残している. そのうちの *Underweysung der Messung*（1525 年刊行）の中にエピサイクロイドもハイポサイクロイドも現れており, これがこれらの曲線が文献に現れる最初のケースのようである. こうした数学的な曲線を使って美を描こうとしたのかもしれない. 図 6.14（右）からわかるように, カーディオイドは心臓のモチーフとして使われることがある. エピサイクロイドと, 古代ギリシャに現れる epicycle（周

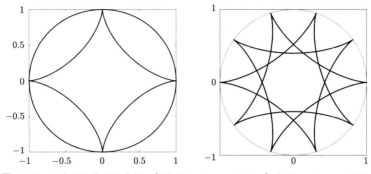

図 6.13 ハイポサイクロイド. 右は $R = 1$, $r = 0.3$. 左は $R = 1$, $r = 0.25$.

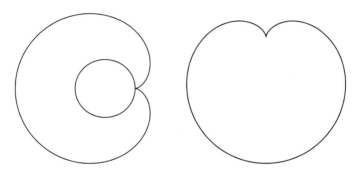

図 6.14 カーディオイド. 右は 90 度回転して中の円を取り去ったもの.

転円）を混同させてはならない.

　サイクロイドについては膨大な文献がある．著者が参考にしたのは文献 [2, 96, 114, 124] である.

＊　＊　＊

演習問題

[問題 1]　✿ (6.4) を証明せよ.

[問題 2]　✿ 任意の周期関数がフーリエ級数に展開できるという事実を証明するには相当の準備が必要になるので，本章では証明を行わない. しかし，いくつかの具体例でその事実を確認しておくことは大事なことである：

    1)　N を自然数とする．このとき関数 $\cos^N \sigma$ が, $\cos^N \sigma = \sum_{n=0}^{N} a_n \cos n\sigma$ というように有限個の展開ができることを数学的帰納法で証明せよ.

    2)　$A > 1$ を定数とする．このとき

$$\frac{1}{A - \cos \sigma} = \frac{1}{\sqrt{A^2 - 1}} + \frac{2}{\sqrt{A^2 - 1}} \sum_{n=1}^{\infty} a^n \cos n\sigma$$

であることを示せ．ただし，$a = A - \sqrt{A^2 - 1}$ である．

3) $0 < x < \pi$ なる x に対して $\cos x = y$ とおく．このとき，1) を利用して任意の関数 $f(x)$ $(0 < x < \pi)$ がフーリエ余弦展開できることを形式的でかまわないから説明せよ．

[問題3] ✿ 細い鎖あるいは水にしめらせた糸を実際に壁にたらして，懸垂線が放物線とは異なることを確かめよ．

[問題4] ✿ (6.16) の a と b を境界条件などの物理的要請から決定するにはどうしたらよいか．

[問題5] ✿ サイクロイド (6.28) の曲率を α の関数として表せ．

[問題6] ✿ 定理 6.3 の証明の中で導入した $\alpha(t)$ は $\cos \dfrac{\alpha(t)}{2} = \cos \dfrac{\alpha_0}{2} \cos \left(\dfrac{t}{2} \sqrt{\dfrac{g}{R}} \right)$ を満たすことを示せ．

[問題7] ✿✿✿ 定理 6.3 の逆を証明せよ．つまり，ある形をした針金に摩擦のない玉を通したとき，その振動の周期が振幅に依存しないものとする．このとき，この針金はサイクロイドでなくてはならない．これを証明せよ．針金は底を通る鉛直線に関して左右対称であると仮定し，滑らかな曲線であると仮定する．

[問題8] ✿ 図 6.7 のような振り子を考える．その初期位置を θ_0 とし，最も低い点 $\theta = 0$ にたどり着くまでの時間を T とすると

$$T = \sqrt{\frac{L}{g}} \int_0^1 \frac{\mathrm{d}x}{\sqrt{(1 - k^2 x^2)(1 - x^2)}} = \sqrt{\frac{L}{g}} \int_0^{\pi/2} \frac{\mathrm{d}\theta}{\sqrt{1 - k^2 \sin^2 \theta}}$$

であることを示せ．ここで，$k = \sin \frac{\theta_0}{2}$ である．

[問題9] ✿ 17 世紀フランスの数学者ロベルヴァルはサイクロイドに接線を引く方法として次のような幾何学的方法を提唱した．これが正しい結果を導くことを証明せよ．《図 6.15

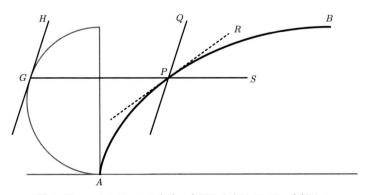

図 **6.15** ロベルヴァルの方法．半円の中心は $(0, 1)$，半径は 1．

の曲線 APB はサイクロイドの左半分であり，点 P はその上の任意の点である．点 A において水平軸に接する半円を図のように描く．その半径はサイクロイドを生成する円と同じであるとする．点 P を通り水平な直線を引き，これと半円の円周との交点を G とする．G における円の接線を GH とする．点 P を通り GH に平行な線 PQ を引く．このとき PQ と水平軸のなす角の2等分線が点 P におけるサイクロイドの接線である．》

[問題 10] ✿ サイクロイドとその基底で囲まれる領域の重心の座標が $(\pi R, \frac{5R}{6})$ であることを証明せよ．

[問題 11] ✿✿ サイクロイドをその対称軸の周りに回転した図形の体積を求めよ．また，その重心の位置を求めよ．サイクロイドを基底の周りに回転したときにできる図形の体積を求めよ．

[問題 12] ✿ トロコイド (6.27) と x 軸で囲まれる領域の面積が $\pi(2R^2 + r^2)$ となることを示せ．

[問題 13] ✿ トロコイド (6.27) の長さが，第2種完全楕円積分

$$E(k) = \int_0^{\pi/2} \sqrt{1 - k^2 \sin^2 x}\, \mathrm{d}x$$

を用いて，$4(R + r)E(2\sqrt{rR}/(R + r))$ と表されることを示せ．

[問題 14] ✿ カーディオイド $(2R\cos\beta - R\cos 2\beta, 2R\sin\beta - R\sin 2\beta)$ $(0 \le \beta \le 2\pi)$ の長さが $16R$ であることを証明せよ．

[問題 15] ✿ $(R, 0)$ を原点として極座標表示すると，カーディオイドは $r = 2R(1 - \cos\theta)$ となることを示せ．

[問題 16] ✿ カーディオイドが囲む領域の面積が $6\pi R^2$ であることを示せ．また，カーディオイドが囲む領域の重心の位置を求めよ．

[問題 17] ✿ $r = R/2$ のときのハイポサイクロイドはどのような曲線となるか？

[問題 18] ✿ 懸垂線 $y = \cosh x$ を考える．この曲線に外側から細い糸を巻き付けて糸の端が点 $(0, 1)$ にくるものとする（図 6.16）．糸の長さは充分に長いので懸垂線の右側全部 $y = \cosh x, (0 \le x < \infty)$ に巻かれているものとして理想化する．このとき図 6.16 のように糸をたるまないようにしてほどいてゆくとき，糸の端（図の点 A）が描く曲線（伸開線と呼ばれる）を次のようにして求めよ．

    1) 糸がまさに懸垂線から離れんとする点（図 6.16 の点 P）の座標を $(\xi, \cosh\xi)$ とせよ．このとき，点 $(0, 1)$ と点 P で切り取られる懸垂線の部分の長さ L を求め，$L = \sinh\xi$ であることを示せ．

    2) 点 A の座標を (α, β) とするとき，点 A が点 P の接線上にあるという条件を式で書き下せ．

    3) 線分 AP の長さが L に等しいという条件を書き下し，これと 2) の条件を連立させ，α と β を ξ の関数として表せ．

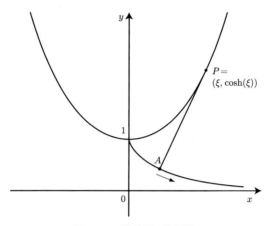

図 6.16 懸垂線の伸開線.

これによって求める曲線のパラメータ表示が得られる. この曲線は

$$x = \cosh^{-1}\left(\frac{1}{y}\right) - \sqrt{1-y^2} = \log\frac{1+\sqrt{1-y^2}}{y} - \sqrt{1-y^2}$$

と表すこともできることを示せ (この曲線は牽引線という名前で呼ばれるものである).

[問題 19] ✿✿ [追跡曲線と牽引線] 時刻 $t = 0$ において点 $(0, 1)$ に荷物があり, 長さ 1 の伸び縮みのないひもでつながっている. 原点にいる人がその端点を持って x 軸上を右へ, 速さ 1 で歩いてゆくものとする. この時, 荷物はどういう軌跡を描くか. この曲線を牽引線 (tractrix) と呼ぶ. 時刻 $t = 0$ において点 $(0, 1)$ に犬がいて, 原点にその飼い主がいる. 飼い主は x 軸上を右へ, 速さ 1 で歩いてゆくものとする. 犬は同じ速さで常に飼い主の方向を向きながら進んでゆくものとする (犬はつながれているわけではなく, 速さが一定であることを除けば自由に動くことができる). この時, 犬はどういう軌跡を描くか. この曲線を追跡曲線 (pursuit curve) と呼ぶ.

[問題 20] ✿✿ 放物線 $4y = x^2$ を x 軸に沿って滑らないようにころがしてゆくと, その焦点の軌跡は $y = \cosh x$ になることを示せ.

[問題 21] ✿✿✿ 縄跳びのひもは, 高速で回転しているとき, どのような形になるか? 縄跳びのひもの両端は $(-a, b)$ と (a, b) に固定されており, 一定の角速度 ω で回転しているものと仮定する. 高速に回転しているので, 遠心力が重力にはるかに優っていると仮定し, 重力は無視せよ.

[問題 22] ✿ r/R が無理数のとき, 原点中心で半径が $R - 2r$ の円がハイポサイクロイドの包絡線になることを証明せよ.

第7章

最速降下線―変分法の出発点

本章の目的は最速降下線の正体を探ることによって変分法の基本的アイデアを学ぶことである.

7.1 最速降下線

スイス生まれの数学者ヨハン・ベルヌーイ[1]が 1696 年に次のような問題を提起し, ヨーロッパ中の数学者に解答を求めた[2].

問題: 垂直な平面内に2点 (Aと B としよう) が与えられている. この2点を通る曲線のうちで, A から出発した点が重力の影響を受けながら摩擦なしでその曲線に沿って B に到達するとき, 最も短時間で B に到達するには曲線をどう選べばよいか?

> **定義 7.1** この問題の解となる曲線を**最速降下線**と呼ぶ.

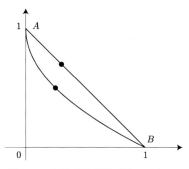

図 7.1 直線は最速降下線ではない.

点 A と B を結ぶ曲線のうちで距離が最も短い線はもちろん直線である. このこ

1　Johann Bernoulli, 1667-1748.
2　ベルヌーイはガリレオがとっくの昔にこの問題を考えていたことを知らずにこの問題を提起していた.

との類推から線分 $\overline{AB}$ に沿って点が動けば最も短時間で A から B に行けると考えてはならない. 図 7.1 のように出発点の近くで下方に向かって加速度を得ると短時間で速度が上がり, B の近くで加速度が小さくなっても速度がすでに十分あがっているので, 結果として早く B に到達するのである (演習問題). このような例を考えたガリレオ・ガリレイは最速降下線は円弧であろうと想像した (『新科学対話』第 3 日). しかし, 最速降下線の正体はガリレオの予想もしないものであった. 最速降下線は実はサイクロイドであることが判明したのである. ヨハン・ベルヌーイの問いかけに対して, ヤコブ・ベルヌーイ[3], ライプニッツ[4], ニュートン[5]という数学者たちが独立に解答を与えたということである. ヨハン・ベルヌーイ自身も解答を知っていたということなので, 問題自体は短時間に解決したのであるが, このうち最も重要なのはヤコブ・ベルヌーイの証明である. 彼の証明こそはその後変分法の基礎となるアイデアを与えたものであり, その後の数理物理学を支える基本的なパラダイムの出発点となったという点で画期的なものであった. 以下では, 最速降下線がサイクロイドであることの証明を, オイラー[6]やラグランジュ[7]らが整備した形で述べることにする[8]. 以上, 歴史的背景については [83] を参照せよ.

　最速降下線の正体を探るためにまず, その存在を仮定しよう. また, それが 2 回連続微分可能な曲線であることも仮定しておこう. そしてそれがどのようなものでなければならないのか, その性質を導くことにする. まず, 次のように定数を定義する:

- 点 A の座標 (x_0, y_0), 点 B の座標 (x_1, y_1).
- 点 A で与えられる初速, v_0.
- 重力加速度, g.

　最速降下線を $y = f(x)$ とし, 時刻 t で玉が $(x(t), y(t)) = (x(t), f(x(t)))$ にあるものとする. 初期条件から $x(0) = x_0$, $f(x_0) = y_0$ である. また, 点 B を通ることから $f(x_1) = y_1$ である. 力学的エネルギーが保存されることを式で表すと,

$$\frac{m}{2}\left(\dot{x}(t)^2 + \dot{y}(t)^2\right) + mgy(t) = \frac{mv_0^2}{2} + mgy_0.$$

3　Jacob Bernoulli, 1654-1705, ヨハンの兄.

4　Gottfried Wilhelm von Leibniz, 1646-1716. ベルヌーイ兄弟はライプニッツの弟子であった.

5　Isaac Newton, 1643-1727.

6　Leonhard, Euler.

7　Joseph-Louis Lagrange, 1736-1813.

8　よくあることであるが, 一番最初に現れたやり方は無駄なことをしていることが多く, ヤコブ・ベルヌーイの証明は歴史的な意義は大きいけれども教材には適さない.

すなわち, $\dot{x}(t)^2 + \dot{y}(t)^2 = 2g(\eta - y)$. ここで, $\eta = y_0 + \frac{v_0^2}{2g}$ とおいた. この式を次のように書き直す:

$$(\mathrm{d}t)^2 = \frac{(\mathrm{d}x)^2 + (\mathrm{d}y)^2}{2g(\eta - y)} = \frac{1 + \left(\frac{\mathrm{d}y}{\mathrm{d}x}\right)^2}{2g(\eta - y)}(\mathrm{d}x)^2 = \frac{1 + (f')^2}{2g(\eta - f)}(\mathrm{d}x)^2.$$

これを使うと A から B まで動くときにかかる時間 T が計算できて,

$$T = \frac{1}{\sqrt{2g}} \int_{x_0}^{x_1} \sqrt{\frac{1 + f'(x)^2}{\eta - f(x)}}\,\mathrm{d}x \tag{7.1}$$

で与えられることがわかる. この右辺は関数 f によって一意に定まる実数であるので, これを $T(f)$ で表し, T を f の写像とみなす. 独立変数 f 自身が関数であるから誤解が生ずる恐れのあるときには汎関数 $T = T(f)$ と呼ぶことにする. 関数 f としては, 1 回連続微分可能でしかも $f(x_0) = y_0, f(x_1) = y_1$ という境界条件を満たすものだけを考えればよい. このような関数 f の集まりの中で T を最小にする関数 $y = f(x)$ がどのようなものかを知りたい. 最小を与える関数の存在は仮定しているから, それを $\bar{f}$ で表すことにしよう.

　このまま議論を進めてもよいのであるが, 後々のために少し一般化して話を進めよう. すなわち,

$$\Psi(y, z) = \sqrt{\frac{1 + z^2}{\eta - y}} \tag{7.2}$$

とおいて

$$\int_{x_0}^{x_1} \Psi(f(x), f'(x))\,\mathrm{d}x \tag{7.3}$$

を最小にする $\bar{f}$ の性質を調べるのである. $\phi(x_0) = \phi(x_1) = 0$ を満たす任意の $\phi \in C^1$ を選び, 実数 τ の関数

$$F(\tau) = \int_{x_0}^{x_1} \Psi\left(\bar{f}(x) + \tau\phi(x), \bar{f}'(x) + \tau\phi'(x)\right)\,\mathrm{d}x \tag{7.4}$$

を考える. $\bar{f} + \tau\phi$ も $\bar{f}$ と同じ境界条件を満たしていることに注意されたい. $F(\tau) = F(0) + F'(0)\tau + \frac{1}{2}F''(0)\tau^2 + \cdots$ と展開したときに, $F(0)$ が最小値になるわけだから $F'(0) = 0$ でなくてはならない. ゆえに,

$$F'(0) = \int_{x_0}^{x_1} \left(\Psi_y \phi + \Psi_z \phi'\right)\,\mathrm{d}x = 0.$$

ここで, $\Psi_y = \Psi_y(\bar{f}, \bar{f}'), \Psi_z = \Psi_z(\bar{f}, \bar{f}')$ と略記しており, 下付きの添え字は偏微

分を表す.

次に,部分積分によって,

$$\int_{x_0}^{x_1} \left(\Psi_y \phi + \Psi_z \phi' \right) \mathrm{d}x = \left[\Psi_z \phi \right]_{x_0}^{x_1} + \int_{x_0}^{x_1} \left(\Psi_y - \frac{\mathrm{d}}{\mathrm{d}x} \Psi_z \right) \phi \, \mathrm{d}x.$$

ところが,$x = x_0$ と $x = x_1$ で $\phi = 0$ であることを仮定しているから,端点での項はゼロである.故に,

$$\int_{x_0}^{x_1} \left(\Psi_y - \frac{\mathrm{d}}{\mathrm{d}x} \Psi_z \right) \phi \, \mathrm{d}x = 0 \tag{7.5}$$

であることがわかった[9].これが任意の ϕ について成立するのだから,

$$\Psi_y(\bar{f}(x), \bar{f}'(x)) - \frac{\mathrm{d}}{\mathrm{d}x} \Psi_z(\bar{f}(x), \bar{f}'(x)) = 0 \qquad (x_0 \leq x \leq x_1) \tag{7.6}$$

でなくてはならない.ここで (7.5) から (7.6) を導くために次の補題を使った:

補題 7.1(変分法の基本補題) $x_0 \leq x \leq x_1$ で定義された連続関数 g が,$\phi(x_0) = \phi(x_1) = 0$ を満たす任意の C^1 級関数 ϕ について

$$\int_{x_0}^{x_1} g(x) \phi(x) \, \mathrm{d}x = 0 \tag{7.7}$$

を満たすならば $g \equiv 0$ である.

この補題は変分法では基礎となるものであるので変分法の基本補題と呼ばれている.これを証明するには背理法を用いる.$g(y) \neq 0$ なる $y \in (x_0, x_1)$ が存在すると仮定して矛盾を導く.$g(y) < 0$ のときには $g(x)$ の代わりに $-g(x)$ を考えればよいから $g(y) > 0$ としてよい.このとき,y に十分近い数 a, b で $a < b$ を満たし,「$a \leq x \leq b$ を満たすすべての x で $g(x) > 0$」となるようなものが存在する.関数 ϕ を

$$\phi(x) = \begin{cases} (b-x)^2 (x-a)^2 & (\, a \leq x \leq b \,) \\ 0 & \text{その他の } x \end{cases}$$

で定義すると ϕ は C^1 級であり,$\phi(x_0) = \phi(x_1) = 0$ を満たす.ゆえに補題の仮定によって $\int_{x_0}^{x_1} g(x) \phi(x) \, \mathrm{d}x = 0$ でなくてはならない.一方,ϕ の定義によって,

---

[9] ここで,注意深い読者は,待てよ,と思うことであろう.Ψ_y などがはたして積分可能な関数なのであろうかと.この部分は形式的な計算が進められているので,こうした疑問は当然である.この形式論を迂回し,厳密なやり方も可能であるが,本書では採用せず,発見的考察にとどめる.厳密な議論を知りたい人は [14, 62, 64] などを参照されたい.

$$\int_{x_0}^{x_1} g(x)\phi(x)\,\mathrm{d}x = \int_a^b g(x)\phi(x)\,\mathrm{d}x > 0$$

（なぜなら右辺の被積分関数が正だから）であり，矛盾が生じた．以上で，$\forall y \in (x_0, x_1)$ で $g(y) = 0$ が証明された．g は $[x_0, x_1]$ で連続と仮定しているから，$g \equiv 0$.　　　　　　　　　　　　　　　　　　　　　証明終

以上の議論でわかったことを定理としてまとめておこう：

定理 7.1 f の汎関数
$$\int_{x_0}^{x_1} \Psi(f(x), f'(x))\,\mathrm{d}x$$
を最小にする $\bar{f}$ が存在し，$\bar{f}$ が 2 回連続微分可能であるならば，
$$\Psi_y(\bar{f}(x), \bar{f}'(x)) - \frac{\mathrm{d}}{\mathrm{d}x}\Psi_z(\bar{f}(x), \bar{f}'(x)) = 0.$$

さて，ふたたび最速降下線の問題にもどって次の事実に注意する：

$$\frac{\mathrm{d}}{\mathrm{d}x}\left(\Psi - \bar{f}'\Psi_z\right) = \Psi_y\bar{f}' + \Psi_z\bar{f}'' - \bar{f}''\Psi_z - \bar{f}'\frac{\mathrm{d}}{\mathrm{d}x}\Psi_z$$
$$= \bar{f}'\left(\Psi_y - \frac{\mathrm{d}}{\mathrm{d}x}\Psi_z\right) = 0.$$

ここで (7.6) を用いた．したがって解 $\bar{f}$ は $\Psi - \bar{f}'\Psi_z =$ 定数 を満たすことがわかった．ここで Ψ の具体形 (7.2) を代入すると，

$$\sqrt{\frac{1 + (\bar{f}')^2}{\eta - \bar{f}}} - \frac{(\bar{f}')^2}{\sqrt{(\eta - \bar{f})(1 + (\bar{f}')^2)}} = 定数.$$

これを整理して

$$(\eta - \bar{f})\left(1 + (\bar{f}')^2\right) = 2r$$

を得る．後の都合上，右辺の定数を $2r$ とおいた．この式を微分方程式とみなして積分すればよいのであるが，もっと便利な方法があるのでそれを紹介しよう．

新しい変数 u を

$$\bar{f}' = -\cot\frac{u}{2} = -\frac{1 + \cos u}{\sin u} \tag{7.8}$$

で定義すると，

$$\eta - y = \eta - \bar{f} = \frac{2r}{1 + (\bar{f}')^2} = 2r\sin^2\frac{u}{2} = r(1 - \cos u) \qquad (7.9)$$

が従う. また,

$$\frac{\mathrm{d}x}{\mathrm{d}u} = \frac{\mathrm{d}x}{\mathrm{d}f}\frac{\mathrm{d}f}{\mathrm{d}u} = \tan\frac{u}{2}\cdot r\sin u = 2r\sin^2\frac{u}{2} = r(1 - \cos u)$$

と計算できる. ここで (7.8) と (7.9) を微分した式を使っている. これを積分して

$$x = c + r(u - \sin u) \qquad (7.10)$$

を得る (c は定数). 結局, 最速降下線は二つの定数 r と c を含む曲線 (7.9)(7.10) であることがわかった. ところでこれは, 平行移動すればサイクロイド (6.28) に他ならない.

7.2 最速降下線の存在

前節でわかったことは次のようにまとめることができる.

> もし2点を結ぶ最速降下線が存在して2回微分可能であれば, それはサイクロイドである.

これは大きな発見であるが, 必要条件がわかっただけである. 問題の解決にはさらに次の2点を確認せねばならない:

1. どのような2点をとっても前節の条件を満たすサイクロイドがただ一つ存在する;
2. そのサイクロイドに沿った運動は他のどの曲線に沿った運動よりも短い時間である.

2番目の主張は決して自明なことではないことに注意してほしい. 前節では最速降下線があったと仮定してその性質を調べてみたらサイクロイドであることがわかっただけである. 言い換えれば, サイクロイドが最速降下線であることの必要条件であることがわかっただけである. サイクロイドが十分条件であることは何も保障されていないのである.

さて, 主張1を証明するには η, x_0, y_0, x_1, y_1 が与えられたとき,

$$\eta - y_0 = r(1 - \cos u_0), \qquad x_0 = c + r(u_0 - \sin u_0), \qquad (7.11)$$

$$\eta - y_1 = r(1 - \cos u_1), \qquad x_1 = c + r(u_1 - \sin u_1) \qquad (7.12)$$

を満たす r, c, u_0, u_1 が存在することを示さねばならない.

定理 7.2 $\eta \geq y_1$ かつ $x_0 < x_1$ ならば (7.11)(7.12) を満たす $r > 0, c, 0 \leq u_0 < u_1 \leq 2\pi$ がただ一組存在する.

証明: 一般の場合は演習問題とすることにし, ここでは特別な場合, すなわち $v_0 = 0$ の場合に証明しておこう. このとき $\eta = y_0$ であるから, (7.11) の左の式によって $u_0 = 0$ がわかる. これと (7.11) の右の式より $c = x_0$ が従う. あとは r と u_1 をうまくとって

$$y_0 - y_1 = r(1 - \cos u_1), \qquad x_1 - x_0 = r(u_1 - \sin u_1)$$

が満たされるようにできればよい. もし $y_1 = y_0$ ならば ($0 < u_1 \leq 2\pi$ という条件があるので) $u_1 = 2\pi$ でなければならない. このとき $x_1 - x_0 = 2\pi r$ によって r が定まる. $y_0 > y_1$ のときには

$$\frac{x_1 - x_0}{y_0 - y_1} = \frac{u_1 - \sin u_1}{1 - \cos u_1} \tag{7.13}$$

で u_1 が決まる. 右辺を u_1 の関数とみなして $\Phi(u_1)$ とおくと, これは $0 < u_1 < 2\pi$ において単調増加な連続関数で, かつ

$$\lim_{u_1 \to 0} \Phi(u_1) = 0, \qquad \lim_{u_1 \to 2\pi} \Phi(u_1) = \infty$$

であることが確かめられる. (7.13) の左辺は正であるから $u_1 \in (0, 2\pi)$ がただ一つ存在することがわかる. そして $r = (y_0 - y_1)/(1 - \cos u_1)$ と定義すればよい.

証明終

注意 7.1 定理 7.2 の二つの仮定の意味を振り返っておこう. $x_0 < x_1$ には大した意味はない. 点 A の右側に点 B があろうと左側にあろうと, 左右対称な物理現象が生ずるだけである. サイクロイドのパラメータ表示が変わるだけであって, $x_1 < x_0$ の場合にも定理 7.2 と同様の存在定理が証明できる. $x_1 = x_0$ の場合には問題はほぼ自明になるが, これについては演習問題とする. これに対し, $\eta \geq y_1$ は不可欠な仮定である. $y_1 > \eta$ ならば点 B における位置エネルギーは最初の点 $A = (x_0, y_0)$ で与えられた運動エネルギーと位置エネルギーの和よりも大きくなり, そのような点に到達できないのは明らかである. したがって $y_1 > \eta$ のときには問題は無意味なものになってしまうので考える必要はないのである.

一例として, $(1, 0)$ と $(0, 1)$ を結ぶ最速降下線を探してみると, $u_0 = 0$ であり, u_1 は $u - 1 + \cos u - \sin u = 0$ の根で, $u_1 \approx 2.41201$ であることがわかる. また, $r = 1/(1 - \cos u_1) \approx 0.67132$ である. 図を描くと図 7.2 となり, 円弧とはかなり

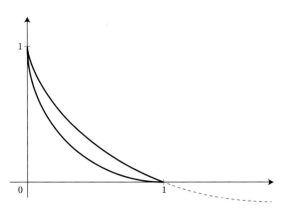

図 7.2 $(1,0)$ と $(0,1)$ を結ぶ四分の一円弧とサイクロイド（の一部）．サイクロイドをあえて $u = \pi$ まで描くと点線のようになる．

ずれていることがわかる．

　問題の解決には，さらに，サイクロイド以外の曲線に沿って動いたときに要する時間が上で計算した時間よりも大きくなることを示さねばならない．しかし，あまりに計算ばかり続いていることと，上の必要条件を満たす曲線がただ一つしかないことからその正しさも納得されるであろう，という二つの理由によりここではその計算を省略する．証明は案外たいへんである．文献 [62, 64] を参照されたい．

　変分法は物理学でも数学でもきわめて重要な地位を占めている．さらには，最適制御といった工学的問題とも関係してくる．当然，教科書は多い．多すぎてどれを薦めたらいいか迷う．ごく最近の教科書には抽象的なものが多いようである．古典的な教科書を読む方が精神衛生にはよかろうと思う．

＊　＊　＊

演習問題

[問題 1]　✿図 7.1 のように直線上を初速ゼロで $A = (0,1)$ から $B = (1,0)$ まで動くときにかかる時間を T_1 とする．このとき，次式を証明せよ．

$$T_1 = \frac{2}{\sqrt{g}}. \tag{7.14}$$

[問題 2]　✿同様の方法で，放物線 $x = (y-1)^2$ を運動して $(0,1)$ から $(1,0)$ に達するときにかかる時間を T_2 とする．このとき次式を証明せよ．

$$T_2 = \int_0^1 \frac{\sqrt{1+4z^2}}{\sqrt{2gz}}\,\mathrm{d}z.$$

[問題 3]　✿$T_2 < T_1$ を証明せよ．また，T_2 を数値計算し，$T_2 \approx 1.82944/\sqrt{g}$ であることを示

せ.

[問題 4]　✿✿✿ 四分の一円 $(x-1)^2 + (y-1)^2 = 1, x \leq 1, y \leq 1$ の場合の周期 T_3 は,

$$T_3 = \frac{1}{\sqrt{2g}} \int_0^1 \frac{\mathrm{d}z}{\sqrt{z(1-z^2)}} \approx 1.8540 \frac{1}{\sqrt{g}}$$

で与えられることを示せ. $T_3 < T_1$ を示せ.

[問題 5]　✿✿ 図 7.2 のサイクロイド上を, 初速ゼロで点 $(0,1)$ から点 $(1,0)$ まで落ちるとき, かかる時間は次式となることを示せ.

$$\frac{u_1}{\sqrt{g(1-\cos u_1)}} \approx 1.82309 \frac{1}{\sqrt{g}}$$

[問題 6]　✿ 2 点が鉛直な直線上にあるとき, この 2 点を結ぶ最速降下線はこの 2 点を端点とする線分であることを証明せよ.

[問題 7]　✿ (7.13) の右辺は u_1 の単調増加関数であることを証明せよ.

[問題 8]　✿ $a_0 < a_1$ を満たす任意の二つの実数 a_0 と a_1 が与えられたとき, $f(a_0) = f'(a_0) = 0$, $f(a_1) = 1$, $f'(a_1) = 0$ を満たす 3 次多項式 $f(x)$ がただ一つ存在することを証明せよ. この多項式は $a_0 < x < a_1$ で $0 < f(x) < 1$ を満たすことを示せ.

[問題 9]　✿ 任意の区間 $[x_0, x_1]$ が与えられているものとする. 次のような関数がただ一つ存在することを示せ (図 7.3 参照): まず, 任意の $x_0 < \xi_0 < \xi_1 < x_1$ をとって固定する. 次に, 十分小さい $\varepsilon > 0$ をとって, 次のような関数 ϕ を作れ. まず, ϕ は $x_0 \leq x \leq \xi_0 - \varepsilon$ と $\xi_1 + \varepsilon \leq x \leq x_1$ でゼロになり, $\xi_0 < x < \xi_1$ では 1 に等しい. さらに $\xi_0 - \varepsilon \leq x \leq \xi_0$ と $\xi_1 \leq x \leq \xi_1 + \varepsilon$ では 3 次多項式で, 区間 $[x_0, x_1]$ 全体で C^1 級になる.

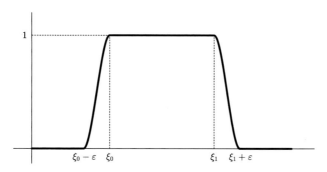

図 7.3　C^1 級のテスト関数.

[問題 10]　✿ 前問題を用いて次の補題を証明せよ.

補題 7.2　$x_0 \leq x \leq x_1$ で定義された連続関数 g が, $\phi(x_0) = \phi(x_1) = 0$ を満たす任意の C^1 級関数 ϕ について

$$\int_{x_0}^{x_1} g(x)\phi'(x)\,\mathrm{d}x = 0$$

を満たすものとする. このとき $g \equiv$ 定数 である.

第 8 章

マクスウェル・円錐曲線・幾何光学

マクスウェル[1]は 19 世紀に活躍し，不朽の業績を残した物理学者である．彼の偉大な業績を最も雄弁に語るものは，彼がうちたてた電磁気学の理論である．電磁気学の基礎方程式はマクスウェルの方程式と呼ばれ，現代物理学では学ぶことが必須の方程式となっている[2]．しかし，それ以外にも理論物理学に大きな足跡を残した人物である（文献 [97]）．

マクスウェルは 1831 年にスコットランドのエジンバラに生まれ，1879 年にケンブリッジで病没している．電磁気学や熱力学において歴史に残る偉大な業績を上げた物理学者である．にもかかわらずエジンバラ大学で教授職に空きができたとき，彼は選ばれず，彼の同級生だったテイト[3]が選ばれてしまった．マクスウェルが選ばれなかった理由は，彼の英語がスコットランド訛が激しく，しばしば理解不能であったから，というものらしい（[97]）．しかし，彼が書いた書物は極めて明瞭に書かれたものも多く[4]，彼が講師としての能力に劣っていたとは思えない．

スコットランドの人口はイングランドの人口の 10 分の 1 程度であるが，実に多くの秀才を輩出してきている．マクスウェルだけでなく，対数を発見したネピア[5]，流体力学や熱力学のケルビン卿[6]などが理論科学で著名である．シャーロック・ホームズのシリーズで有名な作家コナン・ドイルもスコットランドのエジンバラ大学の卒業生である．また，第 12 章に出てくるマクローリンもスコットランドの数学者である．

1　James Clerk Maxwell, 1831-1879. ジェームズが名前で Clerk はミドルネームであると思っている人が多いようであるが，Clerk Maxwell の二つ一緒で姓である（[97]）．しかし本人が Maxwell とだけ書いていることもあるので，マクスウェルと呼んでよかろう．

2　電磁気学の教科書は数多い．ここでは [27] をあげておくが，他にも良書は多い．

3　Peter Guthrie Tait, 1831-1901.

4　[102, 103] はきわめて明快．

5　John Napier, 1550-1617.

6　William Thomson = Lord Kelvin, 1924-1907.

8.1　楕円の一般化

さて，マクスウェルが 14 歳のときに書いたと言われる彼の最初の論文を紹介しよう．これは楕円のある種の拡張に関するものであるので，まず楕円について復習しよう（読者の便宜のため，付録に円錐曲線の性質をまとめた）．$0 < b < a$ を定数として楕円

$$\frac{x^2}{a^2} + \frac{y^2}{b^2} = 1 \tag{8.1}$$

を考える．e を $e = \sqrt{a^2 - b^2}/a$ で定義し，楕円の**離心率**と呼ぶ[7]．点

$$A = (-ae, 0), \qquad B = (ae, 0)$$

を**焦点**と呼ぶ．このとき，次の定理が成り立つことはよく知られている：

> **定理 8.1**　点 $P = (x, y)$ が楕円 (8.1) の上にあることと，$\overline{AP} + \overline{BP} = 2a$ は同値である．言い換えれば，楕円の点とはその点と二つの焦点との距離の和が一定であるような曲線である．

この定理はよく知られていると思う．しかし初めて知ったという読者もいるかもしれないので，念のために証明することにする．まず，楕円 (8.1) の任意の点は $(x, y) = (a \cos \sigma, b \sin \sigma)$ と書くことができることに注意する．ここで $\sigma \in [0, 2\pi)$ である．

$$\begin{aligned}
\overline{AP}^2 &= (a \cos \sigma + ae)^2 + b^2 \sin^2 \sigma \\
&= a^2 \cos^2 \sigma + 2a^2 e \cos \sigma + a^2 - b^2 + b^2 (1 - \cos^2 \sigma) \\
&= (a^2 - b^2) \cos^2 \sigma + 2a^2 e \cos \sigma + a^2 \\
&= a^2 (1 + e \cos \sigma)^2
\end{aligned}$$

明らかに $0 < e < 1$ であるから，$\overline{AP} = a(1 + e \cos \sigma)$ である．まったく同様に，$\overline{BP} = a(1 - e \cos \sigma)$ を導くことができる．したがって $\overline{AP} + \overline{BP} = 2a$ が示された．逆に $\overline{AP} + \overline{BP} = 2a$ から楕円の方程式を導くには，

$$\sqrt{(x + ae)^2 + y^2} + \sqrt{(x - ae)^2 + y^2} = 2a$$

---

[7] この e は自然対数の底 e とは何の関係もない．

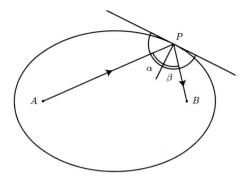

図 8.1 楕円とその焦点．一つの焦点 A から発射された光は，どの方向に発射されても必ずもう一つの焦点 B に戻ってくる．

から (8.1) を導けばよい．計算は省略する．　　　　　　　　　　　　　証明終

　さて，楕円の内壁が鏡でできているとき，次のようなおもしろい事実がある．焦点 A から発射された光が楕円の壁で反射されると，必ずもう一方の焦点 B に戻ってくるのである（図 8.1）．なぜそうなるのかを説明するために，楕円上の任意の点 $P = (a\cos\sigma, b\sin\sigma)$ を固定する．このとき P における内向き法線の点を T として $\angle APT = \angle BPT$ を証明すればよい．この点での内向き法線方向のベクトルとして

$$\left(-\frac{\cos\sigma}{a}, -\frac{\sin\sigma}{b}\right)$$

がとれる．このベクトルとベクトル $\overrightarrow{PA} = (-ae - a\cos\sigma, -b\sin\sigma)$ のなす角度を α とすれば，

$$\cos\alpha = \frac{e\cos\sigma + 1}{\sqrt{(ae + a\cos\sigma)^2 + b^2\sin^2\sigma}\,\sqrt{a^{-2}\cos^2\sigma + b^{-2}\sin^2\sigma}}$$

である．定理 8.1 で示したように，$\sqrt{(ae + a\cos\sigma)^2 + b^2\sin^2\sigma} = a(1 + e\cos\sigma)$ であるから，

$$\cos\alpha = \frac{1}{a\sqrt{a^{-2}\cos^2\sigma + b^{-2}\sin^2\sigma}}$$

まったく同様に法線ベクトルとベクトル $\overrightarrow{PB} = (ae - a\cos\sigma, -b\sin\sigma)$ のなす角を β とすれば $\cos\beta$ も計算できて，$\cos\alpha = \cos\beta$ となることがわかる．したがって $\alpha = \beta$ である[8]．　　　　　　　　　　　　　　　　　　　　　　　証明終

　以上の事実を頭に入れて，マクスウェルの考えた楕円の拡張を紹介しよう．それは，平面の任意の個数の点 $A_1, A_2, \cdots, A_N$ を与えて，それらからの距離の和

---

[8]　この証明は全く解析的なものであるが，もっと幾何学的な証明も可能である（演習問題）．

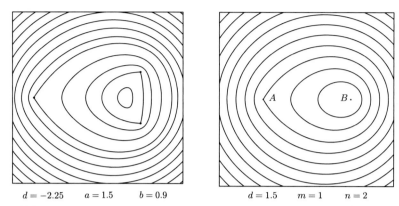

$d = -2.25$ $a = 1.5$ $b = 0.9$ $d = 1.5$ $m = 1$ $n = 2$

図 8.2 （左）：$A_1 = (d, 0)$, $A_2 = (a, b)$, $A_3 = (a, -b)$ からの距離の和が一定の曲線群. $d = -2.25$, $a = 1.5$, $b = 0.9$. 3 個の曲線（A_1 を通るもの, A_2 と A_3 を通るもの, および 1 点に縮重したもの）以外は滑らかな曲線である.（右）：$m = 1$, $n = 2$ の場合の曲線 (8.2). $A = (-1.5, 0)$, $B = (1.5, 0)$.

$$\overline{A_1 P} + \overline{A_2 P} + \cdots + \overline{A_N P}$$

が一定であるような点 P の描く曲線である. 図 8.2（左）に $N = 3$ の場合を描いた. この特殊な場合として m 個の点が 1 点 A に縮重し残りの n 個（$m + n = N$）が別の点 B に縮重したときには

$$m\overline{AP} + n\overline{BP} \tag{8.2}$$

が一定であるような曲線を考えることになる. これが楕円の一般化になっているわけは $m = n = 1$ の場合が楕円になることからわかる. 図 8.2（右）に (8.2) が一定となる曲線をいくつか描いた. さらにおもしろいのは, マクスウェルが彼の曲線を描く機械的な方法を彼自身が見つけていることである：図 8.3 のように, ひもの端を点 A に固定し点 P に引っかけたあと点 B までのばして点 B に立っている針の周りをぐるっと回って点 P までもどり, 点 P にひもを固定する. ひもは伸びないものとすると, 点 P の軌跡は $m = 1, n = 2$ の場合の曲線 (8.2) を表すことになる. もっと一般の m, n でも同様の工夫をすることができるので, マクスウェルの曲線は楕円と同じ要領で描くことができる. (8.2) が一定になる曲線は実はデカルト [74] によって考察されているので, マクスウェルが初めて見い出したわけではないが, ひもを使って簡単に作図できるという事実はマクスウェルが発見者だということである. 14 歳の少年にこうした発見ができることは驚くべきことである.

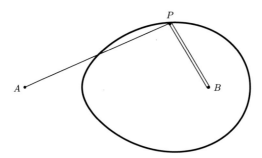

図 **8.3** マクスウェルによる機械的描き方.

8.2 マクスウェルの曲線と幾何光学

ニュートンの『プリンキピア』は近代物理学の出発点となった古典で，科学の文献ではユークリッドの『原論』に次いでよく読まれた書物であると言われている[9]．さて，その Book I, 命題 97 には次の問題（デカルトによるものであるという）とその解答が書かれている：

> **デカルトの問題** ある軸について回転対称な，光を通す物体がある．その外側の 1 点 A から発射された光は，どのような方向に発射されても，物体に入った後は対称軸に平行に無限遠方に飛んでゆくという（図 8.4（左））．この物体の表面の形状は何か？
>
> **ニュートンの解答** 回転対称であるから，軸を通る一つの面内で考えればよい．その面による物体の切り口は次のようにして作図することができる（図 8.4（右））．光が発射される点を A とし，対称軸と物体表面との交点を C とする．また，物体の屈折率を $\eta > 1$ とする．C の右側に任意の点 B を取り，C と B の間に $\overline{BC} : \overline{DC} = \eta : 1$ となるように点 D をとる．点 A を中心とし B を通る円と，D を通り対称軸に垂直な直線との交点を M としよう．B が対称軸上を C から無限遠方まで動いたときに M が描く曲線が求めるものである．

この曲線は実は双曲線なのであるが，それを示す前に上の問題の解答が正しいことをまず確認しておこう．光が屈折するときに入射角 α と屈折角 β には

---

9 『プリンキピア』は難解至極の本で，引用はされても実際に読まれたことは少なかろうという意見は多い．

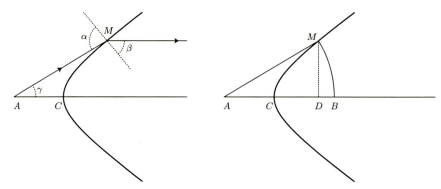

図 **8.4** デカルトの問題の解は双曲線（左）．ニュートンによる双曲線の作図（右）．

$\sin \alpha / \sin \beta = $ 一定，という等式[10]が成り立つ．この定数は界面の両側の物質のみに依存する定数である．もちろんこの光は単一の波長からなっていると仮定している．この定数を η とすると

$$\frac{\sin \alpha}{\sin \beta} = \eta. \tag{8.3}$$

この等式の意味は次のように理解することができる．

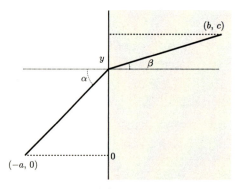

図 **8.5** 屈折する光のルート．縦軸の左側は空気，右側はガラス状物質が占めている．

今，図 8.5 で縦軸の右側にガラスがあり，左側は空気であるとする．光は同じ物質内を進んでいるときには直進するが，境界で向きが変わる．光は物質内ではその物質固有の速度で進むので，空気における光の速度を v_1，ガラスにおける速度を v_2 としよう．光の進路としては，物質内で直進することだけを要求すれば図 8.5 の入射点 $(0, y)$ の座標は何でもかまわない．しかし，もう一つの要求（仮説あるいは公理と呼んでもよい）として《出発点 $(-a, 0)$ から到達点 (b, c) までにかかる時

---

10 これは通常，スネルの法則と呼ばれている．

間が最小になるように光は進む》を仮定すると，ただ一つの経路だけが定まる．この仮説《⋯》を**フェルマーの原理**と呼ぶ．フェルマーの原理を仮定すると (8.3) が次のように導かれる．光が進むのに要した時間を $T(y)$ とすると，ピタゴラスの定理によって

$$T(y) = \frac{1}{v_1}\sqrt{y^2 + a^2} + \frac{1}{v_2}\sqrt{(c - y)^2 + b^2}$$

である．これが最小になる y は $T'(y) = 0$ で求められる．微分を実行すると，

$$T'(y) = \frac{y}{v_1\sqrt{y^2 + a^2}} - \frac{c - y}{v_2\sqrt{(c - y)^2 + b^2}}$$

である．入射角を α とし，屈折角を β とすれば

$$\sin\alpha = \frac{y}{\sqrt{y^2 + a^2}}, \qquad \sin\beta = \frac{c - y}{\sqrt{(c - y)^2 + b^2}}$$

であるから，$T'(y) = 0$ は

$$0 = T'(y) = \frac{1}{v_1}\sin\alpha - \frac{1}{v_2}\sin\beta \quad \text{すなわち} \quad \frac{\sin\alpha}{\sin\beta} = \frac{v_1}{v_2}$$

と書き直すことができる．つまり屈折率とは二つの物質における光の速度の比なのである．以上で屈折率が物質だけで決まる定数であることが理解できるであろう[11]．一般に密度が高い物質では速度は遅いので，$\eta = v_1/v_2 > 1$ である．

さて，デカルトの問題の解が双曲線であることを示すために，図 8.4（左）にもどって点 A を原点にとり，点 C の座標を $(c, 0)$ で表そう．そして，物体の切り口が $y = y(x)$ という曲線で表されているとし，点 M の座標を (x, y) とする．$\angle CAM$ を γ で表すと $\alpha = \beta + \gamma$ であることがわかる．(8.3) より

$$\eta\sin\beta = \sin\beta\cos\gamma + \cos\beta\sin\gamma. \tag{8.4}$$

一方，明らかに

$$\cos\gamma = \frac{x}{\sqrt{x^2 + y^2}}, \qquad \sin\gamma = \frac{y}{\sqrt{x^2 + y^2}}$$

であるから，これらを (8.4) に代入して $\sin\beta$ で割ると，

$$\eta = \frac{x}{\sqrt{x^2 + y^2}} + \cot\beta\frac{y}{\sqrt{x^2 + y^2}}.$$

点 M における曲線の接線と x 軸がなす角度は $\frac{\pi}{2} - \beta$ である．したがって $\dfrac{\mathrm{d}y}{\mathrm{d}x} = \cot\beta$．これを上式に代入すると，

11　ただし，光に自分の意志があるわけでもないのに最小の時間で行こうとするのはなぜか，と問われれば上の理論は無力であるが，ここではこのフェルマーの原理を公理として扱うことにする．

$$\eta = \frac{x}{\sqrt{x^2+y^2}} + \frac{\mathrm{d}y}{\mathrm{d}x}\frac{y}{\sqrt{x^2+y^2}}$$

となるが，これは

$$\frac{\mathrm{d}}{\mathrm{d}x}\left(\eta x - \sqrt{x^2+y^2}\right) = 0$$

と書き直すことができる．すなわち，$\sqrt{x^2+y^2} - \eta x$ は定数である．$x = c$ で $y = 0$ であるから，結局，曲線の方程式は $\sqrt{x^2+y^2} - \eta x = (1-\eta)c$ であることがわかった．これを書き直して

$$y^2 = (\eta x - (\eta-1)c)^2 - x^2$$

とし，$\eta > 1$ に注意すればこれが双曲線であることがわかる．

　次に，ニュートンの解答のように曲線を描いても同じ曲線が得られることを確認しておこう．先ほどと同じ座標系をとり，図 8.4（右）の D における垂線と円弧の交点を (x, y) とする．円弧の半径を r とすれば，D の取り方から，$\eta(x - c) = r - c$ を得る．つまり，$r = \eta x - (\eta-1)c$ である．ピタゴラスの定理から

$$x^2 + y^2 = r^2 = (\eta x - (\eta-1)c)^2$$

であるが，これは上で求めた方程式と同じである．

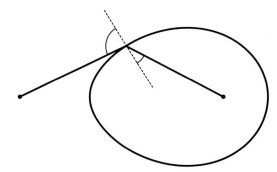

図 8.6　マクスウェルの曲線の内部が屈折率一定の媒体ならば，外側の焦点から出た光は皆内側の焦点を通る．

　さて，マクスウェルの曲線は上の問題と次のように深く関連している．

定理 8.2　$m < n$ のとき，点 $(-d, 0)$ と点 $(d, 0)$ から得られるマクスウェルの曲線

$$m\sqrt{(x+d)^2 + y^2} + n\sqrt{(x-d)^2 + y^2} = a$$

（a は正定数）を切り口に持つ，x 軸のまわりに回転対称な，$\eta = n/m$ の屈折率をもつ物体があったとき，点 $(-d, 0)$ から出された光はその向きによらず，表面で屈折された後に必ずもう一つの焦点 $(d, 0)$ を通る（図 8.6）．逆に，どのような向きに光が出されても必ずもう一つの焦点を通るならば，その物体の境界はマクスウェルの曲線である（ただし，点 $(-d, 0)$ が物体の外にあることは仮定しておく．つまり $a < 2dn$）．

この定理の解析幾何学的証明はいささか複雑であるので省略する．しかし，物理的な直感からは納得することが可能である．定理の後半を示してみよう：二つの点の間を光が進むとき，到達に要する時間に大小があれば上で述べた光の性質（フェルマーの原理）に反することになるから，光の進路にかかわる所用時間は一定である．つまり，境界上の点を (x, y) とすれば

$$\frac{\sqrt{(x+d)^2 + y^2}}{v_1} + \frac{\sqrt{(x-d)^2 + y^2}}{v_2}$$

は x によらず一定である．$v_1/v_2 = \eta = n/m$ であるからこれはマクスウェルの曲線の定義に他ならない．

注意 8.1 デカルトの問題のように，結果を知って原因（この場合は物体の形状）を探す問題を**逆問題**と呼ぶ．これに対し，原因となる現象を与えて結末を問う問題を**順問題**と呼ぶ．工学では逆問題がしばしば現れる．逆問題とか順問題は問題の**型**を言っているのであり，その区別は必ずしも明確なものではない．しかし，一般に，逆問題の方が順問題よりも難しいことが多い．

8.3 マクスウェルの関数方程式

マクスウェルの業績のほんのアクセサリーにすぎないものではあるが，応用数学の教材として優れているので，彼の関数方程式をここで紹介する．彼は

$$f(u)f(v)f(w) = \varphi(u^2 + v^2 + w^2) \qquad (u, v, w \in \mathbb{R}) \tag{8.5}$$

を考えた．これは二つの未知関数 f と φ がすべての実数 u, v, w について (8.5) を満たすことを要求する．彼はこのとき

$$f(u) = Ae^{\alpha u^2}, \qquad \varphi(r^2) = A^3 e^{\alpha r^2} \tag{8.6}$$

（A, α は定数）でなくてはならないことを結論づけている（文献 [100]）．この命題について少し詳しく見てみよう．

　彼は平衡状態にある気体の分子の集合を考え，分子の速度がどう分布するのかを考えた．ここで平衡状態とは，マクロに見て気体の速度はゼロであり，温度なども一定である状態を言う．平衡状態といっても個々の気体分子は熱的揺らぎを持っており，高速で動いている分子もあれば遅いものもある．また，速度ベクトルの向きも様々である．しかし，平均すれば気体の速度はゼロになっている．[注意：平均速度がベクトルとしてゼロであるといっても，速さ（＝速度の絶対値）の平均はゼロではない．常温の空気の分子は猛烈な速さで運動している．]

　さて，3次元空間内に N 個の分子があるものとしよう．速度の x 成分が u と $u+du$ の間にある分子の個数を $Nf(u)du$ とする．つまり，速度の x 成分が u と $u+du$ にある確率が $f(u)du$ である．同様に，速度の y 成分が v と $v+dv$ の間にある分子の個数を $Nf(v)dv$，速度の z 成分については $Nf(w)dw$ とする．すべて同じ関数 f が現れるのは，平衡状態ではどの方向にも区別はないからである．速度の x 成分がある範囲にあることと，速度の y 成分あるいは z 成分が別のある範囲にあることは独立な事象であるから，速度ベクトルが $[u, u+du] \times [v, v+dv] \times [w, w+dw]$ の直方体にある確率は $f(u)f(v)f(w)dudvdw$ となる．したがってそのような分子の個数は $Nf(u)f(v)f(w)dudvdw$ である．この分子の個数は（すべての方向に区別がないことから）$u^2 + v^2 + w^2$ にしか依存しない．これが (8.5) の意味である．

> **定理 8.3**　(8.5) を満たす連続な f と φ が存在するものとしよう．このとき (8.6) が成り立つ．

厳密な議論はせず，直感的に議論を進めてみよう．$F(x) = \log f(\sqrt{x})$, $G(x) = \log \varphi(x)$ と定義する[12]．(8.5) の対数をとると $F(x) + F(y) + F(z) = G(x+y+z)$ を得る（$x = u^2, y = v^2, z = w^2$）．ここで $y = z = 0$ とおくと，$F(x) + 2F(0) = G(x)$ が出る．すなわち $F(x) + F(y) + F(z) = F(x+y+z) + 2F(0)$ を得る．$H(x) = F(x) - F(0)$ とおけば

$$H(x) + H(y) + H(z) = H(x+y+z). \tag{8.7}$$

これがすべての $x \geq 0, y \geq 0, z \geq 0$ について成り立たねばならない．(8.7) を x で微分する[13]と，$H'(x) = H'(x+y+z)$. これがすべての x, y, z について成り立た

12　f や φ が負のときはどうするか，といったことには目をつぶって考えよう．上に述べた物理学への応用では，正であることは自明である．

13　微分可能性を仮定しなくても，連続性と (8.7) だけから $H(x) = \alpha x$ は導くことができるが，ここではその証明は省略する．

ねばならないのであるから，H' は定数でなくてはならない．この定数を α としよう．$H(0) = 0$ であるから $H(x) = \alpha x$．これより

$$\log f(\sqrt{x}) = F(0) + \alpha x.$$

これを書き直すと，$f(u) = e^{F(0)}e^{\alpha u^2}$ となる．また，$\varphi(x) = e^{G(x)} = e^{F(x)+2F(0)}$ $= e^{\alpha x}e^{3F(0)}$．$F(0)$ も定数であるから，$A = e^{F(0)}$ とおくと定理が "証明" される．　　　　　　　　　　　　　　　　　　　　　　　　"証明" 終わり．

　この証明には，対数関数をとることができるか，とか，連続関数といいながら微分可能性を仮定しているなど，まだまだ詰めねばならないところがあるが，直感的な理解は可能であろう．(8.7) を満たす関数 H は微分可能性を仮定しなくても $H(x) = \alpha x$ という線形関数に限られることが証明できる．H が積分可能という弱い仮定だけでも線形関数に限られることを証明することもできる．しかし，どんな関数でもよい，としてしまうと線形関数以外にも解が存在することが知られている[14]．もちろんこういった関数は極めて病的な関数であって，物理学の応用に適した解でないことは言うまでもない．

注意 8.2　平衡状態での速度の分布は $NA^3 e^{\alpha(u^2+v^2+w^2)}dudvdw$ であることがわかった．当然

$$N = \iiint_{\mathbb{R}^3} NA^3 e^{\alpha(u^2+v^2+w^2)}dudvdw$$

でなくてはならないから，$\alpha < 0$ である．そこで $\alpha = -\beta$ とおくことにしよう．この積分を実行すると $N = NA^3 \left(\frac{\pi}{\beta}\right)^{3/2}$ となるから，$A = \sqrt{\beta/\pi}$．すなわち，

$$N\left(\frac{\beta}{\pi}\right)^{3/2} e^{-\beta(u^2+v^2+w^2)}dudvdw$$

が速度の分布を表す．これを**マクスウェル分布**と呼ぶ．定数 β は温度によって決まることが知られている．この関数は確率論に出てくる正規分布に他ならないことに注意していただきたい．

---

*   *   *

演習問題

[問題 1]　✿ $\overline{AP} + \overline{BP} = 2a$ から (8.1) を導け．

[問題 2]　✿ 楕円の一つの焦点から発射された光が，入射角 = 反射角という法則に従って反射されるともう一つの焦点を通ることを次の要領で証明せよ．まず図 8.7 のように楕円上

14　[58] を見よ．

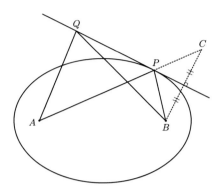

図 8.7　楕円面で反射される光のルート.

の点 P において接線を引く. 点 A, B を焦点とする. そして, 接線上の, P 以外の任意の点 Q について $\overline{AQ} + \overline{BQ} > \overline{AP} + \overline{BP}$ であることを確かめよ. さらに, 焦点 B と接線に関して対称な位置にある点を C としたとき, A, P, C は一直線上になければならないことを示せ（$\overline{PB} = \overline{PC}, \overline{QB} = \overline{QC}$ に注意せよ）.

[問題 3]　✿ $m = 2$, $n = 3$ のときに (8.2) が一定の曲線をマクスウェルにならって描くにはひもをどう張ればよいか？

[問題 4]　✿ 放物線からなる鏡に右から平行に光が入射するとき必ず焦点を通ることを証明せよ（図 8.8 の左図）. ただし, 放物線 $x = ay^2$ の焦点とは $(0, 1/(4a))$ のことである. $e = 1/(4a)$ とおくとき, 放物線の任意の点と焦点の距離はその点と直線 $x = -e$ との距離に等しいという性質があることに注意せよ.

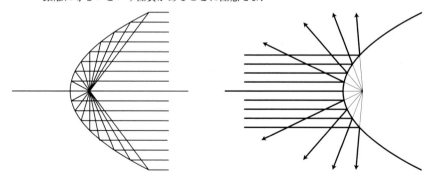

図 8.8　放物面で反射される光のルート.

[問題 5]　✿ xy 平面内に, 鏡でできている放物線 $x = y^2$ がある. この平面内において左から平行な光が進んでくるものとする. 鏡で反射されたあと, 光がどう進むかを説明せよ（図 8.8 の右図）.

[問題 6]　✿ 半径 r の円の内壁が鏡になっており, 中心 O から距離 a にある点 A から, OA の延長と角度 θ をなす方向に光が発射されるものとする. ただし, $0 < a < r, 0 < \theta < \pi/2$ とする. 実験してみると, 鏡で反射された後, 光が OA に平行になることが確認

された．このとき $r/2 < a < r$ でなくてはならない．逆に言えば，$0 < a \leq r/2$ ならば反射光が平行になることはない．このことを証明せよ．

[問題 7] ✿ 双曲線 $\dfrac{x^2}{a^2} - \dfrac{y^2}{b^2} = 1$ の焦点とは $(\pm\sqrt{a^2+b^2}, 0)$ のことである．この双曲線の形をした鏡があるものとする．一焦点から発射された光は，鏡で反射された後，もう一方の焦点から発射されたかのように進むことを証明せよ（ヒント：図 8.9 の左図において PT は接線である．このとき $\angle APT = \angle BPT$ を証明せよ）．

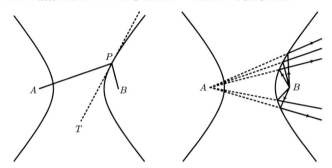

図 8.9 双曲面で反射される光のルート．B から発射され，壁で反射された光を右から見ると，あたかも A から発射されたかのように見える．

[問題 8] ✿ 三角形の面積をその 3 辺の長さだけで表す公式を発見したヘロンは一世紀にアレキサンドリアで活躍した人物である．彼は次のように主張している：一枚の鏡に姿を映すと，右にあるものは左に，左にあるものは右に移されて見える．しかし，二枚の鏡を用いると右は右に，左は左になるように映すことが可能である．どのようにすればこのようなことができるか考えよ．また，そうできる理由を述べよ．

[問題 9] ✿✿ (8.7) を満たす関数 H は，H が連続であるという仮定だけで $H(x) = \alpha x$ という線形関数になることを示せ．

[問題 10] ✿ (8.5) を満たす連続関数 f と φ で，至る所 $f \geq 0$，$\varphi \geq 0$ を満たすものが存在するものと仮定する．このとき，$f \equiv 0$，$\varphi \equiv 0$ であるか，あるいは，すべての点で $f > 0$，$\varphi > 0$ であるかのいずれかであることを証明せよ．

[問題 11] ✿✿✿ 円形 $(x^2 + y^2 = 1)$ の鏡に水平方向から平行に入射した後に反射される光線の包絡線はエピサイクロイドになることを示せ（図 8.10 参照）．また，点 $(1, 0)$ から発射され，円周で反射されたあとの光線の包絡線はカーディオイドになることを示せ．

[問題 12] ✿ 面積が一定値 π の楕円の族が占める領域は何か？ つまり，$ab = 1$ を満たしながら $a > 0$，$b > 0$ が動くとき，楕円の族 $\dfrac{x^2}{a^2} + \dfrac{y^2}{b^2} = 1$ 全体の和集合はどのような領域か？

[問題 13] ✿ 円の内壁が鏡になっているものとする．このとき，円内の任意の点から任意の方向に向かって発射される光はどういう線上を動いてゆくか？

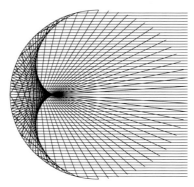

図 **8.10**　包絡線として現れるエピサイクロイド.

第9章

グリーンの公式と静電気学

　大学に入学して数学あるいは物理学を習う人が必ず遭遇するものの一つにグリーンの公式がある．本章ではこの公式の周辺のお話をしよう．

9.1　ラプラス作用素と調和関数

　以下**ラプラス作用素**というものが頻繁に出てくるので，これについて簡単におさらいをしておこう．ラプラス作用素とは，

$$\frac{\partial^2}{\partial x_1^2} + \frac{\partial^2}{\partial x_2^2} + \frac{\partial^2}{\partial x_3^2}$$

という微分作用素で，通常 $\triangle$ と表す（本章では空間の点 x の座標を (x_1, x_2, x_3) で表す）．平面で定義された関数についてもラプラス作用素を

$$\triangle = \frac{\partial^2}{\partial x_1^2} + \frac{\partial^2}{\partial x_2^2}$$

で定義する．

> **定義 9.1**　ラプラス作用素をほどこすと恒等的にゼロとなる関数を**調和関数**と呼ぶ．

定義から直ちにわかるように，一次関数は調和関数である．もう少し非自明な例としては，たとえば

$$x_1 x_2, \quad x_1^2 - x_2^2, \quad e^{x_1}\cos x_2, \quad \log(x_1^2 + x_2^2), \quad \frac{1}{\sqrt{x_1^2 + x_2^2 + x_3^2}}$$

などが調和関数である．

　ラプラス作用素は力学，熱学，電磁気学など，古典物理学のほぼ全般にわたって重要な働きをするので，その性質を知ることは大変重要である．また，平均曲率の式 (2.17) は平均曲率 H が $H = \frac{1}{2}\triangle f(0,0)$ で与えられることを示している．

9.2　グリーンの公式

Ω を 3 次元の領域とし，Γ でその境界となっている閉曲面を表すことにしよう．領域というときには開集合を意味するので Γ の点は Ω には属さない．$\Omega \cup \Gamma$ を $\overline{\Omega}$ で表し，Ω の閉包と呼ぶ．Γ の各点で領域 Ω の外向きに法線を考え，その方向を向いた単位ベクトルを $\boldsymbol{n}$ で表す．$\overline{\Omega}$ で定義された関数を考え，Γ の点におけるその関数の $\boldsymbol{n}$ 方向の微分を $\frac{\partial f}{\partial n}$ で表す．$\frac{\partial f}{\partial n} = \boldsymbol{n} \cdot \nabla f$ である．$\overline{\Omega}$ で定義された微分可能関数 f と g が与えられたとき，

$$\iiint_{\Omega} f \triangle g \, dV = \iint_{\Gamma} f \frac{\partial g}{\partial n} \, d\Gamma - \iiint_{\Omega} \nabla f \cdot \nabla g \, dV \tag{9.1}$$

をグリーンの公式と呼ぶ[1]．ここで，$dV = dx_1 dx_2 dx_3$ は体積要素，$d\Gamma$ は曲面 Γ の面積要素である．(9.1) で f と g を交換し，その式と (9.1) を辺々引き算すれば，次式を得る：

$$\iiint_{\Omega} (f \triangle g - g \triangle f) \, dV = \iint_{\Gamma} \left(f \frac{\partial g}{\partial n} - g \frac{\partial f}{\partial n} \right) \, d\Gamma. \tag{9.2}$$

これもグリーンの公式と呼ばれる．

Ω が 2 次元領域のときにも，Ω の境界となる閉曲線を Γ とすれば同じ形の定理が成り立つ：

$$\iint_{\Omega} f \triangle g \, dS = \int_{\Gamma} f \frac{\partial g}{\partial n} \, d\Gamma - \iint_{\Omega} \nabla f \cdot \nabla g \, dS. \tag{9.3}$$

ここで，$dS = dx_1 dx_2$ である．

グリーンの公式は 1 次元における部分積分の公式の多次元への拡張になっている．1 次元版である

$$\int_a^b f g'' \, dx = f g' \Big|_a^b - \int_a^b f' g' \, dx$$

は部分積分の公式そのものである．1 次元の場合，微分の方向は 1 方向（あるいはその 180 度反対方向）しかないけれども，多次元では境界における微分の方向は無限にある．このうち外向き法線微分だけが公式に現れてくることが重要である．

グリーンの公式は様々な教科書で証明されているが，読者の便宜のためにここで証明を与えておく．簡単のため 2 次元の場合に証明しよう．3 次元でもやり方は同

1　スカラー関数 f が与えられたとき，$\nabla f = \left(\frac{\partial f}{\partial x_1}, \frac{\partial f}{\partial x_2}, \frac{\partial f}{\partial x_3} \right)$ と定義する．

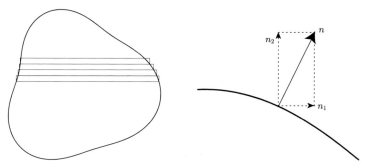

図 9.1　領域 Ω を短冊状に分ける（左）．法線の成分は (n_1, n_2)（右）．

じである.

今, y 軸に平行な多数の直線を使って, 領域 Ω を図 9.1（左）のように細かく分割し, 細い長方形領域の和で近似する. 一つの長方形領域 $[\xi_1, \xi_2] \times [\alpha, \alpha + \delta\alpha]$ を考えよう. そこでは

$$\iint \frac{\partial f}{\partial x_1} \, \mathrm{d}x_1 \mathrm{d}x_2 \approx \int_\alpha^{\alpha+\delta\alpha} f(\xi_2, x_2) \, \mathrm{d}x_2 - \int_\alpha^{\alpha+\delta\alpha} f(\xi_1, x_2) \, \mathrm{d}x_2$$

となる. ここで, $\mathrm{d}x_2 = n_1 \mathrm{d}\Gamma$ であることに注意して（図 9.1 右）, 部分領域に関する和をとり, 上の刻み $\delta\alpha$ をゼロに近づけると,

$$\iint_\Omega \frac{\partial f}{\partial x_1} \, \mathrm{d}x_1 \mathrm{d}x_2 = \int_\Gamma f n_1 \, \mathrm{d}\Gamma$$

を得る. 全く同様に

$$\iint_\Omega \frac{\partial f}{\partial x_2} \, \mathrm{d}x_1 \mathrm{d}x_2 = \int_\Gamma f n_2 \, \mathrm{d}\Gamma$$

を得る. これらを用いると,

$$\iint_\Omega \frac{\partial}{\partial x_1} \left(f \frac{\partial g}{\partial x_1} \right) \mathrm{d}x_1 \mathrm{d}x_2 = \int_\Gamma f \frac{\partial g}{\partial x_1} n_1 \, \mathrm{d}\Gamma$$

および

$$\iint_\Omega \frac{\partial}{\partial x_2} \left(f \frac{\partial g}{\partial x_2} \right) \mathrm{d}x_1 \mathrm{d}x_2 = \int_\Gamma f \frac{\partial g}{\partial x_2} n_2 \, \mathrm{d}\Gamma$$

を得る. これらの式を加えると

$$\iint_\Omega \left[\frac{\partial}{\partial x_1} \left(f \frac{\partial g}{\partial x_1} \right) + \frac{\partial}{\partial x_2} \left(f \frac{\partial g}{\partial x_2} \right) \right] \mathrm{d}x_1 \mathrm{d}x_2 = \int_\Gamma f \frac{\partial g}{\partial n} \, \mathrm{d}\Gamma$$

ここで微分を実行すると (9.3) となる.　　　　　　　　　　　　　　　証明終

> **注意 9.1**　上の証明は領域 Ω が図 9.1 のように穴のない領域（単連結領域と呼ぶ）ならば問題ないが，穴がある場合，たとえば円領域の内部から小さな円をくりぬいたような領域では修正が必要になる．しかし，その修正は容易に行えるので，ここではくどくどしい説明はしない．

　グリーンの公式と同様の地位にあるのが**ガウスの定理**である．これはベクトル値関数 $\boldsymbol{u} = \boldsymbol{u}(x_1, x_2, x_3) = (u_1(x_1, x_2, x_3),\ u_2(x_1, x_2, x_3), u_3(x_1, x_2, x_3))$ に関するもので

$$\iiint_\Omega \operatorname{div} \boldsymbol{u}\, dV = \iint_\Gamma \boldsymbol{u} \cdot \boldsymbol{n}\, d\Gamma \tag{9.4}$$

と表すことができる．ここで

$$\operatorname{div} \boldsymbol{u} = \frac{\partial u_1}{\partial x_1} + \frac{\partial u_2}{\partial x_2} + \frac{\partial u_3}{\partial x_3}$$

である．

　ガウスの定理とグリーンの公式は同値であることが次のように示される．まず，グリーンの公式からガウスの定理を導くには (9.1) で $f = u_1, g = x_1$ とおくと（$\triangle g \equiv 0$ だから）

$$\iiint_\Omega \frac{\partial u_1}{\partial x_1}\, dV = \iint_\Gamma u_1 n_1\, d\Gamma$$

同様に $f = u_2, g = x_2$, および $f = u_3, g = x_3$ とおき，得られた 3 式を辺々加えればガウスの定理が得られる．逆にガウスの定理からグリーンの公式を導くには，ベクトル値関数として $\boldsymbol{u} = f\nabla g$ をとる．このとき $\operatorname{div} \boldsymbol{u} = f\triangle g + \nabla f \cdot \nabla g$ だからグリーンの公式が出てくる．

　ガウス[2]は 19 世紀の数学において他を寄せつけないくらいの業績をあげた人物であるが，彼が見いだしたものは (9.4) の特殊なものでしかなかったということである．(9.4) という形のガウスの定理を最初に見いだしたのは実はオストログラツキー[3]である，というのが定説のようである ([71])．そこで時にはガウス–オストログラツキーの定理と呼ばれることがある．ロシアでは単にオストログラツキーの定理と呼ばれることもある．

2　Carl Friedrich Gauss, 1777-1855.

3　Mikhail Vasilevich Ostrogradski. 1801-1862.

9.3 George Green とは？

　ガウスは大数学者であり，数多くの伝記も書かれている．その人物像（極めて気むずかしい人物であったらしい）もよく知られている．これに対しグリーンはその公式こそ有名だが，どういう人物であったのかを知っている人はほとんどいない．

　グリーンの公式を見いだしたジョージ・グリーン (George Green) は大変興味深い人物である．1793 年に生まれ，1841 年に病没しているが，詳しい事実は分かっていない．彼がグリーンの公式を含む論文（エッセイと名付けられている）を発表したのはイギリス中部のノッチンガムという工業都市であった．その論文ではグリーンの公式ももちろん導かれているが，もっと重要なのはいわゆるグリーン関数というものを定義したことである．この考え方は極めて革新的なものであった．彼の論文は著名な専門雑誌に載ったわけではなく，自費出版に近いものであったようである．ノッチンガムはロビン・フッドの冒険で有名な都市であるが，学問の中心であるケンブリッジとかオックスフォードとはあまり縁のない場所である．そのようなところでどうして革新的なアイデアが生まれたのであろうか？ グリーンの父親は地元で繁盛したパン屋さんで，事業を拡大して粉屋も開業し，産業革命の発展による賃金労働者（その人々は当然パンを自分で作るのではなくお金で買うことになる）の爆発的な増加のおかげである程度の資産家になったという．

　家業を継いだグリーンは高等教育を受けなかったのだが，独学でフランスの論文[4]を読んで，自分流の考えを発展させたらしい．"らしい" というのはよくわかっていないからで，彼の偉大な論文も 20 年ほどはほとんど読まれることもなく，死後にケルヴィン卿[5]によってそのアイデアの革新性が認識されるまで周りに理解されなかったのである．彼の遺族もグリーンがそのような偉大な人物であるとは思わず，様々な資料が散逸してしまったようである [66]．

　さて，彼は粉屋の仕事を続けながら独学をしていたが，若い頃は父親の学問に対する無理解もあって学問に専念できなかった．父の死後家業を番頭格の人物に預けて学問に本格的に進み，35 歳で最初の，そして歴史に残る偉大な論文をたった一人で書き上げたのである．独学の天才はグリーン以外にもいる．電磁誘導の原理や電気分解の法則などで有名なファラデーも，大学を出たわけではないが，実験物

---

4 ここで重要なことはケンブリッジやオックスフォードの文献ではないことである．ケンブリッジもオックスフォードも，当時はフランスの大学から相当後れをとっており，創造的な研究を生み出すことができなくなっていた（[69] 参照）．

5 William Thomson. 1824-1907.

理学で不朽の業績をあげている．しかし，彼の場合は王立研究所の助手として出発し，優れた研究環境が自分のまわりに存在していた．これに対し，グリーンはアドバイスをしてくれる人物もなく完全な独学であった点は多いに強調されるべきであろう．このような仕事が一地方都市で，しかも数学者としては異例の晩生人間によって，独学で達成されたのは当時のイギリスという国の底力を表しているようにも思える（もちろん江戸時代の我が国にも上流階級出身でないのに和算で名をなした人物もいるけれど…）．

しかしあまりに革新的な考え方はすぐには認められず，長生きしなかったせいもあって，長い間彼に栄誉が与えられることはなかった．しかし，彼のアイデアは現在の数理物理学には不可欠のものとなっており，その名誉を讃え，現在ではウエストミンスター寺院でアイザック・ニュートンの墓の近くに，ディラックやマクスウェルなどとともに彼の銘板が埋め込まれている．ウエストミンスター寺院に行く機会があれば，ぜひ訪れていただきたい場所である．

9.4　電気力学とポアッソン方程式

次節ではグリーンのアイデアを紹介する．そのために本節では，まず電磁気学の用語を復習しよう．空間に電荷が分布されると，空間には電場というものができ，電気をもつ物体は力を受ける．その力を $\boldsymbol{E} = \boldsymbol{E}(x_1, x_2, x_3)$ とする．これはベクトル場であるが，このベクトルはあるスカラー関数 ϕ を用いて

$$\boldsymbol{E} = -\nabla\phi \qquad (9.5)$$

と表されることがわかっている（[27]）．この関数 $\phi = \phi(x, y, z)$ を電位と呼ぶ．電荷の分布を $\rho = \rho(x, y, z)$ で表すと，$\mathrm{div}\,\boldsymbol{E} = \rho$ であることが知られている（電場のガウスの法則，[27]）．$\mathrm{div}\,\nabla = \triangle$ であるから，

$$-\triangle\phi = \rho \qquad (9.6)$$

が成り立つことがわかる．この方程式を**ポアッソン方程式**と呼ぶ．これより次の事実がわかる：

> **命題 9.1**　電荷の存在しないところでは電位は調和関数である．

要約すると，「電荷の分布が決まれば電位が決まり，電位の勾配を計算することによって働く力も決まる」ということになる．

> **注意 9.2** 物理学には様々な単位が存在し，上の方程式たちには様々な物理定数がかかって
> くる．上の式ではそれらをすべて 1 に等しいとしている．こうしても数学的な本質は変わら
> ないし，記号を増やしすぎると数学的本質が隠される恐れもあるので，ここではすべての物
> 理定数を 1 とした．

　さて，電荷の分布が決まれば方程式 (9.6) を解き，それを使って電場が決まる．
したがって，ポアッソン方程式の解を具体的に表示する公式があれば大変便利であ
ることがわかる．そのような公式は存在し，それこそグリーンの不朽の業績なので
あるが，そこへ行く前に，簡単な場合にポアッソン方程式の解を考えてみよう．

　例として，今，3 次元空間に電荷分布 ρ が与えられてそれ以外に何もない状況を
想定すると，3 次元空間全体でポアッソン方程式が満たされる．無限遠方で電位を
ゼロとしよう[6]．すると，電位は

$$\phi(x_1, x_2, x_3) = \frac{1}{4\pi} \iiint_{\mathbb{R}^3} \frac{\rho(\xi_1, \xi_2, \xi_3)}{\sqrt{(x_1 - \xi_1)^2 + (x_2 - \xi_2)^2 + (x_3 - \xi_3)^2}} \, \mathrm{d}\xi_1 \mathrm{d}\xi_2 \mathrm{d}\xi_3$$

$$(9.7)$$

で与えられる．この式の妥当性を理解するには次のように考えればよい．点
(ξ_1, ξ_2, ξ_3) に置かれた強さ ρ_0 の点電荷が作る電位は

$$\phi(x_1, x_2, x_3) = \frac{\rho_0}{4\pi \sqrt{(x_1 - \xi_1)^2 + (x_2 - \xi_2)^2 + (x_3 - \xi_3)^2}} \quad (9.8)$$

で表される．この事実を確かめるには，この関数の勾配を取る．すると

$$-\nabla\phi = \frac{\rho_0}{4\pi \left\{ (x_1 - \xi_1)^2 + (x_2 - \xi_2)^2 + (x_3 - \xi_3)^2 \right\}^{3/2}} (x_1 - \xi_1, x_2 - \xi_2, x_3 - \xi_3)$$

となって，クーロンの法則 ([27]) が得られることから (9.8) が納得されよう．電荷
の分布を点電荷の連続的な集まりとみなせば (9.8) から (9.7) が得られる．

　この説明は物理的には自然に思えるが，厳密性には欠ける．(9.6) だけから純粋
に数学的に (9.7) を証明することは可能であるが，そのためには少し技術が必要で
あるので，ここでは厳密な証明はやめておく．文献 [44, 80] あるいは [92] を参照さ
れたい．

　次に，電場を求める領域が空間全体ではなく，ある部分領域 Ω である場合を考
えよう．このときには (9.6) が Ω で満たされる．しかしこれだけでは ϕ は一つに
は定まらない．ϕ に関する境界条件が Γ で必要になるのである．境界 Γ の上で定

6　式 (9.5) と (9.6) には電位の導関数しか現れないから電位に任意定数を加えても全く変わらない．した
　がって，電位に適当な定数を加えたり引いたりすることは自由であることに注意されたい．

義された関数 μ が与えられたとき，

$$-\triangle\phi = \rho \qquad\qquad (x \in \Omega), \qquad\qquad (9.9)$$

$$\phi = \mu \qquad\qquad (x \in \Gamma) \qquad\qquad (9.10)$$

を求めることが要求される．

例 9.1　2 枚の平面 $x_3 = \pm a$ からなるコンデンサーを考えよう．このとき，$-\infty < x_1 < +\infty, -\infty < x_2 < +\infty, -a < x_3 < a$ で $\triangle\phi = 0$ を満たし，$x_3 = -a$ で $\phi = \mu_1$，$x_3 = a$ で $\phi = \mu_2$，を満たす関数 ϕ を求めることになる．μ_1 も μ_2 も定数であるとすると

$$\phi(x_1, x_2, x_3) = \frac{\mu_2 - \mu_1}{2a}x_3 + \frac{\mu_1 + \mu_2}{2}$$

がラプラス方程式と境界条件を満たすことが容易に確かめられるから，電位はこの関数で与えられる．

例 9.2　定数 $0 < a < b$ が与えられたとき，球殻領域 $a < r < b$ で調和で，$r = a$ で $\phi = \mu_1$，$r = b$ で $\phi = \mu_2$ となる ϕ を求めること．ただし，μ_1, μ_2 は定数である．与えられたデータは球対称であるから，解も球対称になるであろう．球対称な関数（つまり $r = \sqrt{x_1^2 + x_2^2 + x_3^2}$ のみに依存する関数）に対する 3 次元のラプラス作用素は

$$\triangle = \frac{1}{r^2}\frac{\partial}{\partial r}\left(r^2\frac{\partial}{\partial r}\right)$$

と書けるから，解は

$$\frac{1}{r^2}\left(r^2\phi'(r)\right)' = 0$$

を満たす．これは簡単に積分できて，$\phi'(r) = cr^{-2}$ を得る．ここで c は定数である．もう一度積分すると $\phi(r) = -c/r + d$（d は別の定数）．境界条件が満たされるように c, d を決めると

$$\phi(r) = \frac{ab(\mu_1 - \mu_2)}{(b-a)r} + \frac{b\mu_2 - a\mu_1}{b-a}$$

を得る．

　このように，ポアッソン方程式 (9.9)(9.10) の境界値問題の解を求めることは静電気学において中枢の働きをなすことがわかる．(9.9)(9.10) はまた，ϕ を温度とみなせば，「領域 Ω の境界を与えられた温度 μ に保ち，熱源 ρ が分布しているときの温度」を決める方程式であると解釈することもできる（次章参照）．したがって，

ポアッソン方程式の解法を知っていれば電気力学にも熱力学にも（そして力学にも）応用できるのである．力学での応用例については第 11 章と第 12 章も参照してほしい．

さて，ポアッソン方程式の解をどうすれば求めることができるか，が次の問題である．実は，ρ や μ によらず領域 Ω だけで決まる関数を用いて解を積分で表示する方法が存在する．これがグリーン関数の方法である．次節を読んでいただければわかるように，**ある特殊な場合の解が求められれば，その知識だけで一般の場合も解ける**のである．

9.5 グリーン関数

グリーンのアイデアは 200 年近くたった今でも使われている重要なものである．これを紹介しよう．まずグリーン関数というものを直観的に定義しよう．Ω を有界領域とする．その境界 Γ はアースされているものとする．その領域の内点 x に強さ 1 の点電荷をおいたときの電位分布（図 9.2 を参照）を $y \in \Omega$ の関数とみなし，これを $G(x, y)$ で表す．この関数 $G(x, y)$ を**グリーン関数** (Green's function) と呼ぶ．グリーン関数は $x \neq y$ なる点 $x, y \in \overline{\Omega}$ について定義された関数である．G が具体的にどのような関数であるかはわからないとしても，次のことは明らかであろう．

G1 $G(x, y)$ は $y \in \Omega \setminus \{x\}$ について調和関数である；
G2 $y \in \Gamma$ ならば $G(x, y) = 0$；
G3 $y \to x$ のとき $G(x, y) \sim \frac{1}{4\pi|x-y|}$.

G1 は電荷が x だけにしかないことと，命題 9.1 から従う．**G2** は境界がアースし

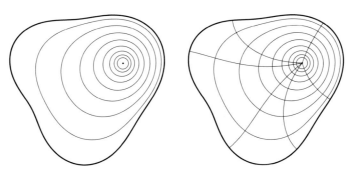

図 9.2 点電荷が引き起こす電場の等電位線（左）．右の図はそれにいくつかの電気力線を加えたもの．

てあることと同値である．**G3** は，電荷の十分近くではその電荷の引き起こす力がどんどん大きくなるので境界の影響などは相対的に無視でき，全空間内に点電荷だけが置かれた場合とほぼ同じであるという事実を表している．

以上は物理的な定義である．もう少し数学的には次のように定義する．

定義 9.2 点 $x \in \Omega$ を任意に与えたとき，$\Omega \setminus \{x\}$ で調和で，Γ でゼロとなり，

$$\lim_{y \to x} \left(\varphi(y) - \frac{1}{4\pi |x - y|} \right)$$

が存在するような φ が一意に存在することが証明できる．このとき $G(x, y) = \varphi(y)$ と定義して，G をグリーン関数と呼ぶ．

ここで述べた φ の存在証明には多くのページ数が必要なのでここではやらない．たとえば [92] を見よ．上で述べた物理的な直感からその存在を疑うことはできないであろう．実際，グリーン自身は $G(x, y)$ の存在を自明なものとみなしている．

グリーン関数は様々な利用が可能であるが，次の定理が最も重要である：

定理 9.1 ρ が与えられたときのポアッソン方程式の境界値問題

$$-\triangle\phi = \rho \qquad (x \in \Omega) \tag{9.11}$$

$$\phi = 0 \qquad (x \in \Gamma) \tag{9.12}$$

の解はただ一つ存在して

$$\phi(x) = \iiint_\Omega G(x, y)\rho(y)\,\mathrm{d}V(y) \tag{9.13}$$

と表示できる．

注意 9.3 ρ が滑らかな関数であるならば ϕ も滑らかな関数であることが知られている．しかし，その滑らかな関数の表示には不連続点を持つ関数 G を用いていることに注意されたい．求めるものが滑らかであるといっても，滑らかな関数だけを取り扱っていてはだめなのである．

定理の証明：物理的な意味から見て，解が存在することは明らかであろう．数学的には存在も証明すべきであるが，厳密に証明するとなるといろいろと準備が大変であるから証明はしない．以下，存在は認め，その解が (9.13) を満たすことを証明しよう．これができたら一意性も自動的に証明できたことになる．

我々はまず，$x = (x_1, x_2, x_3) \in \Omega$ を固定して，$g(y) = G(x, y)$ とおく．g は Ω から x を取り除いた領域で調和であることに注意されたい．次に，境界値問題

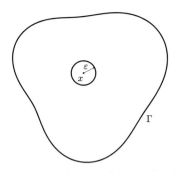

図 9.3 領域 Ω から x を中心として半径 ε の球を取り除いた領域.

(9.11)(9.12) の解 ϕ と g に対してグリーンの公式 (9.2) を領域

$$\Omega_\varepsilon = \Omega \setminus \{y; |x - y| \leq \varepsilon\} \qquad (\Omega から球を除いた領域)$$

で適用する. ここで $\varepsilon > 0$ は十分小さくとって, 球 $\{y; |x - y| \leq \varepsilon\}$ が Ω に含まれるようにする (図 9.3). この領域の境界は Γ と球面 $\{y; |x - y| = \varepsilon\}$ からなることに注意されたい. さらに, g が Ω_ε で調和であることにも注意されたい. これより,

$$\iint_\Gamma \left(\phi \frac{\partial g}{\partial n} - g \frac{\partial \phi}{\partial n}\right) d\Gamma + \iint_{|y-x|=\varepsilon} \left(\phi \frac{\partial g}{\partial n} - g \frac{\partial \phi}{\partial n}\right) dS$$

$$= -\iiint_{\Omega_\varepsilon} g(y) \triangle \phi(y) \, dV(y) = \iiint_{\Omega_\varepsilon} g(y) \rho(y) \, dV(y)$$

である. ここで球面 $\{y; |x - y| = \varepsilon\}$ の面積要素を dS で表している. Γ 上で $\phi \equiv 0, g \equiv 0$ であることを用いると, Γ 上での積分はゼロになる.

さて, 球面 $\{y; |x - y| = \varepsilon\}$ の法線ベクトル $\boldsymbol{n}$ はこの球面から点 x の方向を向いている. したがって, ε が十分小さければグリーン関数の性質 G3 によって

$$\frac{\partial g}{\partial n} \sim \frac{1}{4\pi|x-y|^2} = \frac{1}{4\pi\varepsilon^2}$$

となる. 一方, ϕ は連続関数だからこの小さな球面上でほぼ定数 $\phi(x)$ に等しい. ゆえに,

$$\iint_{|y-x|=\varepsilon} \phi \frac{\partial g}{\partial n} \, dS \sim \phi(x)$$

を得る. ここで半径 ε の球面の面積が $4\pi\varepsilon^2$ であることを用いた. 次に, $\partial\phi/\partial n$ が球面の上で ε によらず有界で, $g \sim 1/4\pi\varepsilon$ であることを用いると

$$\iint_{|y-x|=\varepsilon} g \frac{\partial \phi}{\partial n} \, dS = O(\varepsilon)$$

となる．以上をまとめると

$$\phi(x) + O(\varepsilon) = \iiint_{\Omega_\varepsilon} g(y)\rho(y)\,\mathrm{d}V(y)$$

となる．ここで $\varepsilon \to 0$ とすると (9.13) になる．　　　　　　　　　　　証明終

> **注意 9.4**　この証明のアイデアは今でも多くの教科書で採用されるものであるが，グリーン自身によるものである．

定理 9.2　ラプラス方程式の境界値問題

$$\triangle\phi = 0 \quad (x \in \Omega), \qquad \phi = \mu \quad (x \in \Gamma)$$

の解はただ一つ存在して

$$\phi(x) = -\iint_\Gamma \frac{\partial G}{\partial n_y}(x,y)\mu(y)\,\mathrm{d}\Gamma(y)$$

と表示できる．

証明は前定理とほとんど同じなので省略する．

上記 2 定理を組み合わせると

定理 9.3　ポアッソン方程式の境界値問題

$$-\triangle\phi = \rho \quad (x \in \Omega), \qquad \phi = \mu \quad (x \in \Gamma)$$

の解はただ一つ存在して

$$\phi(x) = \iiint_\Omega G(x,y)\rho(y)\,\mathrm{d}V(y) - \iint_\Gamma \frac{\partial G}{\partial n_y}(x,y)\mu(y)\,\mathrm{d}\Gamma(y)$$

と表示できる．

を得る．これは方程式の線形性から明らかである．

グリーン関数には次のような著しい性質がある：

定理 9.4　グリーン関数は対称である．つまり $G(x,y) \equiv G(y,x)$.

証明：Ω 内の異なる 2 点 ξ, η を固定し，$f(y) = G(\xi,y), g(y) = G(\eta,y)$ と定義する．十分小さい $\varepsilon > 0$ をとって，領域

$$\Omega \setminus (\{\,y\,;|y-\xi| < \varepsilon\,\} \cup \{\,y\,;|y-\eta| < \varepsilon\,\})$$

においてグリーンの公式 (9.2) を用いる．定理 9.1 と同様に計算して $\varepsilon \to 0$ とすると $f(\eta) = g(\xi)$ が導かれる．これは $G(\xi, \eta) = G(\eta, \xi)$ に他ならない． 証明終

グリーン関数が計算できれば静電気学の重要な境界値問題が解ける，という点でグリーン関数は極めて重要である．しかし残念なことに，グリーン関数が具体的な関数で書き下されるのは Ω が特殊な場合に限られており，大多数の場合にはその具体形を書き下すことはできない．しかし，上に述べたような解の積分表示ができるというだけで十分な情報が得られることも多く，グリーン関数の発見は数理物理学の発展に大きく寄与したのである．

とはいえ，$G(x, y)$ が初等関数で書ける場合もあるので，例をあげてみよう．球領域を考える．原点を中心とする半径 R の球を Ω としよう．このとき

$$G(x, y) = \frac{1}{4\pi|x - y|} - \frac{R}{4\pi|x||x^* - y|} \tag{9.14}$$

となる．ここで，

$$x^* = kx, \qquad\qquad k = \frac{R^2}{|x|^2}$$

である．$|y| = R$ のときに $G(x, y) = 0$ となることを確かめることは

$$|x||x^* - y| = |y||y^* - x| \tag{9.15}$$

を用いれば容易である．(9.15) を証明するには両辺を 2 乗してみればよい．どちらも $R^4 + |x|^2|y|^2 - R^2(x, y)^2$ に等しいことが確かめられる．(9.15) は $G(x, y) \equiv G(y, x)$ を示していることにも注意せよ．対称性を使うと半球のグリーン関数も計算できる．

9.6 ストークスの定理

> **定義 9.3** ベクトル場 $\boldsymbol{u} = (u_1, u_2, u_3)$ が与えられたとき，ベクトル場 $\mathrm{curl}\,\boldsymbol{u}$ を
> $$\mathrm{curl}\,\boldsymbol{u} = \left(\frac{\partial u_3}{\partial x_2} - \frac{\partial u_2}{\partial x_3}, \frac{\partial u_1}{\partial x_3} - \frac{\partial u_3}{\partial x_1}, \frac{\partial u_2}{\partial x_1} - \frac{\partial u_1}{\partial x_2}\right)$$
> で定義する．curl は rot と書かれることもある[7].

---

7 一般に，ヨーロッパでは rot が，アメリカでは curl が使われることが多い．

定理 9.5（ストークスの定理） 3次元空間全体で定義されたベクトル場 $\boldsymbol{u}$ と閉曲線 C が与えられているものとする．さらに，C を境界に持つ任意の曲面をとり Γ とする．このとき次の式が成り立つ．

$$\iint_{\Gamma} (\mathrm{curl}\,\boldsymbol{u}) \cdot \boldsymbol{n}\,\mathrm{d}\Gamma = \int_{C} \boldsymbol{u} \cdot \mathrm{d}\boldsymbol{s} \tag{9.16}$$

ここで，$\mathrm{d}\boldsymbol{s}$ の向きと曲面上の法ベクトル $\boldsymbol{n}$ の向きは図9.4のようにとるものとする．

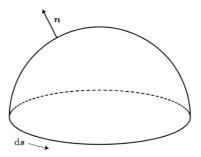

図 9.4 ストークスの定理における向きのとりかた．右手の人差し指の方向に曲線の向きをとったときに親指が指す方向が曲面の法線方向である．

ストークスの定理は後に流体力学を学ぶときに重要な役割を果たすので忘れないようにしてほしい．その証明はたとえば [19, 93] にあるので読んでほしい．

ストークスの定理はストークス[8]が発見したものではない．また，どこかの学術雑誌に載ったものでもない．ケルヴィンの見つけたものである（[71]）．1850年にケルヴィンがこれを見つけて，その結果を手紙でストークスに教えたところ，ストークスがこれを1854年に，ケンブリッジ大学の試験に出したのが初出であるという．二十歳前後の学生にこのようなむつかしい問題を課すというのは，天才発掘にはいいかもしれないが，一般的な教育としてはよくないであろう（[69] 参照）．

ストークスの定理は証明しないが，その特別な場合を考えておくことは理解の助けになる．たとえば，曲面 Γ が $x_1 x_2$ 平面内に収まっているとき，$\boldsymbol{n} = (0, 0, 1)$ であるから，ストークスの定理は

$$\iint_{\Gamma} \left(\frac{\partial u_2}{\partial x_1} - \frac{\partial u_1}{\partial x_2} \right) \mathrm{d}x_1 \mathrm{d}x_2 = \oint_{C} (u_1\,\mathrm{d}x_1 + u_2 \mathrm{d}x_2)$$

となる．ここで，2次元ベクトル場 $\boldsymbol{v}$ を $v_1 = u_2, v_2 = -u_1$ で定義すると，

---

8 George Gabriel Stokes. 1819-1903. ナヴィエ-ストークス方程式のストークスと同じ人物である．

$$\iint_\Gamma \left(\frac{\partial v_1}{\partial x_1} + \frac{\partial v_2}{\partial x_2}\right) \mathrm{d}x_1 \mathrm{d}x_2 = \oint_C \boldsymbol{v} \cdot \boldsymbol{n}\, \mathrm{d}s$$

と変形されるが，これは 2 次元のグリーンの公式に他ならない.

　こうして，平面領域の場合にはストークスの定理の正しさが示された. 任意の曲面は，こうした平らな領域の数多くの結合で近似できる. その各々の面では定理は成り立つのでそれらを足し合わせる. 面と隣の面との境界をなす線分上の積分はお互いに消しあう. 足し合わせた結果，線積分で残るのは境界 C に対応するものだけである. ゆえに，こうした多面体の境界のような曲面についてはストークスの定理は成り立つ. 任意の曲面はこうしたものでいくらでも近似できるから，ストークスの定理の正しさがわかる.

　グリーンの定理，ガウスの定理，ストークスの定理は連続体力学で大きな役割を果たす. さまざまな結果があっという間に導かれることもあるし，これらの定理によって，公式の意味が深く理解できるようになることもある. 一般に，数学の効用は厳密性が保証されることである，と信じている人が多い. しかし，それにもまして重要なのは経済性である. 数学の公式を使うことによって容易に推論が進められたり，それまで理解に苦労していた結果を易々と導けることがある. こうした数学の経済性に気づいていない人は意外に多い.

＊　＊　＊

演習問題

[問題 1]　✿ グリーンの公式 (9.1) を用いて次の事実を証明せよ. ある領域 Ω で定義された調和関数が Ω の境界でゼロになるならば，それは恒等的にゼロである.

[問題 2]　✿ $\phi = \phi(r)$ $(r = \sqrt{x_1^2 + x_2^2 + x_3^2}\,)$ のとき，$\triangle\phi = \phi_{rr} + \frac{2}{r}\phi_r$ であることを確かめよ.

[問題 3]　✿ (9.15) を証明せよ.

[問題 4]　✿ 点 O を中心とする半径 R の円と，その内部の O とは異なる点 P が与えられたとき，P の反転 P^* を，「OP を P の方に延長した所にあり，$\overline{OP} \times \overline{OP^*} = R^2$ を満たす点」として定義する. P^* を定規とコンパスだけを用いて作図で求めるには次のようにすればよいことを示せ.

　　1) O と P を含む直径 AB を求める（図 9.5 左）.

　　2) P を通り AB に垂直な直線を描き，それと円との交点の一つを Q とする.

　　3) Q において OQ と直交する線を引き，それと AB の延長線との交点をとると，それが求める反転 P^* である.

　また，このすべての作業が定規とコンパスで作図できることを確かめよ.

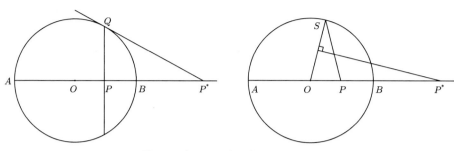

図 9.5 点 P の反転を作図する方法.

[問題 5] ✿ 次の方法でも P^* を作図できることを示せ：まず P を中心として半径 R の円を描き，もとの円との交点の一つを S とする．線分 OS の垂直二等分線を描き，それと OP の延長線との交点が P^* である（図 9.5 右）．

[問題 6] ✿ 円板領域 $\{(x,y); x^2 + y^2 = R^2\}$ の場合，グリーン関数は

$$G(x, y; u, v) = -\frac{1}{2\pi} \log \frac{|z - w|}{|z - R^2/w^*|}$$

で与えられることを確かめよ．ただし，$\mathbb{R}^2$ は $\mathbb{C}$ と同一視し，$z = x + \mathrm{i}y, w = u + \mathrm{i}v$ は複素数とみなす．また，w^* は w の複素共役である．

第10章

熱伝導・フーリエ解析

　本章では熱伝導の数理を考察する．19世紀の初め，フランス革命が進行してナポレオンが活躍していた頃，フランスに解析学の革命が起きていたが，大多数の人々はこっちの方の革命がどれくらい大きな影響を後の数学に与えるようになるか，理解できていなかった．この革命を起こしたのがフーリエ[1]である．

10.1　熱の本性とは

　19世紀の初め，蒸気機関はすでに実用化され，誰もが熱とはどのような現象なのかある程度は知っていた．しかし，熱の本性が何なのか，誰にもわかっていなかった．熱素という元素があって，それが多くなると熱くなるという考えもあったし，様々な説が入り乱れていた．熱がエネルギーの一形態であるという理解が広まるのは19世紀も後半のことである ([53])．

　フーリエは1807年に『熱の解析的理論』と称する論文をフランスアカデミーに提出し，ここで熱の数学的理論を展開した．彼の論文は二つの点で画期的なものである．その一は，彼が熱の根源を求めることを放棄し，温度がどう変化するか，その現象を数学的に記述する方法のみを提案したことである．これはつまり，彼が，「物理現象に潜む哲学を展開することを諦め，そのかわり，熱現象を数学的に記述するモデルさえできればそれで満足することにしよう」という態度だったということである．結局彼は，温度 $\theta(t, x, y, z)$ が

$$\frac{1}{\kappa}\frac{\partial\theta}{\partial t} = \frac{\partial^2\theta}{\partial x^2} + \frac{\partial^2\theta}{\partial y^2} + \frac{\partial^2\theta}{\partial z^2} \tag{10.1}$$

を満たすことを主張し，この微分方程式を解けば温度分布は決定されると主張したのである．ここで，κ は物質から決まる正定数で，熱伝導度と呼ばれる．

　彼の論文の二つめの画期的な点は，この微分方程式の解が現在我々が呼ぶとこ

1　Jean Baptiste Joseph Fourier, 1768-1830.

ろのフーリエ級数で表示できると主張したことである．これは決して明らかなことではなく，特に，任意の関数が**フーリエ級数**で表示できるという彼の主張が，その後の論争の的となった．以下においてこの論争の内容を解説することにしよう．数学の世界ではすべて証明できたものだけが存在し得るのであるから，先取権争いは別として，論争というものは存在しないと思う読者もおられるかもしれない．しかし，数学の歴史にもいくつかの大きな論争があったことを知ってほしい．オイラーとダランベールの間で起こった振動弦論争 ([9])，あるいは，19 世紀末から 20 世紀初めにかけて起きた集合論の基礎における論争，フーリエ級数論に関するラグランジュ等とフーリエの確執などは特に有名である．

10.2　フーリエ級数

$f : [a, b] \to \mathbb{R}$ を与えられた関数とする．その定義域 $[a, b]$ は有界区間とする．変数変換 $x = -\pi + \frac{2\pi}{b-a}(x' - a)$ $(a \leq x' \leq b)$ を用いれば，$f : [-\pi, \pi] \to \mathbb{R}$ と仮定することができる．このとき

$$f(x) = \frac{1}{2}a_0 + \sum_{n=1}^{\infty} (a_n \cos nx + b_n \sin nx) \qquad (-\pi \leq x \leq \pi) \tag{10.2}$$

が成り立つ．ここで，a_n と b_n はすべて実数の定数であり，現在ではフーリエ係数と呼ばれている．フーリエはこの係数が

$$a_n = \frac{1}{\pi} \int_{-\pi}^{\pi} f(x) \cos nx \, \mathrm{d}x, \quad b_n = \frac{1}{\pi} \int_{-\pi}^{\pi} f(x) \sin nx \, \mathrm{d}x \quad (n = 1, 2, \cdots) \tag{10.3}$$

で与えられることを発見した．これはすでに第 6 章で現れており，証明無しで使っていることを思い出してほしい．

　フーリエ自身は「すべての関数 f について (10.2)(10.3) が成り立つ」ことを証明したつもりになっていたが，これが論争になったのである．当時フーリエは数学者としては無名に近かった．当時の科学界における重鎮ラグランジュやラプラスは，フーリエの主張をありえないこととして信じようとしなかった．このように表示できる関数はある制限されたものでしかない，というのがラグランジュたちの意見であった．

　実際，フーリエの証明は今の我々から見ると，とても厳密な証明とは言えないし，当時の考え方からみても証明と認められるには無理があったであろう．ラグランジュたちの懐疑的な態度はわからなくもないのである．しかし，収束しない例を見つけたわけでもなく，当時知られていた関数は皆フーリエ級数で表示できたの

で，フーリエ以後の人々はだんだんと彼の主張を正しいものとみなすようになっていった．

さて，フーリエ級数を応用する際には，級数を有限個（N 個としておこう）で切り落としたもの，すなわち，

$$f_N(x) = \frac{1}{2}a_0 + \sum_{n=1}^{N}(a_n \cos nx + b_n \sin nx) \qquad (-\pi \le x \le \pi) \qquad (10.4)$$

を計算し，それをもって元の関数の近似であるとみなすことになる．このとき

$$\lim_{N \to \infty} f_N(x) = f(x)$$

が期待されるのであるが，19 世紀半ばまで，人々はその収束の意味を曖昧にしたまま使っていたのである．実際，各点収束とか一様収束といった概念が使われるようになったのはこうしたフーリエ級数に現れる現象を正確に記述するためであった（[9]）．

例 10.1 関数 f を，$f(x) = |x|$ で定義する．このとき，

$$|x| = \frac{\pi}{2} + \sum_{n=1}^{\infty} \frac{2\left((-1)^n - 1\right)}{\pi n^2} \cos nx \qquad (-\pi \le x \le \pi) \qquad (10.5)$$

がそのフーリエ級数となる．

例 10.2 $0 < s < \pi$ なる定数をとる．関数 f を，$-\pi \le x \le s$ において $f(x) \equiv \alpha$ とし，$s < x \le \pi$ において $f(x) \equiv \beta$ で定義する．これに対するフーリエ級数は，

$$a_0 = \frac{1}{\pi}\left((s+\pi)\alpha + (\pi-s)\beta\right), \qquad a_n = \frac{\alpha - \beta}{\pi n}\sin ns.$$

$$b_n = \frac{\left(\cos ns - (-1)^n\right)(\beta - \alpha)}{\pi n}.$$

これを図示すると図 10.1 のようになる．

図 10.1 から推察されるように，不連続関数に対するフーリエ級数の収束は非常に遅い．また，不連続点では必ずしも収束しない．たとえば上の例では $x = s$ において，フーリエ級数は $(\alpha + \beta)/2$ に収束するが，$f(s) = \alpha$ と定義しているから，収束はしない．これはしかし，フーリエにとって大した問題ではなかった．ある関数を 1 点だけ値を変更しても応用上は不都合は起きないのである．つまり，$f(s) = \alpha$ と定義したからいけないのであって，最初から $f(s) = (\alpha + \beta)/2$ と定義しておけば問題はないのである．

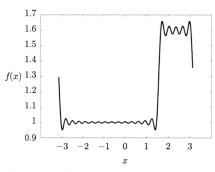 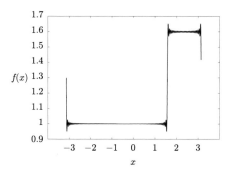

図 10.1　関数 $f(x)$ のフーリエ級数. 左は 20 個まで和をとったもの. 右は 100 個まで和をとったもの. $\alpha = 1, \beta = 1.6, s = \pi/2$.

10.3　フーリエ正弦・余弦級数

　フーリエ級数は強力な武器であるが, これだけでは応用が狭くなる. 特に, 微分方程式の境界値問題を考えるときにはフーリエ級数の弟分であるフーリエ余弦級数やフーリエ正弦級数が必要になる.

　必要ならば変数変換して, 関数 f は $[0,\pi]$ で定義されているとする. $f : [0,\pi] \to \mathbb{R}$ を

$$f(x) = \frac{1}{2}a_0 + \sum_{n=1}^{\infty} a_n \cos nx \qquad (0 \le x \le \pi) \tag{10.6}$$

と展開することができる. これを**フーリエ余弦級数展開**, あるいはもっと簡単に, **フーリエ余弦展開**と呼ぶ. ここで, a_n は次式で定義する.

$$a_n = \frac{2}{\pi} \int_0^{\pi} f(x) \cos nx \, \mathrm{d}x \qquad (n = 0, 1, 2, \cdots). \tag{10.7}$$

(10.5) は, $0 \le x \le \pi$ に制限して考えれば, フーリエ余弦級数の一例でもある.

　これとは別に,

$$f(x) = \sum_{n=1}^{\infty} b_n \sin nx \qquad (0 \le x \le \pi) \tag{10.8}$$

と展開することができる. これが**フーリエ正弦級数展開**である. ここで, b_n は

$$b_n = \frac{2}{\pi} \int_0^{\pi} f(x) \sin nx \, \mathrm{d}x \qquad (n = 1, 2, \cdots). \tag{10.9}$$

で決まる.

関数 $f(x) = x$ $(0 \le x \le \pi)$ のフーリエ正弦級数は,

$$x = 2 \sum_{n=1}^{\infty} \frac{(-1)^{n-1}}{n} \sin nx \qquad (0 \le x \le \pi) \tag{10.10}$$

となる.

$[0, \pi]$ の上で定義されている関数を $[-\pi, \pi]$ へ奇関数として一意に拡張することができる. ただし, $f(0) = 0$ と定義し直す. このときこの奇関数をフーリエ展開し, その定義域を $[0, \pi]$ に制限したものがフーリエ正弦展開である. 元の関数を $[-\pi, \pi]$ へ偶関数として拡張し, それをフーリエ展開し, 定義域を $[0, \pi]$ に制限したものがフーリエ余弦展開である.

一つの関数を同じ区間でフーリエ正弦級数に展開することもできるし, フーリエ余弦級数に展開することもできる. $0 < x < \pi$ において $|x| = x$ であるから, (10.5) と (10.10) によって, x という関数は $0 < x < \pi$ において

$$x = \frac{\pi}{2} - \frac{4}{\pi} \cos x - \frac{4}{9\pi} \cos 3x - \cdots$$
$$= 2 \sin x - \sin 2x + \frac{2}{3} \sin 3x - \frac{1}{2} \sin 4x + \cdots$$

と表すことが可能である. 違う式だからといって矛盾していると思ってはならない. また, この式は $0 < x < \pi$ においてのみ正しい. 一般に, さまざまな関数項からなる級数を考えるときには, それがどの区間で正しいのかを忘れてはならない.

10.4 熱方程式の解法

空間内のある領域を Ω と記す. この中にある温度分布 θ が与えられているものとする. したがって, $0 < t$ と $(x, y, z) \in \overline{\Omega}$ に対して $\theta(t, x, y, z)$ が定義される. このときフーリエは,

$$\frac{\partial \theta}{\partial t} = \frac{\partial^2 \theta}{\partial x^2} + \frac{\partial^2 \theta}{\partial y^2} + \frac{\partial^2 \theta}{\partial z^2} + f(t, x, y, z) \qquad (0 < t,\ (x, y, z) \in \Omega) \tag{10.11}$$

が成立することを主張した[2]. つまり彼は, 温度の変化がこの偏微分方程式で記述できると主張したのである. ここで, f は領域 Ω 内で発生する熱を表す. f は既知関数とする.

---

2 簡単のために, 以下では熱伝導度 κ は 1 に等しいと仮定する. t の代わりに κt を用いれば, こうしても一般性は失われない.

　この方程式を解くには，初期条件と境界条件が必要となる．初期条件としては，$\theta(0, x, y, z)$ が与えられた関数となることを要求することになる．境界条件は，次のどちらかを使うことが多い：

$$\left.\frac{\partial \theta}{\partial n}\right|_{\partial \Omega} = 0, \qquad \left.\theta\right|_{\partial \Omega} = b(t, x, y, z).$$

左側の条件は断熱条件と呼ばれる．右側の条件は境界での温度分布が既知となっている場合に適用される．これ以外の境界条件が必要となる場合もあるが，この二つが基本であるから，本書ではこの二つのみを考える．

　フーリエは一番簡単な場合をまず考える．そこで，$f \equiv 0$ と仮定する．領域としては二つの無限に広がった平面で挟まれた領域 $0 < x < a, -\infty < y < +\infty, -\infty < z < +\infty$ をとる．この領域は y, z について一様である．初期条件や境界条件も y と z に無関係なもののみを考えよう．このとき微分方程式は

$$\frac{\partial \theta}{\partial t} = \frac{\partial^2 \theta}{\partial x^2} \qquad (0 < t, 0 < x < a) \tag{10.12}$$

となる．境界条件はたとえば $x = 0$ と $x = a$ で $\theta = 0$ となるようにしてみよう．x の代わりに $x' = \pi x / a$ を考え，t の代わりに $t' = a^{-2} \pi^2 t$ を考えれば，$a = \pi$ と仮定しても一般性を失わないことに注意する．初期条件は $\theta(0, x) = g(x)$ とする．このとき，$g(x)$ がフーリエ正弦展開可能とすると

$$g(x) = \sum_{n=1}^{\infty} b_n \sin nx \qquad (0 < x < \pi) \tag{10.13}$$

となる．このとき，

$$\theta(t, x) = \sum_{n=1}^{\infty} b_n e^{-n^2 t} \sin nx \qquad (0 < x < \pi, \ 0 < t) \tag{10.14}$$

とおくと，これは (10.12) と境界条件 $\theta(t, 0) = \theta(t, \pi) = 0$ および初期条件 $\theta(0, x) = g(x)$ をすべて満たすことがわかる．解が一つしかないことは別途証明できるから[3]，これで境界値問題の解が完成したことになる．

　ここで，任意の g について展開 (10.13) が可能であるということを認めていることに注意されたい．ラグランジュやラプラスが信じなかったのはまさにこの点なのであり，フーリエはこれが可能であると（そして，それを自分で証明できたと）信

---

[3]　どのみち，フーリエの頃には解の一意性は当たり前のこととしてまじめに考えられることはなかった．一意であることを証明するには最大値原理を用いるのが便利である ([25])．しかし，最大値原理を知らなくても演習問題 9 のようにして証明することも可能である．

じて疑わなかった.

現代人の後知恵で言えば，フーリエは正しく，ラグランジュらは間違っていた．しかし，当時は関数の定義もはっきりしておらず，連続関数の概念すらなかったのであるから，議論がかみ合わないのは仕方のないことである ([9])．フーリエが正しかったといっても，それは現代的に解釈すれば，という注釈付きである．実際，区間全体で連続な関数で，ある 1 点でフーリエ級数が収束しないということもあり得るのである．この場合には収束の意味を変更しなければならない．また，すでに述べたように，不連続点では関数の定義を変更しなければならないこともある．言い換えれば，フーリエ級数の出現によって数学は概念の変更を強いられたのである．フーリエ級数がもたらす物理学や工学への恩恵に勝るとも劣らない恩恵を純粋数学が得たのである ([9])．

さて次に，境界条件が断熱境界条件の場合を考えよう．

$$\frac{\partial \theta}{\partial x}(t,0) = \frac{\partial \theta}{\partial x}(t,\pi) = 0$$

が境界条件となる．この問題では初期条件 g をフーリエ余弦展開するのがよい．境界条件を満たしているからである：

$$g(x) = \frac{1}{2}a_0 + \sum_{n=1}^{\infty} a_n \cos nx \qquad (0 \le x \le \pi).$$

このとき，

$$\theta(t,x) = \frac{1}{2}a_0 + \sum_{n=1}^{\infty} a_n e^{-n^2 t} \cos nx$$

が解となる．

境界条件が $\theta = 0$ で Ω が立方体領域の場合，$\Omega = (0,\pi) \times (0,\pi) \times (0,\pi)$ で考えてみよう．フーリエは，現在では「変数分離法」と呼ばれる次のような手続きで (10.11) の解を構成してゆく．途中を省略して結果を述べると，

$$g(x,y,z) = \sum_{\ell,m,n=1}^{\infty} a_{\ell,m,n} \sin \ell x \sin my \sin nz$$

と展開する．境界条件を $\theta = 0$ とすれば，解は次式で与えられる：

$$\theta(t,x,y,z) = \sum_{\ell,m,n=1}^{\infty} a_{\ell,m,n} e^{-(\ell^2+m^2+n^2)t} \sin \ell x \sin my \sin nz.$$

10.5 収束の吟味

以上，かなり形式的な議論が続いたので，これらが意味のあることなのかどうか
ここで吟味してみよう．

> **定理 10.1** f が $0 \leq x \leq \pi$ の各点で連続であり，$f(0) = f(\pi) = 0$ であると
> 仮定する．このとき，$[0, \pi]$ の各点で (10.8) の右辺は収束し，$f(x)$ に等しく
> なる．

この定理はいかにも成り立ちそうに思えるし，実際，19世紀後半まで人々は正し
いものと推測していたようだ．しかし，正しくはない．反例が存在するのである
([3, 9])．

> **定理 10.2** f が $0 \leq x \leq \pi$ の各点で連続で，区分的に C^1 級であると仮定す
> る．さらに，$f(0) = f(\pi) = 0$ であると仮定する．このとき，$[0, \pi]$ の各点で
> (10.8) の右辺は収束し，$f(x)$ に等しくなる．

f をこのように制限すると，この定理は正しい．

> **定理 10.3** f が $0 \leq x \leq \pi$ の各点で連続で，区分的に C^1 級であると仮定す
> る．このとき，$[0, \pi]$ の各点で (10.6) の右辺は収束し，$f(x)$ に等しくなる．

> **定理 10.4** f が $-\pi \leq x \leq \pi$ の各点で連続で，区分的に C^1 級であると仮定
> する．さらに，$f(-\pi) = f(\pi)$ であると仮定する．このとき，$[-\pi, \pi]$ の各点
> で (10.2) の右辺は収束し，$f(x)$ に等しくなる．

これら二つの定理も正しい．しかし，証明はいささか技巧を要するので，本書では
述べない．証明はたとえば，[3, 30] を見よ．

次の点を特に強調しておきたい．領域の一部でしか収束しないようなテーラー級
数とは違い，フーリエ級数は区間内のすべての x について収束が保証される．た
とえば，$-\pi \leq x \leq \pi$ で定義された滑らかな関数 $f(x) = \dfrac{1}{1 + x^2}$ は $-1 < x < 1$ に
おいて

$$f(x) = 1 - x^2 + x^4 - x^6 + x^8 - \cdots$$

とテーラー展開できるが，これは $-1 < x < 1$ では正しいが，$1 < |x|$ では正しく
ない．この場合でもフーリエ級数は $-\pi \leq x \leq \pi$ で収束するのである．

10.6　熱方程式の解の漸近挙動

$$\frac{\partial \theta}{\partial t} = \frac{\partial^2 \theta}{\partial x^2} \quad (0 < t,\, 0 < x < a) \tag{10.15}$$

を，境界条件 $\theta(t,0) = \alpha, \theta(t,a) = \beta$ のもとで解いてみよう．ここで，α, β は定数である．このとき，初期条件 $\theta(0,x)$ が何であっても，時間がたつにつれて解は収束する．すなわち

$$\lim_{t\to\infty} \theta(t,x) = \frac{\beta - \alpha}{a} x + \alpha \tag{10.16}$$

が成り立つ．$\frac{\beta-\alpha}{a}x + \alpha$ は熱方程式の解であり時間に依存しないので，熱の平衡状態を表す．(10.16) は，時間がたつと平衡状態に近づいてゆくという物理現象を表している．

　$t \to \infty$ の極限で平衡状態に近づくというのは熱源があっても成り立つ命題である．f を x の連続関数とし，

$$\frac{\partial \theta}{\partial t} = \frac{\partial^2 \theta}{\partial x^2} + f(x) \quad (0 < t,\, 0 < x < a) \tag{10.17}$$

を，境界条件 $\theta(t,0) = \alpha, \theta(t,a) = \beta$ のもとで解いてみよう．このとき，初期条件 $\theta(0,x)$ が何であっても，時間がたつにつれて解は平衡状態に収束する．平衡状態の存在は次の定理で保証される．

> **定理 10.5**　$f \in C[0,a]$ と定数 α, β が何であっても
>
> $$\varphi'' + f(x) = 0 \quad (0 < x < a), \qquad \varphi(0) = \alpha, \qquad \varphi(a) = \beta$$
>
> の解 φ がただ一つ存在する．そして，このとき，初期条件が何であっても $\lim_{t\to\infty} \theta(t,x) = \varphi(x)$ が成り立つ．

定理 10.5 の φ は次のように具体的に与えられる．

$$\varphi(x) = \alpha + \frac{\beta - \alpha}{a} x - \frac{x-a}{a} \int_0^x y f(y) \, \mathrm{d}y + \frac{x}{a} \int_x^a (a-y) f(y) \, \mathrm{d}y. \tag{10.18}$$

これが解であることを証明するには直接 2 回微分してみればよい．これしか解がないことをいうには，二つの解 φ_1 と φ_2 があるならば，$\varphi_1 \equiv \varphi_2$ となることを示せばよい．$\phi = \varphi_1 - \varphi_2$ とおくと，$0 < x < a$ において $\phi'' = 0$ であり，$\phi(0) = \phi(a) = 0$ となる．2 階導関数がゼロだということは $\phi(x)$ が一次関数であるということであるが，境界でゼロなる一次関数は恒等的にゼロとならざるを得ない．ゆえ

に，$\varphi_1 \equiv \varphi_2$ となる．以上で定理 10.5 の証明が終わる．

平衡状態に漸近することを証明するには，$u(t,x) = \theta(t,x) - \varphi(x)$ とおく．すると，

$$\frac{\partial u}{\partial t} = \frac{\partial^2 u}{\partial x^2} \quad (0 < x < a), \qquad u(t,0) = 0, \qquad u(t,a) = 0$$

が成り立つ[4]．これから $\lim_{t\to\infty} u(t,x) = 0$ を導いたら証明は終わるが，これは (10.14) から従う．

$a = 1, u(t,0) = 0, u(t,1) = 1$ で (10.15) を解いた例を図 10.2 にあげる．$t \to \infty$ のときに，原点と $(1,1)$ を結ぶ直線に近づいている．

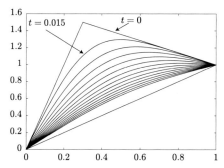

図 10.2 $t = 0$ で折れ線上に分布した熱のその後．$\delta t = 0.015$ 刻みに分布を描いたもの．

このように，フーリエ級数は大変便利なものである．問題は，こうした級数の操作で得られる解が，ラグランジュやラプラスが想像していたように，限られたものなのかどうかである．幸いにしてフーリエは基本的に正しく，ラグランジュたちは間違っていた．ほとんどすべての関数はこうした操作が可能で，フーリエ級数による偏微分方程式の解の表示法は，ある人の言葉を借りれば "魔法の杖" となるのである．こうした革新は古い世代の人間には懐疑の目で見られていたが，新しい世代の研究者には素直に受け入れられ，19 世紀半ば以降，次々と応用が開拓されていった．

10.7 拡散現象

熱方程式 (10.15) の応用は，熱現象にとどまらない．物質の拡散現象にも適用が可能である．水の中に砂糖のような物質を入れると溶けて拡散し，数時間後には一様な砂糖水になる．これは砂糖の分子が拡散してゆくからである．

---

4 初期条件については，連続であること以外には制限はない．

　こうした現象をモデル化するには，溶ける物質の濃度が時間と空間の関数として定まることをまず要請する．これを $u(t, x, y, z)$ としよう．濃度には高いところも低いところもあり，濃度の高いところにある物質は低いところへ移ってゆくことが認められる．この現象を数学的にモデル化するには，いわゆるフィックの法則[5]というものを用いる．これによると，物質の移流速度は濃度の勾配 ∇u に比例するということになる．比例定数を κ とすれば

$$\frac{\mathrm{d}}{\mathrm{d}t} \iiint_V u(t, x, y, d)\,\mathrm{d}V = \kappa \iint_{\partial V} \nabla u \cdot \boldsymbol{n}\,\mathrm{d}S$$

が成り立たねばならない．ここで，$\boldsymbol{n}$ は外向き単位法線ベクトルである．この右辺をガウスの定理を用いて変形すると

$$\frac{\mathrm{d}}{\mathrm{d}t} \iiint_V u(t, x, y, d)\,\mathrm{d}V = \kappa \iiint_V \mathrm{div}\,\nabla u\,\mathrm{d}V.$$

これから拡散の方程式 $u_t = \kappa \triangle u$ を得るが，熱方程式と同じものである．実際，フィックは 1855 年の論文で，熱でも塩でも電気でも同じ法則に従うと謳っており，物質の拡散もフーリエが熱方程式を導いたのと同じように導けると主張している．さらにフィックは，塩水の濃度が $u = u(t, y)$ と y のみに依存する状態で実験し，平衡状態に達したときに u が y の一次関数になることを注意する．実験結果の塩水の濃度が一次関数でよく近似できていることを確認して，拡散方程式の妥当性を主張している．

[その後の展開]

　19 世紀から 20 世紀にわたってフーリエ級数論は進化し続けた．それは微分作用素の固有関数展開およびスペクトルの理論と変貌し，量子力学などでは不可欠な道具となっている．さらに，関数解析と結びついて微分方程式論の屋台骨となっている．こうした理論を勉強するには加藤敏夫の世界的名著 [91] を熟読されたい．

＊　＊　＊

演習問題

[問題 1]　✿ (10.5) で $x = 0$ とおくと何が得られるか？

[問題 2]　✿ 例 10.2 の例で，フーリエ級数の有限和 $f_N(x)$ はすべての N に対し $f_N(s) = (\alpha + \beta)/2$ となることを確認せよ．

[問題 3]　✿ (10.18) を微分して，$\varphi'' + f = 0$ を確認せよ．

5　Adolf Fick が 1855 年の論文 [78] で表現したもの．

[問題 4]　✿ $-\pi \leq x \leq \pi$ で関数 $f(x) = x$ が

$$f(x) = \sum_{n=1}^{\infty} a_n \sin nx \tag{10.19}$$

とフーリエ級数に展開できることを仮定し，$a_n = \dfrac{2}{n}(-1)^{n-1}$ となることを証明せよ．

[問題 5]　✿ 上の問題で得られた式を $0 \leq x \leq \pi$ で積分することによって，

$$\frac{\pi^2}{8} = 1 + \frac{1}{3^2} + \frac{1}{5^2} + \frac{1}{7^2} + \cdots \tag{10.20}$$

を証明せよ．次に，これを用いて次式を証明せよ：

$$\frac{\pi^2}{6} = 1 + \frac{1}{2^2} + \frac{1}{3^2} + \frac{1}{4^2} + \cdots .$$

[問題 6]　✿✿ 次式を証明せよ：

$$1 + \frac{1}{2^2} + \frac{1}{3^2} + \frac{1}{4^2} + \cdots = \prod_{p:素数} \frac{1}{1 - p^{-2}}$$

ここで右辺はすべての素数に関する積をとるものとする．

[問題 7]　✿ 前問を使って，二つの自然数を任意にとったとき，それらの最大公約数が 1 となる確率が $6/\pi^2 \approx 0.6079$ であることを証明せよ．

[問題 8]　✿ 熱方程式 (10.15) を断熱境界条件 $\theta_x(t,0) = \theta_x(t,a) = 0$　$(0 \leq t < \infty)$ で考える．このとき総熱量 $\int_0^a \theta(t,x)\,dx$ は時間 t に依存しないことを証明せよ．

[問題 9]　✿ 熱方程式 (10.15) に u を掛けて $0 \leq x \leq a$ で積分することによって，解の一意性を証明せよ．

第11章

非圧縮非粘性流体の基礎理論

　本章の目的は，非圧縮非粘性流体を記述するオイラー方程式がどのようなものであるかを説明することである．基本的ないくつかの定義を行い，基礎方程式を導く．

11.1　流体とは

　物質は気体，液体，固体の3種類のどれかの形態をとる．まれにそのどれとも違う形態をしている物質もあり，それは重要な研究対象なのであるが，日常生活で見かけることは多くはないので本書では触れない[1]．さて，流体とは気体と液体の総称である．固体には決まった形があるが，流体には形がない．流体はそれを入れる器の形に従うのである．こうした流体の運動を記述するにはどういう方法をとればよいか，考えて見よう．

　まず，一見極めて正当に思えるが実は役に立たない考え方を紹介しよう．すべての物質は分子からなっているから，それら分子の運動をすべて記述できればよい．考えている容器内の流体の分子を質点とみなし，その数を N とし，j 番目の分子の座標を $x_1^{(j)}, x_2^{(j)}, x_3^{(j)}$ $(j = 1, 2, \cdots, N)$ とする．さらに分子間の相互作用も既知であるとしよう．座標の名前を付け替えて ξ_k $(k = 1, 2, \cdots, M)$ とする（ただし $M = 3N$）．つまり，ξ_k は $x_1^{(i)}, x_2^{(j)}, x_3^{(\ell)}$ のうちのどれかを表す．こうすると，

$$\frac{\mathrm{d}\xi_j}{\mathrm{d}t} = f_j(\xi_1, \xi_2, \cdots, \xi_M) \qquad (j = 1, 2, \cdots, M) \tag{11.1}$$

を得る．相互作用を表す関数 f_j は既知の関数であると仮定する[2]．あとは，この微分方程式を解くだけである．必要ならばスーパーコンピューターを使って数値的に解けばよい．

1　化粧品やつきたての餅は形が定まっておらず，流体の性質も固体の性質も持っている．液状化した泥もおもしろい研究対象である．しかし，こうした対象は本書の範囲を越えている．

2　分子間の相互作用は極めて複雑であるから，f_j が既知であるというのは大きな仮定である．

こうした記述をしたくなるのは当然であるが，ミクロの現象を見るとき以外，全く役に立たない．$N = \frac{M}{3}$ がアボガドロ数（約 $600,000,000,000,000,000,000,000$）のとき，どれくらいのハードディスクが必要になるか考えてみればよい．東京ドーム何杯もの量になることがわかるであろう．たとえハードディスクの改良が進んでも，計算時間の問題はもっと深刻である．一般に，計算量は M に比例するのではなく，M^2 あるいは M^3 に比例する．M が 100 万や 1 億位ならば何とかなるであろうが，アボガドロ数程度になれば計算時間は実質上無限大になってしまう．最後に，記録媒体の問題も解決し，計算時間の問題も解決されたとしても（そんなことが起きるとは思えないが），もっと本質的な問題が残っている：こうした天文学的な量の数値を見て，流体の性質がわかったといえるものなのかどうか，という問題である．たとえばエアコンの吹き出し口と床のあたりの温度差を知りたいと思ったときどうすればよいか考えてみよう．上の方法だと，床近くにある分子の速度（温度は分子の運動エネルギーに比例することを思い出そう）を計算せねばならない．しかし，初期時刻における分子の位置がわかっていたとしてもある程度時間がたったときにその分子がエアコン近くにあるか床近くにあるかはほぼ予測不能である（カオスという現象はこれに対応している）．アボガドロ数ほどの数の分子を 1 個 1 個調べて床近くかどうかいちいちふるいにかけねばならない．さらに 1 個の分子の速度が大きくてもその隣の分子の速度が大きいとは限らない．床の温度を調べるには床近くの分子をすべてとりあげてその速度の平均をとらねばならない．このようなことを実行するのは不可能ではないにせよ実に無駄なことをすることになろう．

　幸いにしてマクロな現象は温度とか圧力などの平均量を知ることを目的とすることがほとんどである．このような場合に個々の分子の軌道を知る必要はない．そのような場合に必須となるのが**連続体**という概念である．これはある意味で近似である．しかし，極めて優れた近似なので，連続体という概念を第一原理にしても何ら情報落ちがないと思えるくらい優れたものである．

　さて，連続体とは何か？　その特徴は，「分割しても体積と重量以外の物理的な性質は変わらない」というところにある．1 ℓ の水を 500 cc ずつ二つの容器に分けてもどちらも水の性質は同じである．分けられた水をさらに小さな容器に 4 分しても変わらない．このような性質があるのは水の分子の数があまりに大きいために実質上は無限大とみなすことができるからである．そのために水が連続的に（隙間なしに）詰まっているものと見ることができるのである．もちろんこの分割操作をいつまでも続ければいつかは分子程度の大きさになるから，分割は無限に繰り返せるものではない．この意味で連続体とは近似的な概念であり，適用限界があることを

忘れてはならない．そのような適用限界を忘れない限り，連続体という見方は極めて有用なものである．

さて，連続体とみなしたとき水がどう運動するかを考えてみよう．水は空間のある領域に連続的に分布している．したがって空間の各々の点で水の速度が定義できる．ここで点と言うときには，マクロな尺度ではあまりに小さいので幾何学的な点とみなしているけれども，実際にはある程度の大きさを持っている領域であり，その中には十分に数多くの分子が詰まっていてその小領域での物理量（例えば速度）の平均が定義できて，その点の関数とみなすことができ，しかもその点の連続関数であると仮定できるものとする（以上の説明は完全に数学的なものではないが，できるだけ直観的に理解してほしい）．このような状況では，空間の各点 x で速度が定義できる．速度は時刻 t にもよるから速度 $\boldsymbol{v}$ は (t, x) の関数である：$\boldsymbol{v} = \boldsymbol{v}(t, x)$.

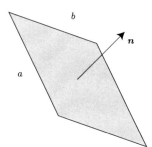

図 11.1 完全流体の仮説.

次に圧力というものを定義しよう．流体の中の任意の点 $x = (x_1, x_2, x_3)$ をとり，その点を通る仮想的な微少平面を思い描こう．そしてその平面の片方と他方がどう相互作用するかを考えよう．微少平面の片側を a とし，他方を b と名づけよう．点 x で a から b に向かって単位法線ベクトル $\boldsymbol{n}$ をとる（図 11.1）．そのときに

完全流体の仮説 a が b を押す力は単位面積あたり $p\boldsymbol{n}$ であり，b が a を押す力は単位面積あたり $-p\boldsymbol{n}$ である．p は (t, x) の関数であるが，平面の選び方，特に $\boldsymbol{n}$ には依存しない．

という仮説に基づいて話を進める. この仮説[3]は常に成り立つわけではないが, 少なくとも静止状態の流体では成立しているし, 摩擦が無視できる場合にも成立しているものと考えられている. このとき p を圧力と呼ぶ. 標語的に言えば, 圧力とは流体内部でお互いに押し合っている力のことである. 圧力の存在を示す実験は容易に実行できる. 冷たい水を入れた皿とやわらかい空き缶 (缶コーヒーの缶のような固いものではなく, ビール缶のような柔らかいものがよい) を用意する. 缶の中に熱い水蒸気を入れて缶の口を下に向けて皿の上に置く. しばらくすると水蒸気の温度が下がって缶内部の圧力が下がる. 外の大気圧は不変であるから大気圧によって缶はペチャンコになってしまう.

> **注意 11.2** 流体内部の摩擦が無視できない場合には, 上の仮説はそのままでは採用できない. 地面の上に置かれた物体を引きずる場合, 地面が物体に及ぼす力は垂直抗力と摩擦力を合わせたものになる. したがって, その力は面に垂直ではない. しかし, 物体が静止しているときには垂直抗力だけが働いているので及ぼす力は面に垂直である.

11.2 完全流体の数学的記述方法

　本節では完全流体の仮説を満たす非圧縮流体を数学的に記述する方法を述べる. 具体的なイメージとしては摩擦が無視できるときの水の運動を頭に思い浮かべていただきたい. これを記述する方程式はオイラー方程式と呼ばれている. これを導くのが本節の目標である.

　まず初めに「摩擦が無視できる」という仮定は粘性が無視できるということと同じ意味に用いていると理解されたい. 水泳をすれば誰もが気づくように水中の運動では抵抗を受ける. この抵抗の原因が人間と水の間に働く摩擦である. 空気中では抵抗を感じる機会はずっと少ないが, 大多数の流れ星が空気との摩擦で生じる熱のために燃え尽きることを思えば摩擦が存在するという事実は疑いようはない. しかし, ある種の現象では摩擦の果たす役割は非常に小さく, 無視しても実害はない. たとえば海に発生する波の運動などでは摩擦は無視できることが多い. また, 超流動状態のヘリウムでは粘性がゼロになることが知られており, これも完全流体とみなすことができる.

　次に, 水の圧縮性は極めて小さいことに注意する. ほんの数パーセント体積を減らそうとすると何千気圧もの超高圧が必要になるくらい, 水は体積を変えにくい.

3　フランスの数学者コーシーによる仮説の特殊な場合になっているのでコーシーの仮説とも呼ばれているが, この特殊な場合はオイラーがすでに使っているものである.

本書が取り扱うような現象では，水の体積変化はゼロであるとして差し支えない．このとき流体の密度は時刻 t にも空間の位置 x にも依存しない定数になる．

　以上の前書きのもとで，非粘性非圧縮流体の運動方程式を導こう．3 次元空間内の領域 Ω の中に流体がつめられているものとする．この流体は，密度一定で完全流体の仮説が適用できるものとする．このとき，流体の運動は，Ω の各点 $x = (x_1, x_2, x_3)$ および各時刻での速度ベクトル $\boldsymbol{v}(t,x) = (v_1(t,x), v_2(t,x), v_3(t,x))$ と圧力 $p(t,x)$ だけで決定され，3 次元ベクトル $\boldsymbol{v}$ とスカラー p は，次の偏微分方程式を解くことによって決定される．

$$\frac{\partial v_i}{\partial t} + \sum_{k=1}^{3} v_k \frac{\partial v_i}{\partial x_k} = -\frac{1}{\rho}\frac{\partial p}{\partial x_i} + f_i \qquad (i = 1, 2, 3), \tag{11.2}$$

$$\sum_{k=1}^{3} \frac{\partial v_k}{\partial x_k} = 0. \tag{11.3}$$

ここで，f_i は流体に直接作用する力（外力と呼ばれる），たとえば重力のようなものの成分を表す．ρ は質量密度を表す．密度一定と仮定したから ρ は正の定数である．(11.2) の 3 個の方程式の組をオイラーの運動方程式と呼び，最後の方程式を非圧縮性条件と呼ぶ．単にオイラー方程式と言うときは，運動方程式と非圧縮性条件を連立させたものを言うことにする．運動方程式は，ベクトルの形で

$$\frac{\partial \boldsymbol{v}}{\partial t} + (\boldsymbol{v} \cdot \nabla)\boldsymbol{v} = -\frac{1}{\rho}\nabla p + \boldsymbol{f} \tag{11.4}$$

と表してもよい．ここで，$\boldsymbol{v} = (v_1, v_2, v_3)$, $\boldsymbol{f} = (f_1, f_2, f_3)$ である．ベクトル形での非圧縮性条件は

$$\operatorname{div} \boldsymbol{v} = 0 \tag{11.5}$$

と表せる．

　我々はまず，質量保存則を仮定して (11.5) を導くことにする．空間内に固定された任意の領域 V を考えると，質量保存則によって空間のいかなる部分でも質量が生成されたり消滅したりはしない．したがって，流れに伴って境界 ∂V を出入りする質量の総和はゼロである．これを式で表すと，

$$\iint_{\partial V} \rho \boldsymbol{v} \cdot \boldsymbol{n} \, d\Gamma = 0. \tag{11.6}$$

ここで $\boldsymbol{n}$ は境界における外向き単位法線ベクトルを表す．また，V の境界 ∂V は曲面であるが，その面積要素を $d\Gamma$ で表している．ガウスの定理 (9.4) によって

$$\iiint_V \rho \operatorname{div} \boldsymbol{v} \, dV = 0. \tag{11.7}$$

となる．領域 V は任意だから $\operatorname{div} \boldsymbol{v} = 0$，つまり (11.5) が従う．

　次に運動方程式 (11.4) を導く．運動量保存則によれば，ある領域に含まれる流体の持つ運動量の時間変化は，それに直接作用する外力（例えば重力など）と，境界からおよぼされる力の和に等しい．これを式で書けば

$$\frac{d}{dt} \iiint_V \rho \boldsymbol{v} \, dV + \iint_{\partial V} (\boldsymbol{v} \cdot \boldsymbol{n}) \rho \boldsymbol{v} \, d\Gamma = \iiint_V \rho \boldsymbol{f} \, dV - \iint_{\partial V} p \boldsymbol{n} \, d\Gamma \tag{11.8}$$

である．ここで，V は空間に固定された領域で，$\boldsymbol{f}$ は外から作用する体積力，たとえば重力などである．この $\boldsymbol{f}$ は既知関数であると仮定する．右辺第 2 項は境界において外側の流体が V に及ぼす圧力の総和である．左辺第 2 項は流れによって流入あるいは流出する運動量の和であることに注意せよ．ガウスの定理を使えば，

$$\iiint_V (\boldsymbol{v} \cdot \nabla) \boldsymbol{v} \, dV = \iint_{\partial V} (\boldsymbol{v} \cdot \boldsymbol{n}) \boldsymbol{v} \, d\Gamma - \iiint_V (\operatorname{div} \boldsymbol{v}) \boldsymbol{v} \, dV \tag{11.9}$$

を得る．実際，(9.4) の $\boldsymbol{u}$ として $\boldsymbol{u} = v_1 \boldsymbol{v}$ ととれば，

$$\operatorname{div} \boldsymbol{u} = v_1 \operatorname{div} \boldsymbol{v} + \boldsymbol{v} \cdot \nabla v_1.$$

これにガウスの定理を適用して，

$$\iiint_V (\boldsymbol{v} \cdot \nabla) v_1 \, dV = \iint_{\partial V} (\boldsymbol{v} \cdot \boldsymbol{n}) v_1 \, d\Gamma - \iiint_V v_1 \operatorname{div} \boldsymbol{v} \, dV.$$

第 2，第 3 成分についても同様であるから (11.9) を得る．これによって，式 (11.8) は次のように書き直すことができる．

$$\iiint_V \rho \left(\frac{\partial \boldsymbol{v}}{\partial t} + (\boldsymbol{v} \cdot \nabla) \boldsymbol{v} \right) dV = \iiint_V \rho \boldsymbol{f} \, dV - \iiint_V \nabla p \, dV \tag{11.10}$$

V が任意であることからオイラー方程式が導かれた．

　一般に微分方程式の解を一つに特定するには初期条件と境界条件が必要になる．オイラー方程式には，次の初期条件および境界条件を課す．

$$\boldsymbol{v}(0, x) = \boldsymbol{v}_0(x) \qquad (x \in \Omega), \tag{11.11}$$

$$\boldsymbol{v}(t, x) \cdot \boldsymbol{n} = g \qquad\qquad (x \in \partial\Omega, \quad 0 \le t). \tag{11.12}$$

ここで，$\partial\Omega$ は領域 Ω の境界を表す．この境界条件は，速度ベクトルの法線成分のみを与え，接線成分については何も規定しない．境界が固体の壁で静止しているならば，$g \equiv 0$ である．境界が動いている場合や，境界で流体の出入りがある場合には g はゼロではない与えられた関数になる．圧力 p に対する条件はないことに注

意してほしい．以下ではもっぱら

$$\boldsymbol{v}(t,x)\cdot\boldsymbol{n}=0 \tag{11.13}$$

という境界条件のみを考えることにする．

　以上を次のようにまとめることができる：**非圧縮非粘性流体の運動は (11.4) と (11.5) を，(11.11) と (11.12) のもとで解を求めることによって解明される**．こうして流れの問題が偏微分方程式を解くことに帰着された．これは，流体力学を数理科学に昇華したものであるとみなされ，オイラー[4]の大きな業績となっている（文献 [8]）．

　この節の終わりに，運動エネルギー保存則を証明しておく．

定理 11.1（運動エネルギー保存則）　外力が働いておらず，境界条件が $\boldsymbol{v}\cdot\boldsymbol{n}\equiv 0$ のとき，

$$\frac{\rho}{2}\int_{\Omega}|\boldsymbol{v}(t,x)|^2\,\mathrm{d}V \tag{11.14}$$

は時間に依存しない．ここで，$\mathrm{d}V$ は体積要素で，$\mathrm{d}V=\mathrm{d}x_1\mathrm{d}x_2\mathrm{d}x_3$ のことである．(11.14) は運動エネルギーを表していることに注意してほしい．

　証明：　オイラー方程式 (11.2) に v_i を乗じて Ω で積分すると，

$$\int_{\Omega}\frac{\partial v_i}{\partial t}v_i\,\mathrm{d}V=\frac{\mathrm{d}}{\mathrm{d}t}\frac{1}{2}\int_{\Omega}v_i^2\,\mathrm{d}V$$

を得る．グリーンの定理を適用して非圧縮性条件と境界条件を使えば，

$$\int_{\Omega}\sum_{k=1}^{3}v_k\frac{\partial v_i}{\partial x_k}v_i\,\mathrm{d}V=\int_{\Omega}\sum_{k=1}^{3}\frac{v_k}{2}\frac{\partial v_i^2}{\partial x_k}\,\mathrm{d}V$$

$$=\int_{\partial\Omega}\sum_{k=1}^{3}\frac{v_kn_k}{2}v_i^2\,\mathrm{d}\Gamma-\int_{\Omega}\sum_{k=1}^{3}\frac{\partial v_k}{\partial x_k}\frac{v_i^2}{2}\,\mathrm{d}V=0$$

が成立する．したがって，

$$\frac{\mathrm{d}}{\mathrm{d}t}\frac{1}{2}\int_{\Omega}\sum_{i=1}^{3}v_i^2\,\mathrm{d}V=-\frac{1}{\rho}\sum_{i=1}^{3}\int_{\Omega}\frac{\partial p}{\partial x_i}v_i\,\mathrm{d}V$$

$$=-\frac{1}{\rho}\sum_{i=1}^{3}\int_{\partial\Omega}pv_in_i\,\mathrm{d}\Gamma+\frac{1}{\rho}\sum_{i=1}^{3}\int_{\Omega}p\frac{\partial v_i}{\partial x_i}\,\mathrm{d}V=0.$$

4　Leonhard Euler. 1707-1783.

証明終

　後に紹介するナヴィエ–ストークス方程式では粘性が入ってくるので運動エネルギーは保存しない（減少する）．これについては後述する．

11.3　2 次元的な流れ

　しばしば我々は，2 次元的な流れを取り扱えば十分な場合に出会う．2 次元流とは，速度が

$$\boldsymbol{v} = (v_1(t, x_1, x_2),\ v_2(t, x_1, x_2),\ 0)$$

と表せるような流れのことである．この場合，$x = x_1,\ y = x_2$ と変数を書き表し，速度の成分も，$u = v_1,\ v = v_2$ と表すことにする．2 次元オイラー方程式は次のように書くことができる．

$$\frac{\partial u}{\partial t} + u\frac{\partial u}{\partial x} + v\frac{\partial u}{\partial y} = -\frac{1}{\rho}\frac{\partial p}{\partial x} + f_1, \tag{11.15}$$

$$\frac{\partial v}{\partial t} + u\frac{\partial v}{\partial x} + v\frac{\partial v}{\partial y} = -\frac{1}{\rho}\frac{\partial p}{\partial y} + f_2, \tag{11.16}$$

$$\frac{\partial u}{\partial x} + \frac{\partial v}{\partial y} = 0. \tag{11.17}$$

2 次元流の問題は，つまるところ，3 個の未知関数 u, v, p に対するこれら 3 個の方程式を初期境界条件のもとで解くことである．

11.4　静止流体の力学

　ここで，オイラー方程式からアルキメデスの原理を導くことにする．これはオイラー方程式の応用というよりは静力学の問題であるが，初学者には取り組みやすい話題であろう．

　流体が静止している状態を考えよう．このとき $\boldsymbol{v} \equiv 0$ であるからオイラー方程式は

$$0 = -\frac{1}{\rho}\nabla p + \boldsymbol{f}$$

となる．特に，外力が重力のみの場合には

$$0 = -\frac{1}{\rho}\nabla p + \begin{pmatrix} 0 \\ 0 \\ -g \end{pmatrix}$$

となる（g は重力加速度）．これは $p = -\rho g z + $ 定数 を意味する．水平線を $z = 0$ とし，大気圧を p_0 とすれば

$$p = -\rho g z + p_0 \tag{11.18}$$

が水の圧力を与えることになる．

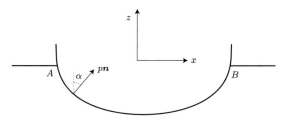

図 11.2 浮力は圧力の総和である．

これを利用してアルキメデスの原理を導こう．**アルキメデスの原理**とは

$$\text{「浮力」} = \text{「船が排除した水の重量」} \times g \tag{11.19}$$

のことである．図 11.2 のように船が水に浮かんでいるものとする．船の底を表す曲線が $z = f(x)$ で表されているものとしよう（y 方向には一様で無限にのびた船を考えることにするが，3 次元的な場合でも計算が面倒になるだけであって，証明のアイデアは全く同じである）．

図 11.2 において

$$\cos\alpha = \frac{1}{\sqrt{1 + (f')^2}}.$$

浮力は $\int_A^B (p-p_0)\cos\alpha\, ds$ で与えられる．ここで s は弧長パラメータであり，積分は喫水線の点 A と B の間を船底の曲線に沿って行うものとする．$ds = \sqrt{1 + (f')^2}\, dx$ であるから浮力は

$$\int_a^b \frac{-\rho g f(x)}{\sqrt{1 + (f')^2}}\sqrt{1 + (f')^2}\, dx = -\rho g \int_a^b f(x)\, dx$$

となるが，これは (11.19) に等しい． 証明終

　アルキメデスの原理は "原理" と名づけられているが，より根源的なオイラー方程式から導かれる一つの定理にすぎない．

11.5　具体例

　この節の目的はオイラー方程式の解の具体例をあげることである．ときには $x = x_1, y = x_2, z = x_3$ と書き表したり，$u = v_1, v = v_2, w = v_3$ と書き表したりする方が便利なこともある．そのような場合には一々断らないでそのような表記法を採用する．

　さて，オイラー方程式の解と言えどもずいぶんと多くが知られており，その全容を記すにはそれだけで 1 冊の本が必要になるくらいであるので，ここでは基本的なものだけを取り扱う．可視化しやすいものだけを集めたので大半は 2 次元の流れになったが，もっと一般の流れについては参考文献をあげたのでそれを参考にして欲しい．非定常の流れはここでは考察しない．定常なものに限ることにする．定常とは，速度ベクトル場や圧力が時間変数 t に依存しないことをいう．

11.5.1　渦なしの流れ

　具体例に入る前に，重要な定義をしておく．

定義 11.1　速度ベクトル場 $\boldsymbol{v}$ に curl を施したベクトル場を**渦度**と呼び，

$$\boldsymbol{\omega} \equiv \operatorname{curl} \boldsymbol{v}$$

と表す．curl の定義は第 9 章にあるもの（定義 9.3）と同じである．

定義 11.2　領域 Ω 全体で $\boldsymbol{\omega} \equiv 0$ を満たすオイラー方程式の解のことを**渦なしの流れ**と呼ぶ．あるいは，渦なし流と呼ぶ．

　$\operatorname{curl} \boldsymbol{v} \equiv 0$ のとき，ベクトル解析で知られているように，$\boldsymbol{v} = \nabla \Phi$ を満たすスカラー関数 Φ が存在する．この関数 Φ を速度ポテンシャルと呼ぶ．もし領域 Ω が単連結ならば Φ は一価になる．単連結でないときには（例えば穴のあいたような領域では）Φ は一価のこともあるし，そうでないこともある[5]．以下，Φ が一価関数となる場合だけを考えることにする．

5　この多価性は 18 世紀の半ばにダランベールが初めて指摘したことであるが，忘れてはならない注意である．

注意 11.3 単連結という言葉の意味を正確に定義するには多少の準備が必要となるのでここでは行わない.「単連結領域」＝「球の内部全体のように，穴があいていない領域」，とご理解いただきたい. ドーナツや竹輪の形をした領域は単連結でない.

次の定理は簡単に証明できるが，重要な事実を表しているので忘れないようにしてほしい.

定理 11.2 渦なしの流れの速度ポテンシャルは調和関数である.

証明には，非圧縮条件 $\mathrm{div}\, \boldsymbol{v} = 0$ に $\boldsymbol{v} = \nabla\Phi$ を代入すればよい.

どのような領域に対してどのような渦なしの流れが得られるかは [5, 8, 59, 93, 106, 113] に詳しいのでここでは例をあげるにとどめる. 以下の例では流れを可視化する方法として流線を用いているので，まず流線の定義を述べておく:

定義 11.3 時刻 t を固定してベクトル場 $\boldsymbol{u} = (u_1, u_2, u_3)$ を考える. このベクトル場の積分曲線を流線 (streamline) と呼ぶ. すなわち，流線とは流れの領域の中の曲線で，その各点における接ベクトルの方向と，その点における流れの速度ベクトルの方向が一致するものをいう.

定義によれば，

$$\frac{\mathrm{d}}{\mathrm{d}s}\boldsymbol{x}(s) = \boldsymbol{u}(t, \boldsymbol{x}(s)) \tag{11.20}$$

の任意の解 $s \mapsto \boldsymbol{x}(s)$ が流線である. $\boldsymbol{u}$ が C^1 級ならばこの解は初期条件 $\boldsymbol{x}(0)$ によって一意に定まる. したがって，空間内の任意の点を通る流線がただ一つに定まる[6].

定義 11.4 ベクトル場 $\boldsymbol{u}(t, x) = (u_1, u_2, u_3)$ に対し，

$$\frac{\mathrm{d}}{\mathrm{d}t}\boldsymbol{x}(t) = \boldsymbol{u}(t, \boldsymbol{x}(t)), \qquad \boldsymbol{x}(0) = \boldsymbol{x}_0 \tag{11.21}$$

の解 $t \mapsto \boldsymbol{x}(t)$ を，$\boldsymbol{x}_0$ を通る粒子の軌道 (particle trajectory) と呼ぶ.

流線は t を固定するごとに決まる曲線であることに注意されたい. 流線と粒子の運動とは直接の関係はない. しかし，定常流の場合には両者は同じものとなる. 流れのトポロジーを見るために最もよい方法は流線をいくつか描くことである.

---

[6] もしも $\boldsymbol{u}(\boldsymbol{x}_0) = 0$ ならば $\boldsymbol{x}(s) \equiv \boldsymbol{x}_0$ は (11.20) の解である. このときは流線と言っても実際は一つの点である. この程度の言葉の乱用は許すことにする. その点で速度ベクトルがゼロとなる点をよどみ点と呼ぶ.

例 11.1（球を過ぎる渦なしの流れ） この例では，領域 Ω は原点を中心とする半径 a の球面の外側の領域であるとする．すなわち，$\Omega = \{\ (x, y, z) \in \mathbb{R}^3\ ;\ a^2 < x^2 + y^2 + z^2 < +\infty\ \}$．$\Omega$ 全体で渦なしとなり，無限遠方で一様流 $(U, 0, 0)$ に漸近する流れを考えると，その速度ポテンシャルは

$$\Phi(x, y, z) = Ux\left(1 + \frac{a^3}{2r^3}\right)$$

で与えられる．ここで，$r = \sqrt{x^2 + y^2 + z^2}$ である．Φ が調和関数であることを見るには次の等式に注意する：

$$\Phi = Ux - \frac{Ua^3}{2}\frac{\partial}{\partial x}\frac{1}{r}.$$

$1/r$ は調和関数であるからその導関数も調和関数である．これより Φ が調和関数であることがわかる．境界条件 (11.13) を示すには，$\frac{\partial x}{\partial r} = \frac{x}{r}$ に注意し，$r = a$ において

$$\frac{\partial \Phi}{\partial n} = \frac{\partial \Phi}{\partial r} = \left(U + \frac{Ua^3}{2r^3}\right)\frac{\partial x}{\partial r} - \frac{3Ua^3 x}{2r^4} = \left[\left(U + \frac{Ua^3}{2r^3}\right)\frac{x}{r} - \frac{3Ua^3 x}{2r^4}\right]\Bigg|_{r=a} = 0$$

に注意すればよい．

$r \to \infty$ で，すなわち無限遠方で，流れは一様な流れ $\boldsymbol{v} = (U, 0, 0)$ に近づく．流れは x 軸について対称であるから xz 平面内の流線を描けば十分である（図 11.3 左）．

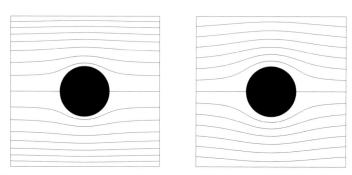

図 11.3 球を過ぎる渦なし流れの xz 平面における流線（左）．円柱を過ぎる渦なし流れの流線（右）．

11.5.2　2 次元流の例

2 次元の場合は，流れ関数と呼ばれるスカラー関数だけで運動を記述することが

できる．流れ関数による方程式の書き換えは便利なことが多い．まず，流れ関数を
定義しよう．

定義 11.5 2次元ベクトル場 $\boldsymbol{u} = (u, v)$ が与えられているとき，

$$u = \frac{\partial \psi}{\partial y}, \quad v = -\frac{\partial \psi}{\partial x} \tag{11.22}$$

を満たす関数 ψ がもしあれば，ψ を**流れ関数**と呼ぶ．

非圧縮条件 (11.17) を仮定しているときには，(11.22) を満たす一価スカラー関数
ψ が，領域の各点の単連結な近傍で存在する．Ω 自身が単連結ならば，ψ は Ω 上
の一価関数として取れる．Ω が単連結でなくとも，一価関数として取れる場合は
多い．以下，一価な流れ関数が存在する場合だけを考えることにする．Ω 上の一
価な，2回微分可能関数 ψ が存在する場合には，非圧縮性条件は (11.22) によって
自動的に満たされる．次にオイラーの運動方程式を ψ だけで表すことができるこ
とに注意する．2個の運動方程式から圧力を消去すると，

$$\frac{\partial}{\partial t}\triangle\psi - J(\psi, \triangle\psi) = \frac{\partial f_1}{\partial y} - \frac{\partial f_2}{\partial x} \tag{11.23}$$

ここで，$J(\ ,\ )$ は下のように定義され，$\triangle$ は**ラプラス作用素**である：

$$J(f, g) = \frac{\partial f}{\partial x}\frac{\partial g}{\partial y} - \frac{\partial f}{\partial y}\frac{\partial g}{\partial x}, \qquad \triangle = \frac{\partial^2}{\partial x^2} + \frac{\partial^2}{\partial y^2}.$$

したがって，2次元流の解析には ψ に対する非線形微分方程式 (11.23) が解ければ
十分である．境界条件が $\boldsymbol{v} \cdot \boldsymbol{n} = 0$ のとき，

$$0 = \boldsymbol{v} \cdot \boldsymbol{n} = \frac{\partial \psi}{\partial y}n_x - \frac{\partial \psi}{\partial x}n_y = \nabla\psi \cdot \boldsymbol{t}$$

となる．ここで $\boldsymbol{t} = (-n_y, n_x)$ は境界の接ベクトルになっている．これは ψ の接
線微分がゼロになることを意味する．したがって，境界条件 $\boldsymbol{v}(t, x) \cdot \boldsymbol{n} = 0$ は，流
れ関数が境界をなす各閉曲線の上で定数であることであると言い換えることができ
る．

　次の定理は流れ関数の重要性を端的に表すものである：

定理 11.3 流れ関数の等高線は流線である．

　証明：曲線 $s \mapsto (x(s), y(s))$ を等高線とすると，$\psi(x(s), y(s)) \equiv$ 定数 である．
これを微分すると，

$$\frac{\partial \psi}{\partial x}\dot{x}(s) + \frac{\partial \psi}{\partial y}\dot{y}(s) = 0.$$

これは $(\dot{x}(s), \dot{y}(s))$ と $(\psi_y, -\psi_x)$ が平行であることを意味する．前者は曲線の接ベクトルであり，後者は速度ベクトルであるから，$s \mapsto (x(s), y(s))$ は流線である．

証明終

例 11.2（無限に長い円柱を過ぎる渦なしの流れ） この例では，領域は $\{(x, y, z)\,;\, a^2 < x^2 + y^2 < +\infty\}$ である．したがってその切り口，すなわち $\Omega = \{(x, y) \in \mathbb{R}^2\,;\, a^2 < x^2 + y^2\}$ で 2 次元流を考えれば十分である．速度ポテンシャルは

$$\Phi(x, y) = Ux\left(1 + \frac{a^2}{x^2 + y^2}\right) \tag{11.24}$$

で与えられる．$r \to \infty$ で，すなわち無限遠方で，流れは一様な流れ $\boldsymbol{v} = (U, 0)$ に近づいている．流れ関数は

$$\Psi(x, y) = Uy\left(1 - \frac{a^2}{x^2 + y^2}\right) \tag{11.25}$$

で与えられる．円柱表面で流れ関数が一定値をとることから，$\boldsymbol{v} \cdot \boldsymbol{n} = 0$ が従う．流線を図 11.3（右）に描いた．

他にも多くの具体例が知られている．[5, 8, 106, 113] などが参考になるであろう．

＊　＊　＊
演習問題

[問題 1]　✿ オイラーは，

$$\int_0^1 \frac{\mathrm{d}x}{\sqrt{-\log x}} = \sqrt{\pi}$$

を証明した．この等式は認めることにし，これに変数変換することによって $\int_{-\infty}^{+\infty} e^{-x^2}\,\mathrm{d}x = \sqrt{\pi}$ を証明せよ．

[問題 2]　✿ 任意の関数 ϕ に対し，$\operatorname{curl}\nabla\phi \equiv 0$ であることを証明せよ．また，任意のベクトル値関数 $\boldsymbol{u}$ に対し $\operatorname{div}\operatorname{curl}\boldsymbol{u} \equiv 0$ を証明せよ．

[問題 3]　✿ (11.24) の Φ も (11.25) の Ψ も調和関数であることを確かめよ．

[問題 4]　✿✿ 竹輪型の領域では必ずしも一価な速度ポテンシャルは存在しないことを次の要領で確かめよ．$0 < a < b < \infty$ を二つの定数とし，$a^2 < x^2 + y^2 < b^2$，$-\infty < z < +\infty$ で定まる領域を考える．ベクトル場

$$\boldsymbol{v} = \left(\frac{y}{x^2 + y^2}, \frac{-x}{x^2 + y^2}, 0\right)$$

はこの領域でオイラー方程式を満たし，境界で $\boldsymbol{v} \cdot \boldsymbol{n} = 0$ を満たすことを示せ．次に，$\boldsymbol{v} = \nabla \Phi$ を満たす一価な Φ は存在しないことを示せ.

[問題 5] ✿ 平面領域で定義された調和関数は無数にある．これらの等高線を描けばそれはある渦なし流の流線になる．等高線を描くソフトを使って，さまざまな渦なし流を描いてみよ.

第12章

天体の形状

第4章で表面張力を学んだとき，コペルニクスを引用した．その中で彼は天体が丸いことを説いているが，そうなる理由は述べていない．本章では，自転していない天体が丸いこと，また，自転しているときには楕円体になることの背景を説明する．

12.1 自転のない場合

本節では自転していない天体が丸いことの説明をニュートンの重力理論に基づいて行う．もちろん現実の天体の記述には様々な要因を考慮しなければならないけれども，いくつかの単純化の仮定のもとで，天体の平衡形状が球面であることを証明できる．

まず天体のように巨大な質量の塊には表面張力は微々たる作用しかせず，もっぱら重力のみによって天体の形が決まることを認めることにしよう．天体の表面を Γ，そして Γ の内部の領域を D としよう．D に質点がつまっており，D の外側は真空であるとする．さらに D の内部の質量密度は一定である[1]と仮定し，それを ρ とおくことにする．このとき点 $x = (x_1, x_2, x_3)$ における重力ポテンシャルは

$$U(x) = -G\rho \iiint_D \frac{\mathrm{d}y}{|x-y|} \tag{12.1}$$

で与えられる．ここで，G は万有引力定数である．U が計算できたら，点 x における重力は（単位質量当たり）$-\nabla U(x)$ で与えられる．U は

$$\triangle U(x) = \begin{cases} 4\pi G\rho & (x \in D) \\ 0 & (x \in \mathbb{R}^3 \setminus D) \end{cases}$$

を満たし，無限遠方でゼロになる関数として特徴づけることもできる．

---

[1] これはもちろん，ほとんどの天体で成り立たない仮定である．中心に近いほど密度は高い．しかし，本章では第一近似としてこの仮定を採用する．

さて，D が平衡形状であるための条件はその境界 Γ の至る所で $-\nabla U$ が Γ の法線方向を向くことである（内部に質量があるわけだから，このとき自動的に内向き法線方向を向く）．これは U が Γ のどの点でも一定の値をとることと同値である．そこで，問題は次のように述べることができる：

> 問題：閉曲面 Γ の上で U が定数になるとき Γ はどのようなものになるか？

以下，このような閉曲面は球面しかないことを証明しよう．

まず，球面はこの平衡条件を満たしていることを確認しておこう．原点を中心とする半径 a の球面を Γ とし，Γ の内部 D には密度一定の物質が詰まっている．このとき重力のベクトルを空間の各点で計るとどうなるか？　球の対称性と球内部の質量密度 ρ が定数であることから明らかなように，重力は原点を向き，その強さは原点からの距離のみに依存する：$U = U(|x|)$．特に U は Γ 上で定数である．

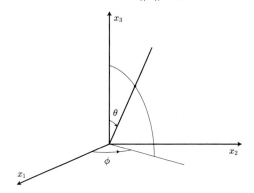

図 12.1　3 次元空間における極座標．$r = \sqrt{x_1^2 + x_2^2 + x_3^2}$

U の具体形は必要ないけれども念のために計算しておこう．ξ を任意の正数とし，$x = (0, 0, \xi)$ の場合に $U(x)$ を計算すれば十分である．ポテンシャルの計算をするために空間の点を極座標で

$$(r \sin\theta \cos\phi, r \sin\theta \sin\phi, r \cos\theta)$$

と表す（図 12.1 参照）．この点と $(0, 0, \xi)$ の距離は

$$\left| (r \sin\theta \cos\phi, r \sin\theta \sin\phi, r \cos\theta) - (0, 0, \xi) \right| = \sqrt{r^2 - 2r\xi \cos\theta + \xi^2}$$

と計算される．これを使うと，ポテンシャルは

$$U(x) = -G\rho \int_0^\pi \int_0^{2\pi} \int_0^a \frac{r^2 \sin\theta \, dr d\phi d\theta}{\sqrt{r^2 - 2r\xi \cos\theta + \xi^2}}$$

$$= -2\pi G\rho \int_0^\pi \int_0^a \frac{r^2 \sin\theta \, dr d\theta}{\sqrt{r^2 - 2r\xi \cos\theta + \xi^2}}$$

と表される.

$$\frac{\partial}{\partial \theta}\sqrt{r^2 - 2r\xi\cos\theta + \xi^2} = \frac{r\xi\sin\theta}{\sqrt{r^2 - 2r\xi\cos\theta + \xi^2}}$$

を用いると

$$U(x) = -2\pi G\rho \int_0^a \frac{r}{\xi}\left[\sqrt{r^2 - 2r\xi\cos\theta + \xi^2}\right]_0^\pi dr$$
$$= -2\pi G\rho \int_0^a \frac{r}{\xi}(r + \xi - |r - \xi|)\, dr$$

と計算される.したがって,$0 \leq \xi \leq a$ の場合と $a < \xi < \infty$ の場合とで計算が少し異なる.

$a < \xi < \infty$ のときには次のようになる:

$$U(x) = -2\pi G\rho \int_0^a \frac{2r^2}{\xi}dr = -\frac{4\pi a^3}{3}\frac{G\rho}{\xi} \qquad (\xi = |x|). \tag{12.2}$$

そして $0 \leq \xi \leq a$ のときには次のようになる:

$$U(x) = -2\pi G\rho \int_0^\xi \frac{2r^2}{\xi}dr - 2\pi G\rho \int_\xi^a 2r dr = -2\pi G\rho\left(a^2 - \frac{1}{3}\xi^2\right) \qquad (\xi = |x|). \tag{12.3}$$

U のグラフを描くと図 12.2 のようになる.

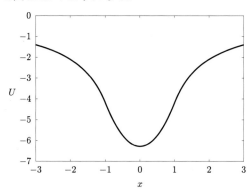

図 12.2 $U(x)$ のグラフ.$a = 1$,$G\rho = 1$ ととってある.

以上で球が求めるものであることがわかった.あとは球以外の曲面で $U|_\Gamma$ が定数になるものは存在しないことを示すことが残っている.厳密な証明も可能であるが,ここでは次のような直感的な "証明" を与えておく.

これを証明するために,任意の方向をとってこれを z 軸とする座標系をとる.z 軸に平行な任意の直線を考え,これと天体が交わるとき,その共通部分を線分

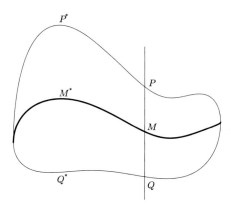

図 12.3　線分 PQ の中点を M とする.

PQ とする（図 12.3）. さらに PQ の中点を M とする. こうした線分をすべて考えると M は D 内のある曲面上を描く（図 12.3）. その中で M の z 座標が最大になるものを P^*, Q^*, M^* とする. 任意の PQ が生み出す重力ポテンシャルを点 P^* と Q^* で計算すると, それぞれ次のようになる:

$$\tilde{U}(P^*) = -G\rho \int_Q^P \frac{\mathrm{d}z}{|P^* - S|}, \qquad \tilde{U}(Q^*) = -G\rho \int_Q^P \frac{\mathrm{d}z}{|Q^* - S|}. \tag{12.4}$$

ここで, S は線分 PQ 上の点で, S の z 座標について積分している. 図 12.3 から推測できるように, 次の補題が成り立つ.

> **補題 12.1**　$\tilde{U}(P^*) \geq \tilde{U}(Q^*)$ となる. さらに, 等号が成り立つのは M の z 座標が M^* の z 座標に等しい場合に限る.

これを証明するためには, P^*, M^*, Q^* を通る直線を z 軸にとる. z 軸に平行な任意の線分 QMP が z 軸から距離 α だけ離れているものとし, その長さを $2a$ とする. ただしここで, $a > 0, \alpha > 0$ とする.

$$\varphi(\beta) = \int_{-a}^{a} \frac{\mathrm{d}y}{\sqrt{\alpha^2 + (y - \beta)^2}} = \int_{\frac{-a-\beta}{\alpha}}^{\frac{a-\beta}{\alpha}} \frac{\mathrm{d}z}{\sqrt{1 + z^2}} \tag{12.5}$$

とおく. P^*, Q^* の z 座標をそれぞれ ζ_P, ζ_Q とする. M の z 座標を z_m とすると,

$$\tilde{U}(P^*) = -G\rho\varphi(\zeta_P - \zeta_m), \qquad \tilde{U}(Q^*) = -G\rho\varphi(\zeta_Q - \zeta_m)$$

となる. ここで, φ が偶関数で, $\beta > 0$ で単調減少であることに注意すると補題の結論を得る.　　　　　　　　　　　　　　　　　　　　　　　　　　　　　証明終

　上のような線分 PQ の生み出す重力ポテンシャルの総和が U であり，仮定によって $U(P^*) = U(Q^*)$ であるから，すべての M の z 座標は M^* の z 座標に等しい．これは，M^* を通り z 軸に垂直な平面について天体が上下に対称であることを意味する．ところで，最初に任意の方向を z 軸に選んだのであるから，平衡状態にある天体は任意の方向について対称面を持つことになる．そのような領域は球しかないので，これで証明が終わる．

　この証明はラムの教科書 [93] にあるものである．別の証明として [109] をあげておく．

12.2　自転している場合

　天体が自転している場合には球は平衡形状にはならない．300 年以上も前に，地球の形状が赤道方向に扁平になるかそれとも極方向に長くなるかが大論争になったことがある．極方向であると主張したのがカッシーニ[2]，赤道方向であると主張したのがニュートン[3]である．測量の結果ニュートンの言うように赤道方向に扁平であることがわかり論争に終止符が打たれた．これはしかし，具体的な形状を示すものではない．その意味で，マクローリンが「回転楕円体が平衡形状になる」という事実を数学的に示したことは大きな発見であった．本節ではこのマクローリン楕円体について説明する．

　マクローリン[4]はスコットランドに生まれ，現在ではマクローリン級数やオイラー–マクローリン展開で最も良く知られている．しかし，彼の独創性が最も発揮されているのは回転楕円体の重力理論であろう．これは彼の大著 *A Treatise on Fluxions*（1742 年）に現れている．

　x_3 軸の周りに回転している楕円体を考える．楕円体の内部の質量密度は一定で ρ とし，その外側は真空であるとする．楕円体の角速度を ω とする．同じ角速度で回転している座標系で見ると天体は静止・平衡状態にある．ただし，単位質量につき，遠心力

$$\omega^2(x_1, x_2, 0)$$

が働くことになる．平衡になるための条件は「天体の重力のつくるポテンシャル」

2　Jacques Cassini. 1677-1756. 土星の輪に隙間があることを見つけたことで有名な天文学者 Giovanni Domenico Cassini の息子である．

3　Isaac Newton, 1643-1727.

4　Colin Maclaurin, 1698-1746.

＋「遠心力の作るポテンシャル」が天体表面上で定数となることである.

天体の重力のつくるポテンシャルを U とし,遠心力のつくるポテンシャルを V とすると,

$$V(x) = -\frac{\omega^2}{2}(x_1^2 + x_2^2)$$

である. U の定義式 (12.1) は領域 D が決まらなければ計算できない. そこで, 天下り的であるが, D が楕円体

$$\frac{x_1^2}{a_1^2} + \frac{x_2^2}{a_2^2} + \frac{x_3^2}{a_3^2} \leq 1 \tag{12.6}$$

のときに U を計算し,それが問題の条件に適合することを示すことにしよう.

12.3　楕円体の重力ポテンシャル

楕円体 (12.6) の内部に密度 ρ の物質がつまっており,重力によって自分自身が引き合っているものとする. ρ は正定数と仮定する. この楕円体の内部を D として重力ポテンシャル (12.1) を計算する必要があるが,計算は球の場合に比べてはるかに複雑である. 球の場合から類推されるように,ポテンシャルの表示は楕円体の内部と外部で異なる. 内部では 2 次関数となり比較的簡単に表されるが,外部ではもう少し複雑になる.

まず次の定数を定義する:

$$I = a_1 a_2 a_3 \int_0^\infty \frac{\mathrm{d}u}{\Delta(u)}. \tag{12.7}$$

ここで $\Delta(u)$ は次式で定義する:

$$\Delta(u) = \sqrt{(a_1^2 + u)(a_2^2 + u)(a_3^2 + u)}.$$

以下, Δ はこの意味とする. さらに,次の 3 定数を定義する

$$A_k = a_1 a_2 a_3 \int_0^\infty \frac{\mathrm{d}u}{\Delta(u)(a_k^2 + u)}. \qquad (k = 1, 2, 3) \tag{12.8}$$

これらの定数を用いると内部における重力ポテンシャルは,

$$U(x) = -\pi G \rho \left(I - A_1 x_1^2 - A_2 x_2^2 - A_3 x_3^2 \right) \tag{12.9}$$

となることが知られている. $\triangle U = 4\pi G \rho$ の証明は章末の演習問題 2 を見よ.

楕円体の外部におけるポテンシャルを計算するために $x = (x_1, x_2, x_3)$ を外部の点とする. このとき

$$\frac{x_1^2}{a_1^2} + \frac{x_2^2}{a_2^2} + \frac{x_3^2}{a_3^2} > 1$$

である．したがって，

$$\frac{x_1^2}{a_1^2 + \lambda} + \frac{x_2^2}{a_2^2 + \lambda} + \frac{x_3^2}{a_3^2 + \lambda} = 1$$

となる $0 < \lambda$ がただ一つ存在する．これを $\lambda(x)$ としよう．このとき

$$U(x) = -\pi G \rho a_1 a_2 a_3 \int_{\lambda(x)}^{\infty} \frac{\mathrm{d}u}{\Delta(u)} \left(1 - \sum_{k=1}^{3} \frac{x_k^2}{a_k^2 + u} \right) \tag{12.10}$$

が成り立つ．

　これらの等式 (12.9)(12.10) の証明には複雑な計算が必要となるので証明はしない．しかし，その中で使われる次の補題はそれ自体でも面白いので，ここで証明しておこう．

補題 12.2　二つの相似な楕円体

$$\sum_{k=1}^{3} \frac{x_k^2}{a_k^2} = 1, \qquad \sum_{k=1}^{3} \frac{x_k^2}{\mu^2 a_k^2} = 1$$

を考える．ここで μ は定数で $0 < \mu < 1$ とする．内側の楕円体の内部を通る直線が上の二つの楕円体によって切り取られる二つの線分 PQ と RS の長さは等しい（図 12.4）．

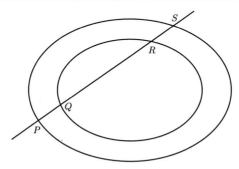

図 12.4　二つの相似な楕円が切り取る 2 線分 PQ と RS の長さは等しい．

　証明：　問題となっている直線と原点を含む平面を考える．この平面と楕円体の共通部分は平面内の楕円であり，二つの切り口は相似であることが簡単に確かめられる．したがって，平面内の二つの相似な楕円

$$\frac{x^2}{a^2} + \frac{y^2}{b^2} = 1, \qquad \frac{x^2}{a^2} + \frac{y^2}{b^2} = \mu^2$$

によって切り取られる線分 PQ と RS（図 12.4）の長さが等しいことを示せば証明は終わる.

直線の方程式を $y = Ax + B$ とすると，これと大きい方の楕円との交点 P と S の x 座標は

$$b^2 x^2 + a^2 (Ax + B)^2 - a^2 b^2 = 0$$

の根である. P の座標を x_1, S の座標を x_2 とすれば，根と係数の関係から，

$$x_1 + x_2 = -\frac{2ABa^2}{A^2 a^2 + b^2}$$

が成り立つ. 同様に小さい方の楕円との交点の x 座標は

$$b^2 x^2 + a^2 (Ax + B)^2 - \mu^2 a^2 b^2 = 0$$

の根である. Q の座標を x'_1, R の座標を x'_2 とすれば，

$$x'_1 + x'_2 = -\frac{2ABa^2}{A^2 a^2 + b^2} = x_1 + x_2 \tag{12.11}$$

が成り立つことがわかる. さて，

$$\overline{PQ}^2 = (x_1 - x'_1)^2 + (Ax_1 + B - Ax'_1 - B)^2 = (1 + A^2)(x_1 - x'_1)^2$$

であり，同様に $\overline{RS}^2 = (1 + A^2)(x_2 - x'_2)^2$ である. ところが，(12.11) によって $x_1 - x'_1 = x'_2 - x_2$ であるから $\overline{PQ} = \overline{RS}$ である.　　　　　　　　　　証明終

12.4　平衡状態となるための条件

ここで楕円体が平衡状態になるための条件を考えよう. 楕円体表面上で $U + V$ が定数になればよい. 回転楕円体の場合を考えると $a_1 = a_2$ であるから，

$$x_3^2 = a_3^2 \left(1 - (x_1^2 + x_2^2)/a_1^2\right) \tag{12.12}$$

なる (x_1, x_2, x_3) に対して

$$-\pi G\rho \left(I - A_1 x_1^2 - A_2 x_2^2 - A_3 x_3^2\right) - \frac{\omega^2}{2}\left(x_1^2 + x_2^2\right) \tag{12.13}$$

が定数であればよい. (12.12) を (12.13) に代入すると，

$$-\left\{\pi G\rho\left(-A_1+\frac{a_3^2 A_3}{a_1^2}\right)+\frac{\omega^2}{2}\right\}(x_1^2+x_2^2)+\text{定数}$$

となる（$A_1=A_2$ に注意）．したがって，平衡状態になるための必要十分条件は

$$\frac{\omega^2}{2}=\pi G\rho\left(A_1-\frac{a_3^2 A_3}{a_1^2}\right) \tag{12.14}$$

である．

係数 A_k は回転楕円体の場合には具体的に計算できる．扁平の場合（$a_3<a_1$）と縦長の場合（$a_3>a_1$）とで計算方法が異なってくるが，縦長の場合には平衡形状が存在しないことが証明できるので，以下では扁平の場合だけを考えよう．このとき楕円の離心率を

$$e=\frac{\sqrt{a_1^2-a_3^2}}{a_1}$$

で定義する[5]．

$$\begin{aligned}
A_1 &= a_1^2 a_3 \int_0^\infty \frac{\mathrm{d}u}{(a_1^2+u)^2\sqrt{a_3^2+u}} && (\because a_1=a_2)\\
&= (1-e^2)\int_0^\infty \frac{\mathrm{d}v}{(1+(1-e^2)v)^2\sqrt{1+v}} && (u=a_3^2 v\text{ と変換})\\
&= (1-e^2)\int_0^{\pi/2}\frac{2\sin\theta\cos^2\theta}{(1-e^2\sin^2\theta)^2}\,\mathrm{d}\theta && (v=\tan^2\theta)\\
&= 2(1-e^2)\int_0^1\frac{x^2\mathrm{d}x}{(1-e^2+e^2 x^2)^2} && (x=\cos\theta)\\
&= \frac{\sqrt{1-e^2}}{e^3}\sin^{-1}e-\frac{1-e^2}{e^2}.
\end{aligned}$$

同様に A_3 も計算できて，結果は，

$$A_3=\frac{2}{e^2}-\frac{2\sqrt{1-e^2}}{e^3}\sin^{-1}e \tag{12.15}$$

となる．

これらを用いると (12.14) は次のように書き表せる：

$$\frac{\omega^2}{\pi G\rho}=2(3-2e^2)\frac{\sqrt{1-e^2}}{e^3}\sin^{-1}e-\frac{6(1-e^2)}{e^2} \tag{12.16}$$

この式を用いると，回転角速度 ω が与えられたとき離心率 e が決まることになる．

(12.16) の右辺は e の関数であるが，これをグラフにしたものが図 12.5 である．

---

5 この e は自然対数の底とは何の関係もない．

これからわかるように

- $\omega^2/(\pi G \rho) > 0.449 \cdots$ のときには (12.16) を満たす解はない.
- $\omega^2/(\pi G \rho) = 0.449 \cdots$ のときには (12.16) を満たす解がただ一つだけ存在する.
- $\omega^2/(\pi G \rho) < 0.449 \cdots$ のときには (12.16) を満たす解がちょうど二つだけ存在する.

あまり回転角速度が大きいと平衡になる回転楕円体は存在しないことがわかった.

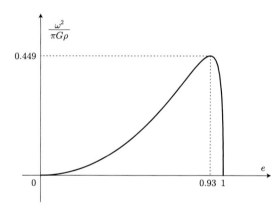

図 12.5 e の関数としての $\omega^2/(\pi G \rho)$. $e \approx 0.93$ において最大値 ≈ 0.449 をとる.

回転角速度 ω が非常に小さいときには, $e \approx 0$ なる解と $e \approx 1$ なる解が存在する. $e \approx 0$ ならば楕円体はほぼ球形であり, $e \approx 1$ ならば楕円体は非常に扁平な煎餅のような形になる. 直感的に考えて回転角速度が小さければほぼ球形に近い平衡形状が現れるであろうことは疑いないから, $e \approx 0$ なる解が安定であり, $e \approx 1$ である解は不安定であろうと想像される. これは実際にそうなっていることが知られているが, その証明の詳細はここでは紹介できない. [67, 93] を見よ.

天体が自転しているとき, 自転軸の周りに座標軸を回転しても状況設定は変わらない. だからその解も同様の対称性を持つと考えるのは自然である. スコットランド生まれのアイヴォリー[6]は楕円体の重力ポテンシャルの計算において大きな貢献をした数学者である. 彼は, 「平衡形状があればそれは自転軸について回転対称である」という定理を発表し, そしてそれは正しいものと思われていた. しかし, マクローリンの回転楕円体が発見されてから 100 年ほどたってから, ヤコビ[7]が, 「3 軸の長さがすべて異なる楕円体も (適当な自転角速度に対して) 平衡形状になる」

---

6 James Ivory, 1765-1842. 補題 12.2 もアイヴォリーによる.
7 Carl Gustav Jacob Jacobi, 1804-1851.

ということを 1834 年に発見し，理論は画期的な進展をみせるようになる．与えられた状況が回転対称であっても解が回転対称とは限らないのである．このヤコビの思いがけない発見によってその後次々と新しい解が発見されてゆくのであるが，ここではそれについて説明する余裕はない．ただ，こうした理論にディリクレ，リーマン，ポアンカレ，リャプーノフ，カルタンといった錚々たる数学者が何世代にもわたって大きな貢献をしたという事実だけを紹介するにとどめたい．その後，自転する流体の平衡形状の研究はさらに進み，内部の質量が必ずしも一様でない場合などへの一般化が進められた．たとえば第 9 章で紹介したグリーンは内部での質量分布が一様でないときに楕円体の重力ポテンシャルをどう計算するかなどの研究を行っている．現在では計算機を使って様々な解が求められ，驚くべき多様な解の存在が知られている．我が国では江里口良治氏の研究（例えば [7]）などが著名である．

　本章で書き残したことを学ぶには [67] や [120] を読む必要があろう．が，いかんせん，前者はきわめて読みにくく，後者は入手しづらい．

　本章の最後のまとめ：小さな水滴は表面張力のせいで球形になる．天体のような大きな塊は，自転していないときには重力によって球形になる．ゆっくり自転しているときには回転楕円体が平衡形状になる．しかし，自転角速度が大きすぎると楕円体の解は存在しない．楕円体以外にもさまざまな非対称な解が存在する．

＊　＊　＊

演習問題

[問題 1]　✿ (12.2) と (12.3) で決まる関数 U は C^1 級であることを証明せよ．

[問題 2]　✿ (12.5) の関数 φ を初等関数で表し，これが偶関数で，$0 < \beta$ において単調減少であることを証明せよ．

[問題 3]　✿ 12.1 節で行った「自転がないときには球だけが平衡形状である」という事実の証明にはいろいろとけちをつけることができる．どのような点が厳密でないか，考えてみよ．

[問題 4]　✿ 回転楕円体の内部で (12.9) は $\triangle U = 4\pi G\rho$ を満たすことを次のようにして証明せよ：

- 次式を証明せよ：

$$\frac{1}{\Delta(u)}\frac{\partial \Delta(u)}{\partial u} = \frac{1}{2}\sum_{k=1}^{3}\frac{1}{a_k^2 + u}.$$

- この式を使って $A_1 + A_2 + A_3 = 2$ を証明せよ.

[問題 5]　✿✿ (12.14) は $a_3 > a_1$ のときには満たされないことを証明せよ.

[問題 6]　✿ $0 < e < 1$ のと，次の等式を証明せよ.

$$2(1 - e^2) \int_0^1 \frac{x^2 \mathrm{d}x}{(1 - e^2 + e^2 x^2)^2} = \frac{\sqrt{1 - e^2}}{e^3} \sin^{-1} e - \frac{1 - e^2}{e^2}$$

[問題 7]　✿ $a_1 = a_2 > a_3$ のときに (12.15) を証明せよ.

第13章

非圧縮粘性流体の方程式

　本章では，粘性を考慮に入れた場合の運動方程式を導き，その解の性質を調べる．この方程式はナヴィエ–ストークス方程式と呼ばれ，現在の流体物理学や非線形偏微分方程式論などで最も注目されている方程式の一つである．

13.1　ナヴィエ–ストークス方程式

　粘性を無視した場合にはオイラーの方程式で運動を記述することができた．粘性を無視できないときには，方程式は次のようになる．

$$\frac{\partial v_i}{\partial t} + \sum_{k=1}^{3} v_k \frac{\partial v_i}{\partial x_k} = \nu \triangle v_i - \frac{1}{\rho} \frac{\partial p}{\partial x_i} + f_i \qquad (i = 1, 2, 3), \qquad (13.1)$$

$$\sum_{i=1}^{3} \frac{\partial v_i}{\partial x_i} = 0. \qquad (13.2)$$

ここで，ν は**動粘性係数**と呼ばれる正定数である．(13.1) の 3 個の方程式の組を**ナヴィエ–ストークスの運動方程式**と呼ぶ．(13.2) の方程式，すなわち，非圧縮性条件はオイラー方程式の場合と変わらない．単に**ナヴィエ–ストークス方程式**と言うときには，(13.1) と (13.2) を連立させたものを意味するものとする．

　一般に ν は物質によって異なる値をとり，同じ物質でも温度によって増減がある．$20℃$ の水ではだいたい $0.01 \, \text{cm}^2/\text{sec}$ 程度の**小さな値**であることは覚えておいてほしい．一方，グリセリンの ν は水の数百倍の大きな値を取る．

　オイラー方程式の場合と同様に，次の初期条件が必要となる．

$$\boldsymbol{v}(0, x) = \boldsymbol{v}_0(x)$$

しかし，境界条件はオイラー方程式とは異なり，

$$\boldsymbol{v}(t, x) = \boldsymbol{g} \qquad (x \in \partial \Omega) \qquad (13.3)$$

となる．この境界条件は粘着条件と呼ばれ，流体のすべての速度成分が境界上で与えられることを要請する．オイラー方程式の場合には，境界での速度の法線成分のみが与えられて，境界に平行な成分については考える必要はない．これに対し，ナヴィエ–ストークス方程式では境界での速度の全ての成分が与えられなくてはならない．

　オイラー方程式はナヴィエ–ストークス方程式において形式的に $\nu = 0$ とすれば得られるから，次のように考えるのは一見自然に思える．すなわち，「ν をゼロに近づけるときナヴィエ–ストークス方程式の解はオイラー方程式の解に近づく」．しかし，必ずしもこうなるということが数学的に証明できているわけではなく，このことが乱流現象の複雑さ・むつかしさとも関わっているのである．

　一般に，次のような命題が成り立つ：

> **命題 13.1**　動粘性係数 ν が大きいとき（つまり流体がねばねばしているとき）には運動は単純で，ν が小さいときには運動は複雑でしばしば乱流状態になる．

もちろんこれは数学的な命題ではなく，現象論的な説明でしかないわけで，どの程度複雑になるのかは個別に調べるしかない．図 13.1 に一例を示したが，様々な量が複雑な様相を見せる．狭い間隔に流線が詰まっているところでは流速が大きくなっている．速い所もゆっくりした所も存在し，両者の位置は時々刻々変化する．その変化は予測しづらい．

 $\Longrightarrow$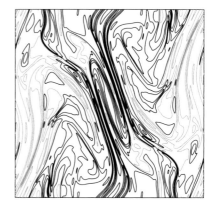

図 13.1　2 次元ナヴィエ–ストークス方程式の解．左図は時刻 $t = 0$ での流線であり，右図は少し時間がたったときの流線である．

　この「命題」の一つの傍証として定常解の個数について考えてみよう．外力の大きさに比べて粘性係数が大きければ定常解は一つしかないという事実が知られてい

る．特に，境界条件が $v = 0$ で外力が存在しないときには，ν が何であっても定常解は一つすなわち $v \equiv 0$ しか存在しない．粘性係数が小さいときには定常解は一般には複数個存在する．そして，粘性係数がゼロの場合すなわち オイラー方程式の場合には無限に多くの定常解が存在する（演習問題 1）．この事実は，外力がない場合にはナヴィエ–ストークス方程式の定常解が $v \equiv 0$ しか存在しないという事実との両極端の事実を表している．この両者を結び付けるものが解の分岐なのであるが，本書では分岐についてふれることはできない．[8] を参照してほしい．

13.2 名前の由来

　ナヴィエ–ストークス方程式の名前はナヴィエというフランスの技師[1]とイギリスの物理学者ストークス[2]の二人の名前を合わせたものである．ナヴィエは 1823 年に発表した論文で史上初めて方程式 (13.1) を導いた．これに対しストークスは 1845 年に発表した論文で同じ方程式を導いている．こうして粘性のある場合の非圧縮流体の基礎が定まったのである．

　しかし，両者の関係はどうなのか？ なぜ二人の名前が併記されるようになったのか？ そのわけはいささか複雑である．科学の世界では先取権というものは最も重要なものとされている．だから，A という人がある定理を証明した後，B という人が証明した場合には，たとえ A 氏の証明がいかにまわりくどくて美しさに欠けており B 氏の証明がいかにみごとであってもそれは通常，「A の定理」と呼ばれるものである．ほんの少し A 氏が早かっただけで全く独立に証明された場合には「A と B の定理」というふうに呼ばれることもあるが，ナヴィエとストークスのように 20 年以上離れている場合にはナヴィエの先取権が認められるのは普通なら当然のことである．しかし，ナヴィエ–ストークス方程式の場合は普通とは違っていた．

　実は，ナヴィエ–ストークス方程式を本当の意味で導いたのはストークスであって，ナヴィエは方程式こそ正しかったのだがその導き方に根本的な欠陥があった．現在では，「ストークスの理論が正しく，ナヴィエは結論こそ正しかったがそれを導くために使った物理学的な仮定は間違っていた」，というふうに評価が定まっている．それならばナヴィエ–ストークス方程式はストークス方程式と呼ぶべきか，というと，ものごとはそれほど単純ではない．「たとえ間違った推論であっても正しい結論を見通したことは評価せねばならない」という擁護は完全には捨てきれな

1　Claude Louis Marie Henri Navier, 1785-1836.
2　George Gabriel Stokes, 1819-1903.

いからである．こういう場合には妥協も必要であり（イギリスとフランスというライバル国の間ではなおさらであろう），現在ではナヴィエ–ストークス方程式という名前が定着している．[122] もしくは [73] を参照せよ．

ナヴィエ–ストークス方程式をオイラー方程式と同様の方法で力学の基礎原理から導くためには第 11 章のように話を進めてゆく．ただし，粘性が無い場合に領域の表面で作用している力が法線方向を向いていたのに対し，粘性がある場合にはその力は必ずしも法線方向を向いているわけではなく，力を表現するために適切な仮定が必要になる．その詳細をここに記すにはページ数が足りないので，興味のある方は文献 [4, 5, 23] または [8] をご覧になっていただきたい．

13.3 数学的な困難

オイラー方程式あるいはナヴィエ–ストークス方程式を解くことは難しい．具体的には，

1. 特殊な場合には解が初等関数で書けることもあるが，そのような解はほんの一部でしかない．
2. 初期条件と境界条件を適切に与えたとき，$t = 0$ で v が連続ならばすべての $t > 0$ でも連続である，という物理学的要請として当然のことが，現在のところ証明できていない：（文献 [40] の第 7 章もしくは [8]）．

ナヴィエ–ストークス方程式 (13.1)(13.2) が 3 次元空間において，連続な初期条件のもとで連続な解が存在するかどうかは，現在未解決な，難問中の難問である．この問題は 1934 年に発表されたルレイ[3]による論文で道筋がつけられ，現在でも活発に研究されている数学の未解決問題である．西暦 2000 年を記念してアメリカのクレイ研究所という財団が数学の未解決問題に 100 万ドルの賞金を掛けて新聞等でも大きく報道された．そこには七つの未解決問題が掲げられているのだが，そのうちの一つが 3 次元ナヴィエ–ストークス方程式の解の存在を証明することである（文献 [40]）．

このようにナヴィエ–ストークス方程式には数学的側面において大変魅力的な方程式なのであるが，そうした抽象的な魅力とは別に，流れを具体的に表すことができるということも大きな魅力となっている．天気予報などへの応用もあるし，自動車や列車の周りの流れは抵抗を及ぼすから燃費に直接の影響を及ぼす．そこで，次

---

3 Jean Leray, 1906-1998.

節では，いくつかの具体例を考えることによって方程式にもっと親しみを感じてもらおうと思う．

13.4 具体例

ここでは具体的な定常流の例を考えてみる．

例 13.1（平面クエット流） 二つの平行平板間の 2 次元的流れを考える（図 13.2 参照）．下の平板は一定速度 $-c$ で左へ動き，上の平板は一定の速度 c で右に動いているものとする．時間 t に依存しない速度ベクトル場を考えると，

$$u\frac{\partial u}{\partial x} + v\frac{\partial u}{\partial y} = \nu\triangle u - \frac{1}{\rho}\frac{\partial p}{\partial x}, \tag{13.4}$$

$$u\frac{\partial v}{\partial x} + v\frac{\partial v}{\partial y} = \nu\triangle v - \frac{1}{\rho}\frac{\partial p}{\partial y}, \tag{13.5}$$

$$\frac{\partial u}{\partial x} + \frac{\partial v}{\partial y} = 0 \tag{13.6}$$

が $-b < y < b,\ -\infty < x < +\infty$ で満たされて，$y = -b$ で境界条件 $u = -c,\ v = 0$ が，$y = b$ で $u = c,\ v = 0$ が満たされなくてはならない．このような解としては，

$$u(x, y) = \frac{cy}{b}, \qquad v \equiv 0, \qquad p = \text{定数}$$

が存在する．これは，クエット流と呼ばれている．そのベクトル場は図 13.2 のようになる．

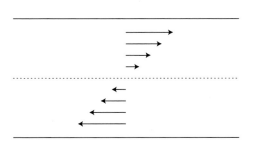

図 13.2 平面クエット流．その流線は板に平行である．

例 13.2（ポワズィーユ流） x 軸に平行な筒領域

$$\{(x, y, z)\,;\, 0 < x < b, \quad (y, z) \in \Omega\}$$

を考える. ここで, Ω は yz 平面内の領域であり, この筒領域の切り口を表す. 筒の左側の口 $x = 0, (y, z) \in \Omega$ から圧力を加えたときの解を求めてみよう. $(\boldsymbol{v} \cdot \nabla)\boldsymbol{v} = \nu\triangle\boldsymbol{v} - \frac{1}{\rho}\nabla p$ と $\operatorname{div}\boldsymbol{v} = 0$ が満たされ, 境界条件として, $\boldsymbol{v} = 0$ を $(y, z) \in \partial\Omega, 0 < x < b$ に課す. 流れの速度ベクトル場が $(u(y, z), 0, 0)$ という形になるものとして方程式に代入してみよう. すると $\operatorname{div}\boldsymbol{v} \equiv 0$ となることがわかる. 圧力は $p = -cx + c'$ となる. ここに c と c' は定数である. このとき,

$$-\nu\left(\frac{\partial^2 u}{\partial y^2} + \frac{\partial^2 u}{\partial z^2}\right) = \frac{c}{\rho}$$

であれば, ナヴィエ–ストークス方程式は満たされる. すなわち, 方程式が, ポアソン方程式という線形方程式に帰着された. 切口が円の場合には, このポアソン方程式は具体的に解ける. 円周上での境界条件 $u = 0$ を与え, 円の半径を a とすると,

$$u(y, z) = \frac{c}{4\nu\rho}(a^2 - y^2 - z^2) \tag{13.7}$$

が解である. これを3次元ポワズィーユ流[4]と呼ぶ. 切り口が楕円の場合にも解の具体的表示は可能である. 流れが z 方向について一様な場合, すなわち2次元流の場合も簡単に解ける:

$$u(y) = \frac{c}{2\nu\rho}(a^2 - y^2).$$

これを2次元ポワズィーユ流と呼ぶ (図 13.3).

平面クエット流やポワズィーユ流はいわゆるせん断流の一種である. ただし重要なことは, オイラー方程式の場合には $u(y, z)$ の関数形は何でも良かったのに対し, ナヴィエ–ストークス方程式では $u(y, z)$ の関数形は切口 Ω の形と圧力勾配によって一意に決まってしまうことである.

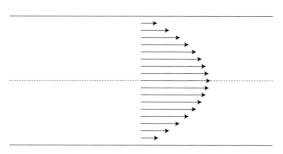

図 13.3 ポワズィーユ流. その流線は壁に平行である.

4 ポワズィーユは医師で, 血管内の流れを実験的で研究した人物である. (13.7) を導いたわけではない.

13.5 ストークス方程式

　流体の速度が非常に小さい場合を考えよう. このとき, $\boldsymbol{v}$ も $\nabla\boldsymbol{v}$ も小さければ $(\boldsymbol{v}\cdot\nabla)\boldsymbol{v}$ はさらに小さいから, ナヴィエ–ストークス 方程式の 2 次の非線形項が無視できるとみなし,

$$\frac{\partial\boldsymbol{v}}{\partial t} = \nu\triangle\boldsymbol{v} - \frac{1}{\rho}\nabla p, \qquad \operatorname{div}\boldsymbol{v} = 0$$

で (v, p) を求めることは自然な近似である. この方程式を**ストークス方程式**と呼ぶ. ストークス方程式は遅い流れに対して近似的に使えるだけである. しかし, これは線形方程式であるから様々な解が見つかっており, それらを考察することは時として非常に重要である.

　2 次元定常ストークス方程式は $\boldsymbol{v} = (u, v)$ に関する方程式

$$\nu\triangle\boldsymbol{v} - \frac{1}{\rho}\nabla p = 0, \qquad \operatorname{div}\boldsymbol{v} = 0 \tag{13.8}$$

で表される. ここで流れ関数の存在を仮定しよう. (13.8) から p を消去すると,

$$0 = \triangle\left(\frac{\partial u}{\partial y} - \frac{\partial v}{\partial x}\right) = \triangle^2\psi \tag{13.9}$$

を得る. したがって, 2 次元ストークス流の問題は $\triangle^2$ に関する境界値問題に帰着される.

> **定義 13.1**　$\triangle^2\psi \equiv 0$ を満たす関数 ψ を**重調和関数** (biharmonic function) と呼ぶ.

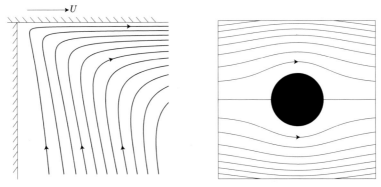

図 13.4　(左) 上面が一定速度で動くときのストークス流の流線. (右) 球の周りを流れるストークス流の流線.

例 13.3 二つの直角に交わる壁の中に置かれた流体を考える. 簡単のために 2 次元流を考え, 第 4 象限に流体があるものとしよう. 縦の壁 $x = 0$ は固定したまま, 上の壁 $y = 0$ を右へ一定速度 U で動かすときの流れは,

$$\psi = \frac{U}{\pi^2 - 4} \left\{ (-4x + 2\pi y)\theta + \pi^2 y \right\}, \qquad \theta = \tan^{-1}\left(\frac{y}{x}\right) \tag{13.10}$$

で与えられる流れ関数によって描くことができる (図 13.4 の左図).

例 13.4 (球面を過ぎるストークス流) 球面 $\{(x, y, z); \ r^2 \equiv x^2 + y^2 + z^2 < a^2\}$ を過ぎる一様流を考える[5]. つまり, $a < r < \infty$ で

$$\nu \triangle \boldsymbol{v} - \frac{1}{\rho}\nabla p = 0 \quad \text{かつ} \quad \text{div}\,\boldsymbol{v} = 0$$

を満たす $(\boldsymbol{v}, p)$ で, 球面 $\{x^2 + y^2 + z^2 = a^2\}$ 上で $\boldsymbol{v} = 0$ となり,

$$\lim_{r \to \infty} \boldsymbol{v} = (U, 0, 0)$$

を満たす $(\boldsymbol{v}, p)$ を探せばよい. $r = \sqrt{x^2 + y^2 + z^2}$ とし, $(1, 0, 0)$ を北極とする極座標を用いる:

$$x = r\cos\theta, \quad y = r\sin\theta\cos\phi, \quad z = r\sin\theta\sin\phi.$$

このとき, 球座標による速度ベクトル $\boldsymbol{v} = (v_r, v_\theta, v_\phi)$ は,

$$v_r = U\left(1 - \frac{3a}{2r} + \frac{a^3}{2r^3}\right)\cos\theta \tag{13.11}$$

$$v_\theta = -U\left(1 - \frac{3a}{4r} - \frac{a^3}{4r^3}\right)\sin\theta \tag{13.12}$$

$$v_\phi = 0, \qquad p = -\frac{3}{2}\nu\rho Ua\frac{\cos\theta}{r^2} \tag{13.13}$$

で表される. その流線は図 (13.4) の右図のようになっている.

この球を過ぎる流れは様々なところで使われている. また, この速度分布を用いると, 流れが球に及ぼす力を計算することができる. これは, 電子の電荷を決定するミリカンの実験でも使われている ([105]). しかし, 応用に際しては, ゆっくりした速度であると仮定されていることを忘れてはならない.

例 13.5 円 $x^2 + y^2 < R^2$ 内の定常ストークス流を考える. 速度ベクトルが座標 x, y の 2 次関数で, 円周上でベクトル場が円周に接しているものだけを考えてみよ

---

5 詳しい導き方は [5, 8] を見よ.

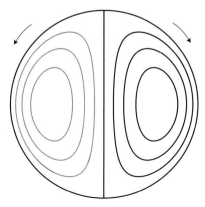

図 13.5 (13.14) で表される円内のストークス流の流線. $a_1 = 1$, $a_2 = 0$

う．このとき，流れ関数 ψ は 3 次関数となり，$\triangle^2 \psi \equiv 0$ と境界条件から

$$\psi = (a_1 x + a_2 y)\left(x^2 + y^2 - R^2\right) \tag{13.14}$$

となることが証明される（a_1, a_2 は定数）．円周での接線方向の速度成分は $\frac{\partial \psi}{\partial r} = 2R^2 \cos\theta$ である．したがって，その流線はたとえば図 13.5 のようになる．

例 13.6 球 $x^2 + y^2 + z^2 < R^2$ 内のストークス流を考える．速度ベクトルは座標 x, y, z の 2 次関数で，境界上でベクトル場が境界に接しているものだけを考えてみよう．このときには円内の場合と違い，多くの異なった流れが存在する．そのうち次のものを考えてみる（文献 [60]）：

$$\boldsymbol{v} = (\alpha z - 8xy,\, 11x^2 + 3y^2 + z^2 - 3,\, -\alpha x + 2yz). \tag{13.15}$$

ここで α はパラメータである．圧力 p を $p = 30\nu\rho y$ で定義すると，これらはストークス方程式を満たすことがわかる．しかも，球面上で $\boldsymbol{v} \cdot \boldsymbol{n} \equiv 0$ も満たしている．したがって，このベクトル場は球面に閉じこめられた遅い粘性流体の運動を表していると見ることができる．

このベクトル場は非常に簡単であるから特に面白いこともないように思える．しかし，この流れで引き起こされる粒子の軌道には相当複雑なものが現れうる．一般に α が大きいと複雑な軌道が現れる．粒子の軌道は

$$\begin{cases} \dot{x} = \alpha z - 8xy, \\ \dot{y} = 11x^2 + 3y^2 + z^2 - 3, \\ \dot{z} = -\alpha x + 2yz \end{cases} \tag{13.16}$$

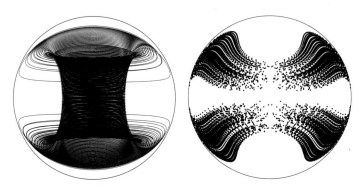

図 13.6 (13.15) で表される球内のストークス流の流線（左）とそのポアンカレ断面（右）. $\alpha = 0.04$ 右図のほうが左図よりもより長時間にわたって計算している.

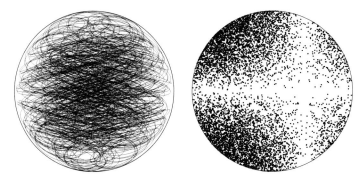

図 13.7 2 次関数で表される球内のストークス流の流線（左）とそのポアンカレ断面（右）. $\alpha = 2.0$, $(x(0), y(0), z(0)) = (0.5, 0.5, 0.5)$.

で表される. $\alpha = 0$ のときには解は周期軌道または定常解になることが証明できる. しかし $\alpha \neq 0$ のときには解は周期的なものとは大きく異なる. $x(0) = 0.5$, $y(0) = 0.5$, $z(0) = 0.5$ として数値計算したものを図 13.6 と図 13.7 に描いた. これらの図の左側のものは軌道を x 軸から見たものであり, 右側のものは $x = z$ という平面での**ポアンカレ断面**と呼ばれるものである. ポアンカレ断面とは, 軌道が $x = z$ という平面を横切るごとに, その横断点に点を記したものである. これを見ることによって軌道の複雑性を知ることができる. 例えば, 軌道がある曲面上にあれば, そのポアンカレ断面はある閉曲線上だけにのっていることになり, 軌道が閉曲線ならばポアンカレ断面は有限個の点だけからなる. 図 13.6, 13.7 のように点がばらけているということは軌道が球内をくまなく行き渡ることを意味し, それだけ軌道が複雑になることを示している. 特に, $\alpha = 2.0$ のときには, 解はかなり乱雑に動いていることがわかる. ただし, 右図に濃淡があることからわかるように, 点は全く一様に分布しているわけではない. したがって, 完全に乱れているというわけでもない. こうした興味ある運動が, 一見単純に見える方程式 (13.16) から得

られるというのもおもしろい現象であろう．こうした**流線のカオス**についてもっと知りたい読者には [45] を読むことをお薦めする．

13.6 ストークスのパラドクス

ストークス方程式は遅い流れであっても必ずしも現象を的確に記述しないことがある．その代表的なものがストークスのパラドクスである．これは，円柱を過ぎる流れに関して起きる現象である．円柱をすぎる一様流は 2 次元流であるから，領域は $D = \{(x,y); a^2 < x^2 + y^2 < \infty\}$ で，この領域において (13.8) を満足し，円周 $\{x^2 + y^2 = a^2\}$ 上で $\boldsymbol{v} = 0$ となり，$\lim_{x^2+y^2 \to \infty} \boldsymbol{v}(x,y) = (U,0)$ を満たすものを求めればよい．ところが，このような $(\boldsymbol{v}, p)$ は存在しないことが証明されている．微分方程式の境界値問題に解が無いのである．これはすなわち，円柱のまわりを流れる遅い流れはストークス方程式では記述しえないという否定的な事実を表している．"線形方程式は解けるが非線形方程式は解けない" とよく言われるが，方程式の線形化が解の存在を否定することもあることは，流体力学にとどまらず，現象のモデル化では注意すべきであろう．方程式を導いただけでは理論は終らないのであって，その方程式の個々の解が現象を記述しているということを別途証明しなくてはならないのである．もし，例えばストークスのパラドックスのように逆の結果が示されたならば，その方程式の限界あるいは適用範囲を定めなくてはならない．大雑把に言って，ストークス方程式は有界領域内の遅い流れの記述には優れている．しかし，円周の外側のような非有界領域では適用に注意する必要がある．

円柱の外部の流れでも，ν が大きければナヴィエ–ストークス方程式には解があることが証明されている．小さな ν については未解決である．

＊ ＊ ＊

演習問題

[問題 1]　✿ 関数 f が何であっても $\boldsymbol{u} = (f(y), 0, 0)$ という形の速度ベクトル場は，オイラー方程式を満たすことを確かめよ．一方，このベクトル場がナヴィエ–ストークス方程式を満たすとき，f は制限を受ける．どのような制限を受けるか？

[問題 2]　✿ 2 次元円環領域 $\{(x,y) ; a^2 < x^2 + y^2 < b^2\}$ 内の流れを考える．内側の円が一定の角速度 ω_1 で，外側の円が一定の角速度 ω_2 で回転しているときのベクトル場を求めよ．この流れは**クエット流**と呼ばれる（ヒント：流れ関数 ψ が r のみの関数であるとして $\triangle^2 \psi \equiv 0$ に代入せよ）．

[問題 3]　✿✿ 切り口が楕円である筒内の流れをポワズィーユ流にならって計算せよ．

[問題 4] ✿ (13.10) の ψ が重調和関数であることを示せ. さらに, 境界で $\psi \equiv 0$ となることを確かめよ.

[問題 5] ✿✿✿ (13.10) で与えられる任意の流線を考える. $x \to +\infty$ のときこの流線はある水平な線に漸近することを証明せよ. $y \to -\infty$ のとき, この流線の漸近形がどのようなものになるか論ぜよ. また, y 軸に最も接近する点があることを証明せよ.

[問題 6] ✿ 図 13.5 の流れにおけるよどみ点（$\boldsymbol{u} = \boldsymbol{0}$ となる点）を計算せよ.

[問題 7] ✿ 球を過ぎるストークス流 (13.11)-(13.13) の xz 平面内の流線（図 13.4 の右図）と, 同じ球を過ぎる渦なしの流れ（例 11.1）を比較したとき, どういうことが結論できるか？

[問題 8] ✿ 例 13.5 の流れ関数が (13.14) になることを証明せよ.

[問題 9] ✿✿ $\alpha = 0$ のとき, (13.16) の任意の解に対して, xz^4 は時間によらないことを証明せよ. このことを用いて $\alpha = 0$ のときの解の性質を調べよ.

[問題 10] ✿ 3 次元空間内の軌道が一つの曲面上にのっているとき, そのポアンカレ断面は一つの曲線上にのっていることを確かめよ.

第14章

流体中を通過する円柱による粒子の運動

　流れの中に置かれた微少粒子の運動を理解することは大変重要である．流れに浮遊するゴミの動きや，赤潮がどう流されてゆくかを予測することなどは環境問題において基本的な働きをする．本章では，そうした問題のうち最も単純と思われる例を考察する．

　空間全体を占めている流体中を，円柱が軸に垂直な方向へ $x = -\infty$ から $x = +\infty$ まで一定の速度で運動するときに流体粒子がどう動くかを計算することを考えてみよう．この問題はマクスウェル [101] によって考えられ，美しい解答が得られた．多少複雑な数式も出てくるが，読み飛ばしても本質を理解することは可能であるから，数式に脅かされないようにして以下の説明を読んでほしい．

14.1　円柱が非粘性流体中を渦なしで動く場合

　円柱の速度を U, 円柱の半径を a とする．円柱の軸方向に変化はないものと仮定することができるから，2次元流を考えればよい．円柱の中心を原点とし，円柱に固定された座標を (X, Y) とする．一方 (x, y) を絶対座標系（空間に固定された座標系）とし，円（円柱の切り口）の中心は x 軸上を $x = -\infty$ から $x = +\infty$ まで動くものとする．このとき

$$x = X + Ut, \quad y = Y \tag{14.1}$$

が成り立つ．

　例 11.2 で示したように，速度ポテンシャルと流れ関数は

$$\Phi = -U\left(X + \frac{a^2 X}{X^2 + Y^2}\right), \quad \Psi = -U\left(Y - \frac{a^2 Y}{X^2 + Y^2}\right)$$

で与えられる（第 11 章の場合とは符号が逆になっていることに注意）．したがって，(X, Y) 座標系における速度ベクトル場は

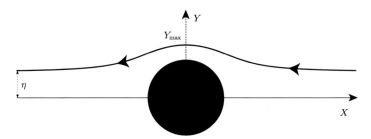

図 14.1　円柱に固定された座標系から見た粒子の運動. この曲線は Ψ の等高線になっている.

$$\left(-U + a^2 U \frac{X^2 - Y^2}{(X^2 + Y^2)^2}, \quad \frac{2a^2 UXY}{(X^2 + Y^2)^2} \right)$$

である. 流体中の粒子の運動方程式は

$$\dot{X} = -U + a^2 U \frac{X^2 - Y^2}{(X^2 + Y^2)^2}, \qquad \dot{Y} = \frac{2a^2 UXY}{(X^2 + Y^2)^2}. \tag{14.2}$$

これを絶対座標系で書くと

$$\dot{x} = a^2 U \frac{(x - Ut)^2 - y^2}{((x - Ut)^2 + y^2)^2}, \qquad \dot{y} = \frac{2a^2 U(x - Ut)y}{((x - Ut)^2 + y^2)^2} \tag{14.3}$$

となる. この連立微分方程式 (14.3) を解けば流体粒子の運動がわかる.

　この常微分方程式を数値的に解いても粒子の軌道が得られるが, この方法では誤差が入りやすいから採用しない. さらに解析を進めよう.

$$\eta = Y(t) - \frac{a^2 Y(t)}{X(t)^2 + Y(t)^2} \tag{14.4}$$

は t に依存しない (粒子の初期位置だけで決まる). これは直接確かめることもできるが, 流れ関数 Ψ の形からすぐわかる (Ψ は流れに沿って定数).

　$-\infty < t < +\infty$ の間に流体粒子が動いた距離は

$$D = \int_{-\infty}^{+\infty} \dot{x}(t)\,\mathrm{d}t = \int_{-\infty}^{+\infty} \left(\dot{X}(t) + U \right)\,\mathrm{d}t = 2\int_{0}^{+\infty} \left(\dot{X}(t) + U \right)\,\mathrm{d}t$$

で与えられる. 図 14.1 のように $Y_{\max}$ を決める, つまり, $Y_{\max}$ は, 粒子が Y 軸を横切るときの Y 座標である (これに対し, $t = \pm\infty$ のときの粒子と X 軸との距離が η である). (14.4) で $X = 0, Y = Y_{\max}$ とおけば $Y_{\max}$ は $Y^2 - \eta Y - a^2 = 0$ の正根であることがわかる. したがって,

$$Y_{\max} = \frac{\eta + \sqrt{\eta^2 + 4a^2}}{2} \tag{14.5}$$

と表される. D は次のように計算できる:

$$D = 2 \int_\eta^{Y_{\max}} a^2 U \frac{X^2 - Y^2}{(X^2 + Y^2)^2} \frac{\mathrm{d}Y}{\dot{Y}} = \int_\eta^{Y_{\max}} \frac{X^2 - Y^2}{XY} \, \mathrm{d}Y \quad ((14.2) \text{ を使う})$$

$$= \int_\eta^{Y_{\max}} \frac{a^2 - 2(Y^2 - \eta Y)}{\sqrt{Y(Y - \eta)}\sqrt{a^2 - (Y^2 - \eta Y)}} \, \mathrm{d}Y \quad ((14.4) \text{ を使って } X \text{ を消去})$$

$$= \int_0^{a^2} \frac{a^2 - 2W}{\sqrt{W(a^2 - W)(\eta^2 + 4W)}} \, \mathrm{d}W \quad \left(W = Y^2 - \eta Y \right)$$

$$= 2 \int_0^\infty \frac{a^2(1 - z^2)}{(1 + z^2)^{3/2}\sqrt{(4a^2 + \eta^2)z^2 + \eta^2}} \, \mathrm{d}z \quad \left(z = \sqrt{W/(a^2 - W)} \right)$$

$$= 2a^2 \int_0^{\pi/2} \frac{\cos 2\theta}{\sqrt{\eta^2 + 4a^2 \sin^2 \theta}} \, \mathrm{d}\theta \quad (z = \tan \theta).$$

D は η の関数となっているから $D = D(\eta)$ と書き表すことにする．$D(\eta)$ のグラフを描くと図 14.2 となる．

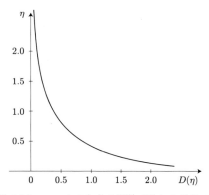

図 **14.2** $a = 1$ のときの関数 $D(\eta)$ のグラフ．

動かされた流体の量は

$$S = \int_{-\infty}^{+\infty} D(\eta) \, \mathrm{d}\eta. \tag{14.6}$$

これを計算するには，部分積分で

$$D = a^2 \int_0^\pi \frac{\cos 2\theta}{\sqrt{\eta^2 + 4a^2 \sin^2 \theta}} \, \mathrm{d}\theta = a^4 \int_0^\pi \left(\eta^2 + 4a^2 \sin^2 \theta \right)^{-3/2} \sin^2 2\theta \, \mathrm{d}\theta$$

としてから (14.6) に代入する．積分の順序を交換して

$$\int_{-\infty}^{+\infty} \frac{\mathrm{d}\eta}{(\eta^2 + \beta^2)^{3/2}} = \frac{2}{\beta^2}$$

を使うと，

$$S = a^4 \int_0^\pi \int_{-\infty}^{+\infty} \frac{\mathrm{d}\eta}{\left(\eta^2 + 4a^2 \sin^2 \theta\right)^{3/2}} \sin^2 2\theta \, \mathrm{d}\theta = a^4 \int_0^\pi \frac{\sin^2 2\theta}{2a^2 \sin^2 \theta} \, \mathrm{d}\theta = \pi a^2$$

を得る. これは円柱の断面積に等しい. つまり, 円柱が $x = -\infty$ から $x = +\infty$ まで動く間に流体粒子が動いた総量は単位長さ当たりの円柱の体積に等しい.

$D(\eta)$ の漸近形は次のようになる:

$$D(\eta) = \frac{\pi a^4}{2\eta^3} + O(\eta^{-5}) \qquad (\eta \to +\infty), \tag{14.7}$$

$$D(\eta) = a \log\left(\frac{2a}{\eta}\right) + O(1) \qquad (\eta \to 0). \tag{14.8}$$

絶対座標系からみた粒子の軌道を描くには, $\rho = X^2 + Y^2$ と定義して t を ρ で表すのがよい. (14.4) から,

$$Y = \frac{\eta\rho}{\rho - a^2}, \tag{14.9}$$

$$X^2 = \frac{\rho\left\{(\rho - a^2)^2 - \eta^2\rho\right\}}{(\rho - a^2)^2}. \tag{14.10}$$

これを使うと, $0 \le t < +\infty$ のとき,

$$\dot{\rho} = 2X\dot{X} + 2Y\dot{Y}$$

$$= -2UX + 2a^2 UX \frac{X^2 - Y^2}{(X^2 + Y^2)^2} + \frac{4a^2 UXY^2}{(X^2 + Y^2)^2}$$

$$= -2UX\left(1 - \frac{a^2}{\rho}\right) = \frac{2U}{\sqrt{\rho}}\sqrt{(\rho - a^2)^2 - \eta^2\rho}$$

と書くことができる ($0 < t$ のとき $X < 0$, $0 > t$ のとき $X > 0$ である). ρ_0 を

$$(\rho - a^2)^2 - \eta^2\rho = 0$$

の大きいほうの根とすると, $\rho_0 = Y_{\max}^2$ であり,

$$2Ut = \int_{\rho_0}^\rho \frac{\sqrt{r}}{\sqrt{(r - a^2)^2 - \eta^2 r}} \, \mathrm{d}r \qquad (\rho_0 \le \rho < \infty). \tag{14.11}$$

(14.11) と (14.10) によって次式を得る:

$$x = X + Ut = \frac{a^2}{2} \int_{\rho_0}^\rho \frac{r^2 - 2(a^2 + \eta^2)r + a^4}{\sqrt{r(r - \rho_0)(r - \rho_1)(r - a^2)^2}} \, \mathrm{d}r \qquad (\rho_0 \le \rho < \infty). \tag{14.12}$$

ここで ρ_1 は $(\rho - a^2)^2 - \eta^2 \rho = 0$ の小さいほうの根である．(14.9)(14.11)(14.12) によって，絶対座標系における曲線 (x, y) $(\rho_0 \le \rho < \infty)$ が書ける．これは粒子の軌道の $0 \le t < \infty$ を表すが，$t < 0$ の部分も同様に書けるので，これで軌道を全部書くことができる．

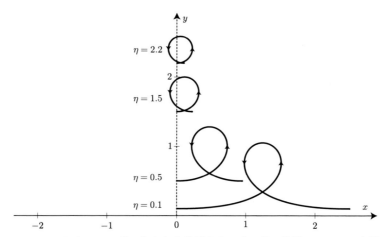

図 14.3 $t = -\infty$ において y 軸におかれた粒子たちのその後の軌道 $(a = 1)$. 右端の点が図14.2 のグラフの上にある．

変数変換 $\rho = \rho_0 / \cos^2 \theta$ を行うと，

$$Ut = \rho_0 \int_0^\theta \frac{\mathrm{d}\sigma}{\cos^2 \sigma \sqrt{\rho_0 - \rho_1 \cos^2 \sigma}}$$
$$y = \frac{\eta \rho_0}{\rho_0 - a^2 \cos^2 \theta}$$
$$x = a^2 \int_0^\theta \frac{\rho_0^2 - 2(a^2 + \eta^2)\rho_0 \cos^2 \sigma + a^4 \cos^4 \sigma}{\sqrt{\rho_0 - \rho_1 \cos^2 \theta}(\rho_0 - a^2 \cos^2 \sigma)^2} \, \mathrm{d}\sigma.$$

これらを楕円関数で表示することもできるが，積分を直接に数値計算する方が早い．曲線を描くと図 14.3 のようになる．図 14.3 に現れる曲線は，針金の両端を針金に沿って圧縮したときに現れる曲線[1]として知られているものと同じである．

図 14.3 から推測できるように，また，簡単に証明できるように，$\eta \to \infty$ のとき，軌道はどんどん円形に近づき，その直径はだいたい $Y_{\max} - \eta$ であり，それはゼロに収束する．つまり，軌道は丸くなりながら 1 点に収束する．円柱から離れるほど円柱の運動の影響は消えてゆくから，これは直観に合致している．

---

1 オイラーが見つけたもので，エラスティカと呼ばれている．

14.2　球が非粘性流体中を渦なしで動く場合

球の中心を原点とする座標系 (X, Y, Z) を使うと，速度ポテンシャル Φ と流れ関数 Ψ が

$$\Phi = -UX - \frac{a^3 U}{2} \frac{X}{R^3}, \qquad \Psi = -\frac{U}{2} \left(R^2 - \frac{a^3}{R} \right) \sin^2 \Theta$$

と書ける．ここで $R = \sqrt{X^2 + Y^2 + Z^2}$, $\Theta \in [0, \pi]$ は X 軸から計った角度である．したがって，$\sqrt{Y^2 + Z^2} = R \sin \Theta, X = R \cos \Theta$ となる．粒子の軌道は $-\infty < t \le 0$ において

$$\dot{R} = -U \left(1 - \frac{a^3}{R^3} \right) \cos \Theta, \qquad \dot{\Theta} = \frac{U}{R} \left(1 + \frac{a^3}{2R^3} \right) \sin \Theta \tag{14.13}$$

で特徴づけられる．円柱の場合と同様に，

$$\eta^2 = \left(R^2 - \frac{a^3}{R} \right) \sin^2 \Theta \tag{14.14}$$

$(\eta > 0)$ で η を定義すると η は定数である．(14.13) と (14.14) から

$$\frac{\mathrm{d}R}{\mathrm{d}t} = -\frac{U}{R^3} \sqrt{(R^3 - a^3)(R^3 - \eta^2 R - a^3)} \tag{14.15}$$

を得る．$t > 0$ のときには (14.15) の右辺の符号は逆になる．

さて，x 軸を含む平面内にある粒子はその平面から出ることはない．すべての運動は X 軸の周りに回転対称であるから，XY 平面内の運動さえ決定できればよい．以下，XY 平面内で考える．このとき，

$$\eta^2 = Y^2 \left(1 - \frac{a^3}{R^3} \right).$$

ここで，$Z = 0$ であるから，$R = (X^2 + Y^2)^{1/2}$ である．粒子の軌道は X, Y 成分では，

$$\dot{X} = -U - \frac{a^3 U}{2R^5} (Y^2 - 2X^2), \qquad \dot{Y} = \frac{3a^3 U XY}{2R^5}. \tag{14.16}$$

以上の考察により，$-\infty < t \le 0$ において

$$Y^2 = \frac{\eta^2 R^3}{R^3 - a^3}, \tag{14.17}$$

$$X = R \cos \Theta = R \sqrt{\frac{R^3 - \eta^2 R - a^3}{R^3 - a^3}} \tag{14.18}$$

を得る．$0 < t$ のときには (14.18) の右辺の符号を逆にすればよい．(14.15) と

(14.17)(14.18) から粒子の軌跡を描くことができるが，これは後回しにして，粒子のずれを先に計算しよう．

XY 平面内では，粒子は $X = +\infty$ から $X = -\infty$ まで流れてゆく．$X = 0$ のときの R の値を R_0 と書くことにする（R_0 は Y の最大値でもある）と，R_0 は $R^3 - \eta^2 R - a^3 = 0$ の根であることがわかる．この 3 次方程式はただ一つの正根を持つことが容易に示され，

$$\max\{a, \eta\} < R_0 < a + \eta$$

も簡単にわかる．(14.16) によって

$$D(\eta) = \int_{-\infty}^{+\infty} \left(\dot{X} + U\right) \mathrm{d}t = 2 \int_{\eta}^{R_0} \left(\dot{X} + U\right) \frac{\mathrm{d}Y}{\dot{Y}} = \frac{2}{3} \int_{\eta}^{R_0} \frac{2X^2 - Y^2}{XY} \mathrm{d}Y.$$

この右辺に (14.17)(14.18) を代入すると，

$$D(\eta) = a^3 \int_{R_0}^{+\infty} \frac{2R^3 - 3\eta^2 R - 2a^3}{(R^3 - a^3)^{3/2} \sqrt{R^3 - \eta^2 R - a^3}} \mathrm{d}R \qquad (14.19)$$

が従う．これは楕円関数では表されない．しかし，数値積分するのは簡単である．計算には次のように変数変換するのがよい[2]．まず，

$$R^3 - \eta^2 R - a^3 = (R - R_0)\left(R^2 + R_0 R + R_0^{-1} a^3\right)$$

と因数分解する．そして R から θ へ $R = R_0 / \cos^2 \theta$ によって変数変換すると，

$$D(\eta) = 2R_0 \mu \int_0^{\pi/2} \frac{\left[2 - 3(1 - \mu)\cos^4 \theta - 2\mu \cos^6 \theta\right] \cos^3 \theta}{(1 - \mu \cos^6 \theta)^{3/2} \sqrt{1 + \cos^2 \theta + \mu \cos^4 \theta}} \mathrm{d}\theta \qquad (14.20)$$

を得る．ここで，

$$\mu = \frac{a^3}{R_0^3} \in (0, 1)$$

とおいた．

$\eta^2 = (R_0^3 - a^3)/R_0$ だから $\eta \to +\infty$ は $R_0 \to +\infty$ に，したがって $\mu \to 0$ に対応する．このとき，$R_0 \sim \eta$, $\mu \sim a^3/\eta^3$ である．これから，$\eta \to +\infty$ のときの漸近挙動が導かれるが，具体的な計算は省略する．

最後に粒子の軌跡は次のように計算する．$t \leq 0$ のときは，(14.15) から

2　先にも述べたが，端点で無限大になる被積分関数は，そのままでは精度良く数値積分することはできない．しかし，うまく変数変換すると，精度は劇的に改善する．

$$t = -\frac{1}{U} \int_{R_0}^{R} \frac{q^3}{\sqrt{(q^3 - a^3)(q^3 - \eta^2 q - a^3)}} \, dq$$

これより，

$$x = X + Ut = R\sqrt{\frac{R^3 - \eta^2 R - a^3}{R^3 - a^3}} - \int_{R_0}^{R} \frac{q^3 \, dq}{\sqrt{(q^3 - a^3)(q^3 - \eta^2 q - a^3)}}$$

$$= \frac{a^3}{2} \int_{R_0}^{R} \frac{-2q^3 + 3\eta^2 q + 2a^3}{(q^3 - a^3)^{3/2} \sqrt{q^3 - \eta^2 q - a^3}} \, dq, \tag{14.21}$$

$$y = Y = \frac{\eta R^{3/2}}{\sqrt{R^3 - a^3}}.$$

これらを $R_0 < R < \infty$ で描くと軌跡の半分 $-\infty < t < 0$ に対応する部分が描かれる．(14.21) の積分は上でやったように $R = R_0 / \cos^2\theta$ で変換すると，

$$x = R_0\mu \int_0^\theta \frac{\left[-2 + 3(1-\mu)\cos^4\theta + 2\mu\cos^6\theta\right]\cos^3\theta}{(1 - \mu\cos^6\theta)^{3/2}\sqrt{1 + \cos^2\theta + \mu\cos^4\theta}} \, d\theta, \quad y = \frac{R_0\sqrt{1-\mu}}{\sqrt{1 - \mu\cos^6\theta}}.$$

これを $R_0 = 1.0$, $\mu = 0.9$ で計算したものを図 14.4 に示す．

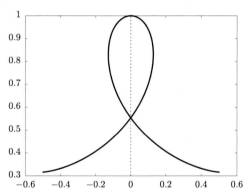

図 14.4　粒子の軌道：3 次元渦なし流における球の場合．

14.3　粘性流の場合

　球の周りを流れるストークス流は (13.13) で与えられる．[118] に従って，この流れについてマクスウェルの問題を考えてみる．渦なしの場合には流体粒子の移動距離は有限であったが，粘性があるとこれは無限に伸びることがわかる．時刻ゼロで球は原点にあり，$(0, \eta_0)$ に置かれた粒子がその後右の方に引っ張られる，あるいは，$t < 0$ においてどういう位置にあったかを示すのが図 14.5 である．球は一定

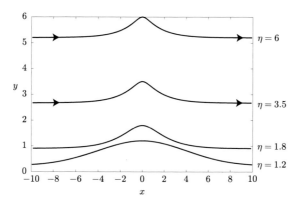

図 14.5 粒子の軌道：球の周りのストークス流の場合.

のスピードで右へ移動するが，粒子の位置は $\log|t|$ に比例するので，無限に伸びるといっても移動は極めてゆっくりである.

図 14.5 からかわるように，$\eta \to \infty$ のときに，軌道はある曲線に漸近する．そして明らかにその曲線は直線ではない．特に，$\lim\limits_{\eta \to \infty} (Y_{\max} - \eta) > 0$ である．非粘性の場合にはこの極限はゼロである（たとえば (14.5) を見よ）.

動く物体から離れれば離れるほどそこからの影響は小さくなってくるはずである．マクスウェルの問題の場合には，軌道は上へいくほど小さくなり，無限大の極限では 1 点に縮んでしまう．ところが，3 次元のストークス流の場合には $\eta \to \infty$ の極限でも影響は残り続けるわけである．車が進んでくるとき，その近くに浮かんでいる塵が動かされるのは当然であるが，東京で動いている車の影響が京都でも福岡でも決して消えないということになる．これはパラドクスであるが，球から離れたところではストークス流が現象をきちんと再現していないことの証であるということもできよう．より詳しいことは [118] を見よ.

＊　＊　＊

演習問題

[問題 1]　✿ (14.4) の右辺を t で微分し，$\dot{X}, \dot{Y}$ に (14.2) の初めの式を代入すると恒等的にゼロとなることを確かめよ.

[問題 2]　✿ (14.5) に関し，$Y_{\max} \sim \eta + \dfrac{a^2}{\eta}$　$(\eta \to \infty)$ を証明せよ.

[問題 3]　✿ 次式を証明せよ.

$$\int_{-\infty}^{+\infty} \frac{\mathrm{d}\eta}{(\eta^2 + \beta^2)^{3/2}} = \frac{2}{\beta^2}.$$

[問題 4]　✿ (14.7)(14.8) を証明せよ.

[問題 5]　✿ $\eta > 0$, $a > 0$ のとき，R の 3 次方程式 $R^3 - \eta^2 R - a^3 = 0$ はただ一つの正根を持つことを示せ. またその正根 R_0 が $\max\{a, \eta\} < R_0 < a + \eta$ を満たすことを証明せよ. 次に，$\eta \to \infty$ のときに，$R_0 \sim \eta + \frac{a^3}{2\eta^2}$ となることを示せ.

[問題 6]　✿ (14.19) から (14.20) を導け.

2次曲線

ここに 2 次曲線の基本的性質を列挙する．2 次曲線は**円錐曲線**とも呼ばれるがその理由は後に記す．昔は高等学校の段階で 2 次曲線を深く学んだものであるが，指導要領の変遷によって今では学ぶ知識が大幅に減ってしまった．現象の数理のためには 2 次曲線の知識も必要であるから，この付録で昔の知識をおさらいしたい．

A.1 定義等

古代ギリシャ人は，円錐曲線を円錐と平面の交わりとして定義した．ユークリッドやアポロニウスなどが紀元前 3 世紀頃に『円錐曲線論』という書を著した．紀元 4 世紀頃の数学者パッポスは，この定義と，「準線と焦点」による定義が同じものであることを指摘した．ここでは「準線と焦点による定義」を出発点としよう．これは 19 世紀イギリスでの数学教育では基本となっていた．

A.2 円

> **定義 A.1** 平面内の一点から等距離にある点の集まりを円と呼ぶ．

アポロニウスは紀元前 262 年頃に生まれ，紀元前 190 年頃に死んだとされる，古代ギリシャの数学者である．『円錐曲線論』を著したが，その内容は座標幾何学に肉薄するものと言える．内容も豊富である (Heath [85])．アポロニウスの円とは，平面内の二点 A, B と比 $s : t$ を与え，

$$\overline{PA} : \overline{PB} = s : t \qquad (\overline{PA} \text{ は点 } P \text{ と点 } A \text{ の距離を表す})$$

を満たす点 P の軌跡のことをいう．これが，実際に円となることを証明するには，A, B を $A = (-a, 0), B = (a, 0)$ とする．$r = s/t$ とおくと $r > 0$ であり，方程式は $\sqrt{(x+a)^2 + y^2} = r\sqrt{(x-a)^2 + y^2}$ となる．これを 2 乗して簡単化すれば，

$$\left(x + \frac{1+r^2}{1-r^2}a\right)^2 + y^2 = \frac{4r^2a^2}{(1-r^2)^2}$$

となる．これは $\left(-\frac{1+r^2}{1-r^2}a, 0\right)$ を中心とし，半径 $2ra/|1-r^2|$ の円である．ただし，$r = 1$ のときは例外で，このとき方程式は直線 $x = 0$ と同値になり，これは y 軸を表す．

A.3　準線による円錐曲線の定義

> **定義 A.2**　平面上に直線 ℓ をとり，これを**準線**と呼ぶことにする．点 P と直線 ℓ の距離を $d(P)$ で表すことにする．ℓ の上にない点 S をとる．定数 $0 < e < \infty$ を与えたとき，
>
> $$\overline{PS} = e \cdot d(P)$$
>
> なる点 P の軌跡を**円錐曲線**と呼ぶ．$0 < e < 1$ のとき**楕円**，$e = 1$ のとき**放物線**，$1 < e$ のとき**双曲線**と呼ぶ．

これは，楕円・双曲線・放物線を統一的に扱うことができて便利であるが，円を含めることができないという欠点がある．上の定義と同値な定義が他にも存在するが，そっちの定義の方が便利なときもある．所詮，数学的には同値なのであるから，使い易いものを採用すればよいのである．

> **定義 A.3**　この定義に現れる定数 e を**離心率**と呼ぶ．

これは円錐曲線で重要な働きをする定数である．離心率は英語では eccentricity と書かれ，e はその頭文字である．自然対数の底である e とは何の関係もないので，混同してはならない．

A.3.1　楕円

> **定理 A.1**　平面曲線に関する次の 3 条件は同値である．
>
> 1. 定義 **A.2** の意味で楕円である．
> 2. 平面内に 2 点 S, S' が存在して，$\overline{PS} + \overline{PS'} = k$ となる P の軌跡がその曲線となる．ただし，k は $k > \overline{SS'}$ を満たす適当な実定数である．
> 3. 適当に座標系をとれば，その曲線は

$$\frac{x^2}{\alpha^2} + \frac{y^2}{\beta^2} = 1. \tag{A.1}$$

と表される. ただし, α, β は $\alpha > \beta > 0$ を満たす適当な定数である.

定理 8.1 で証明されているようなものであるが, 念のために上の形式で証明しておく.

1 $\Longrightarrow$ 3. 準線 ℓ を y 軸にとり, 焦点 S を $S = (c, 0)$ とする. ただし $c > 0$ は定数である. こうしても一般性は失われない. $0 < e < 1$ をとると, $ex = \sqrt{(x-c)^2 + y^2}$ が軌跡の方程式である. すなわち, $0 = (1 - e^2) x^2 - 2cx + y^2 + c^2$ である. これは,

$$(1 - e^2)\left(x - \frac{c}{1 - e^2}\right)^2 + y^2 = \frac{e^2 c^2}{1 - e^2}$$

と書き直すことができる. したがって,

$$X = x - \frac{c}{1 - e^2}, \qquad Y = y, \qquad \alpha = \frac{ec}{1 - e^2}, \qquad \beta = \frac{ec}{\sqrt{1 - e^2}}$$

とおけば, $\alpha > \beta > 0$ と $\frac{X^2}{\alpha^2} + \frac{Y^2}{\beta^2} = 1$ を得る.

3 $\Longrightarrow$ 1. (A.1) を仮定し,

$$\gamma = \sqrt{\alpha^2 - \beta^2}, \qquad e = \frac{\sqrt{\alpha^2 - \beta^2}}{\alpha}, \qquad \delta = \frac{\alpha^2}{\sqrt{\alpha^2 - \beta^2}}$$

とおく. 方程式 (A.1) は

$$e^2 (x + \delta)^2 = (x + \gamma)^2 + y^2 \tag{A.2}$$

と書き直すことができることに注意する. (A.1) は仮定されているから, $x \geq -\alpha$ である. $-\alpha > -\delta$ であるから $x + \delta > 0$ である. この条件の下で, (A.2) は,

$$e(x + \delta) = \sqrt{(x + \gamma)^2 + y^2} \tag{A.3}$$

と同値である. $S = (-\gamma, 0)$ とおき, 直線 ℓ を $x = -\delta$ で定義する. このとき, (A.3) は定義 A.2 の意味で楕円であることを主張している.

3 $\Longleftrightarrow$ 2. これは定理 8.1 である. 8 章の問題 1 参照.　　　　　　　証明終

この証明からわかるように, 定義 A.2 の意味の焦点は定理 A.1 の 2 に現れる 2 点のうちの一つである. したがって, 定理 A.1 の 2 に現れる 2 点を焦点と呼んでも混乱は起こらない. そこで, **楕円は二つの焦点からの距離の和が一定となる点の軌跡である**と特徴づけることができる. また, 次のことに注意していただきたい.

上の記号で，$e = \sqrt{\alpha^2 - \beta^2}/\alpha$, $c = \beta^2/\sqrt{\alpha^2 - \beta^2}$. したがって，もしも楕円の方程式が (A.1) ならば準線は $x = -c/(1 - e^2) = -\alpha^2/\sqrt{\alpha^2 - \beta^2}$ であり，焦点の x 座標は $c - c/(1 - e^2) = -\sqrt{\alpha^2 - \beta^2}$ となる．もちろん，$(\sqrt{\alpha^2 - \beta^2}, 0)$ も焦点である．

　楕円は和算でも重要な研究対象であった．和算では楕円を「円柱を平面で切った切り口」と定義する．この定義が上の定義と同値であることは後で証明する．和算では楕円のことを側円と呼ぶことが多い．

　円は，一点からの距離が等しい点の集まりと定義する．これは楕円の定義 2 において S と S' が一致した極限の場合とみなすことができる．円の中心を原点とする座標系をとれば円の方程式は次のようになる：$x^2 + y^2 = R^2$. ここで $R > 0$ は円の半径である．$0 < e < 1$ を離心率とし，準線が $x = -R/e$ で焦点が $(c, 0)$ の楕円

$$e^2 \left(x + \frac{R}{e} \right)^2 = (x - c)^2 + y^2$$

は，離心率 e をゼロに近づけると，$(x - c)^2 + y^2 = R^2$ に近づく．この意味で，円は楕円において離心率ゼロの極限であると言うことができる．

　定理 A.1 の楕円の定義 3 を採用しよう．点 $(-\alpha, 0)$ と $(\alpha, 0)$ を結ぶ線分を**楕円の長軸** (major axis) と呼ぶ．点 $(-\beta, 0)$ と $(\beta, 0)$ を結ぶ線分を**楕円の短軸** (minor axis) と呼ぶ．和算ではそれぞれ，長径，短径と呼んだ．こちらのほうがよい名前であろう．α と β が先に与えられているならば，$\gamma = \sqrt{\alpha^2 - \beta^2}$ によって焦点の位置 $(\pm\gamma, 0)$ が計算できる．

$$e = \frac{\sqrt{\alpha^2 - \beta^2}}{\alpha}$$

が離心率で，常に $0 < e < 1$ であることに注意せよ．これを使うと，$\gamma = \alpha e$ となる．定理 A.1 の楕円の定義 2，すなわち $\sqrt{(x + \gamma)^2 + y^2} + \sqrt{(x - \gamma)^2 + y^2} = k$ を採用すると，離心率は $e = 2\gamma/k$ である．

　楕円は次のようにパラメータ表示できる．

$$x = \alpha \cos t, \qquad y = \beta \sin t \qquad\qquad (0 \le t < 2\pi).$$

楕円の接線と法線は次のように計算できる．(x_0, y_0) を楕円 (A.1) の上の点であるとする．この点で接線を引くと，その方程式は

$$\frac{x_0 x}{\alpha^2} + \frac{y_0 y}{\beta^2} = 1. \tag{A.4}$$

法線の方程式は次のように書ける．

$$\alpha^2 y_0 x - \beta^2 x_0 y = (\alpha^2 - \beta^2) x_0 y_0 \qquad \text{あるいは} \qquad \frac{x}{x_0} - (1 - e^2)\frac{y}{y_0} = e^2. \quad (A.5)$$

A.4 双曲線

楕円の場合と同じく，次の定理が成り立つ.

定理 A.2 平面曲線に関する次の 3 条件は同値である.

1. 定義 A.2 の意味で双曲線である.
2. 平面内に 2 点 S, S' が存在して，$\overline{PS} - \overline{PS'} = k$ となる P の軌跡がその曲線となる．ただし，k は正定数である.
3. 適当に座標系をとれば，その曲線は

$$\frac{x^2}{\alpha^2} - \frac{y^2}{\beta^2} = 1 \qquad (0 < x). \qquad (A.6)$$

と表される．ただし，α と β は正定数である.

証明は楕円の場合と同様であるから概略のみ示し，細かいところは各自で実行してもらうことにする.

2 $\Longrightarrow$ 1. $S = (-\gamma, 0)$, $S' = (\gamma, 0)$ とする．図 A.1 の $\triangle SPS'$ において $SP < S'P + SS'$ という三角不等式に注意する．これは $k = SP - S'P < SS' = 2\gamma$ を意味する．すなわち，$2\gamma/k > 1$. 仮定によって，$\sqrt{(x+\gamma)^2 + y^2} - \sqrt{(x-\gamma)^2 + y^2} = k$ が成り立つ．これより，$4\gamma x - k^2 = 2k\sqrt{(x-\gamma)^2 + y^2}$. すなわち，

$$\frac{2\gamma}{k}\left(x - \frac{k^2}{4\gamma}\right) = \sqrt{(x-\gamma)^2 + y^2}.$$

これは，$2\gamma/k > 1$ を離心率とし，$x = k^2/(4\gamma)$ を準線とし，$(\gamma, 0)$ を焦点とする，

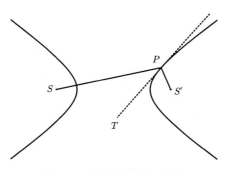

図 **A.1** 双曲線の定義と焦点.

定義 1 の意味の双曲線である.

1 ⟹ 3. 準線を y 軸にとり,焦点を $(c,0)$ とする.方程式は $ex = \sqrt{(x-c)^2 + y^2}$ である.ただし $e > 1$ とする.これは,

$$\frac{(e^2-1)^2}{e^2c^2}\left(x + \frac{c}{e^2-1}\right)^2 - \frac{e^2-1}{e^2c^2}y^2 = 1 \qquad (A.7)$$

と書き直すことができる.したがって,

$$\alpha = \frac{ec}{e^2-1}, \qquad \beta = \frac{ec}{\sqrt{e^2-1}}, \qquad X = x + \frac{c}{e^2-1}, \qquad Y = y$$

ととれば,$\frac{X^2}{\alpha^2} - \frac{Y^2}{\beta^2} = 1$ と $X > 0$ を得る.

3 ⟹ 2 を示すには丁寧な代数計算を行えばよい.　　　　　　　証明終

双曲線は二つの分離した曲線からなる:

$$\frac{x^2}{\alpha^2} - \frac{y^2}{\beta^2} = 1 \qquad (A.8)$$

の $x < 0$ の部分は,$\overline{PS} - \overline{PS'} = -k$ と同値である.楕円の場合と同様に,定義 1 でも定義 2 でも焦点の位置は変わらない.(A.8) の焦点は $(\pm\sqrt{\alpha^2 + \beta^2}, 0)$ である.(A.8) の双曲線の離心率を $e = \sqrt{\alpha^2 + \beta^2}/\alpha$ で定義すると,焦点は $(\pm e\alpha, 0)$ であり,楕円の場合と同じ形となる.

(A.8) のパラメータ表示は,

$$x = \alpha \cosh t, \qquad y = \beta \sinh t \qquad (t \in \mathbb{R})$$

である.$\cosh, \sinh, \tanh$ はしばしば**双曲線関数**と呼ばれるが,そう呼ばれることの理由がこの式からわかる.

(x_0, y_0) における接線は

$$\frac{x_0 x}{\alpha^2} - \frac{y_0 y}{\beta^2} = 1. \qquad (A.9)$$

となり,法線は

$$\alpha^2 y_0 x + \beta^2 x_0 y = (\alpha^2 + \beta^2)x_0 y_0 \qquad (A.10)$$

となる.

A.5 放物線

定理 A.3 平面曲線に関する次の二条件は同値である.

1. 定義 A.2 の意味で放物線である.
2. 適当に座標系をとれば,その曲線は $\alpha x = y^2$ と表される.ただし,α は正定数である.

証明は楕円や双曲線の場合と同様であるから省略する.

　放物線の点で準線に最も近い点を放物線の**頂点**と呼ぶ.準線を $x = -c$ とし,焦点を $(c, 0)$ とすると,放物線は $x + c = \sqrt{(x-c)^2 + y^2}$ である.これは $4cx = y^2$ となる.ゆえに,頂点は焦点から準線に下ろした垂線を二等分する(図 A.2 左).焦点から準線に下ろした垂線を両方向に無限に延長した直線を放物線の**軸**と呼ぶ.

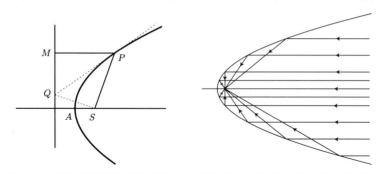

図 A.2 (左)放物線の準線と焦点.A が頂点で S が焦点.(右)ゼノドロス.

　ヒース [87] によれば,古代ギリシャのゼノドロス(紀元前 200 頃〜紀元前 140 頃)は放物線の焦点が実際に光を集めることに気づいたと言われている.今,放物線からなる鏡があるとする.図 A.2 の放物線の右から平行な光が入射してくるものと仮定する.このとき,すべての光線は焦点に集まる.これが**ゼノドロスの定理**である.図 A.2 の右図参照.これは第 8 章の問題 4 に他ならない.

A.6 円錐

　最後になってしまったが,円錐曲線が,実際に円錐面を切ることによって得られることを証明しよう.(x, y, z) 空間で原点を通る直線 $z = Ax, y = 0$ を考える.ここで,$A > 0$ は定数である.この直線を z 軸の周りに回転して得られる曲面が直

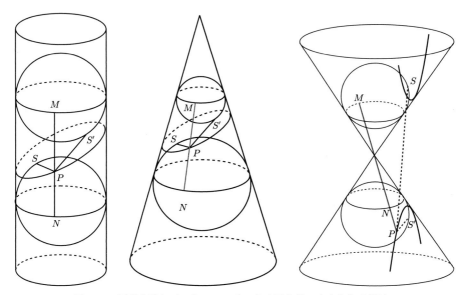

図 **A.3** 円錐曲線とダンドランの球. 右は双曲線, 中央と左は楕円.

円錐である. 以下, 円錐と言えば直円錐のみを考える. 円錐面にあり, かつ, 原点を通る直線を母線と呼ぶ. 円錐面と原点以外の点で交わり, ある母線よりも傾きの小さな平面を考える. この平面と円錐面との共通部分が楕円になることを証明する.

円錐の内側から円錐に接し, 平面に接する球を考える. 図 A.3 からわかるように, このような球は二つあるから, 接点を S, S' とする. 切り口上の任意の点を P とするとき $SP + S'P$ が P の位置によらず一定であることを証明せねばならない. 図 A.3 において, M, N は P を通る母線上にある, 球面上の点である. このとき, $SP = NP, S'P = MP$ は幾何学的に明らかであるから, $SP + S'P = MN$ である. ところが, この長さは P の位置によらず一定である.

図 A.3 からわかるように, 円錐は直円柱に置き換えても証明は変わらない. すなわち, こうした楕円の定義は和算家の側円の定義と同値となる.

双曲線の場合には図 A.3 のように傾きを大きくすればよい. 放物線の場合には, 母線と平行になるようにすればよい.

上に述べた証明は古代人ギリシャ人のものではない. アポロニウスの証明はもっと直接的であるが, もっと長い. こうした球を内接させる方法はダンドラン[1]があみ出したものである ([72]).

---

1 Germinal Pierre Dandelin, 1794-1847.

* * *
演習問題

[問題1] ✿ 和算では次の事実を周知のこととして使っていたという ([41]). 図 A.4 (左) のように互いに外接する 3 円と接線がある. 真ん中の小円は, 中円と大円の共通接線にも接している. このとき, 大円と中円の半径をそれぞれ, a, b としたとき, 小円の半径は $ab/(a+b+2\sqrt{ab})$ となることを証明せよ.

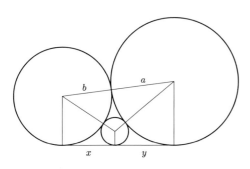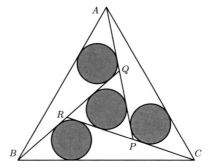

図 A.4　和算の問題から.

[問題2] ✿✿ (深川 [42]) 図 A.4 (右) の $\triangle ABC$ は 1 辺の長さが 1 の正三角形で, 図形全体は中心に関して 120 度回転対称である. さらに, 4 円の半径は等しい. このとき PQ の長さを求めよ.

[問題3] ✿✿ 焦点 S を通る任意の直線と円錐曲線の交点を P, Q とする. このとき, $\frac{1}{SP} + \frac{1}{SQ}$ は直線の取り方によらず一定であることを証明せよ (円錐曲線は楕円でも双曲線でも放物線でもよい).

[問題4] ✿ 焦点 S と準線 ℓ が与えられた円錐曲線を考える. 円錐曲線の上の任意の点 P でこの円錐曲線に接線を引き, その接線と準線との交点を Q とする. このとき常に $PS \perp QS$ であることを証明せよ (図 A.2 左を参照せよ).

[問題5] ✿✿ 前問題の逆を証明せよ. すなわち, 正の x 軸上の点 $S = (c, 0)$ をとる. 平面上の曲線があって, この上の任意の点 P において接線を引きその接線が y 軸と交わる点を Q とする. このとき常に $PS \perp QS$ が成り立っているものと仮定する. このときこの曲線は 2 次曲線であることを証明せよ.

[問題6] ✿ 楕円の中心を通る弦を描く. 弦の端点における接線と平行で楕円と交わる直線を描くと, この直線の楕円内部の線分は元の弦によって二等分されることを証明せよ.

[問題7] ✿ 1 本の直線と, その片側に相異なる 2 点が与えられている. このとき, この 2 点を焦点とし直線に接する楕円を構成せよ. この楕円の離心率を求めよ.

[問題8] ✿ 中心が共通で, 長軸の長さと直径が等しい楕円と円を描く (図 A.5 左). 長軸上の 1 点に垂線を立て, 楕円および円との交点を P, Q とする. P, Q において接線を描くと, それらの接線は楕円の長軸を延長した 1 点 (同じ点) で交わることを証明せよ.

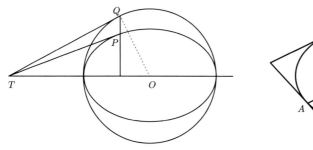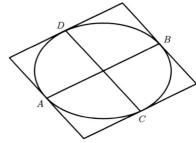

図 A.5

[問題 9]　✿ 楕円の中心を通る任意の直線を引き，楕円との交点を A, B とする．A における接線と平行で，なおかつ中心を通る直線を引き，この直線と楕円の交点を C, D とする．A, B, C, D の各々で接線を引いてできあがる平行四辺形の面積は一定であることを証明せよ．図 A.5（右）．

[問題 10]　✿ $\alpha > \beta > 0$ とし，$0 < \xi < \alpha$ とする．楕円 $\frac{x^2}{\alpha^2} + \frac{y^2}{\beta^2} = 1$ 上の点 P と点 $(\xi, 0)$ との距離が最小になるように点 P を選ぶ．最小値を達成する P が $(\alpha, 0)$ と異なるような ξ の上限を求めよ．

[問題 11]　✿ 平面内に 2 定点 A, B があるとき，$\overline{PA}^2 - \overline{PB}^2$ が一定となるような点 P の軌跡は何か？

[問題 12]　✿ 双曲線の一つの焦点を通る直線を引き，それが双曲線と交わる点を P, Q とする．このとき，線分 PQ の中点が描く軌跡を求めよ．

[問題 13]　✿ 双曲線 $xy = 1$ の焦点を求めよ．

[問題 14]　✿ $a > 0, b > 0$ とする．点 $A = (2a, 2b)$ を通る直線 ℓ_1 が x 軸となす角度と，原点を通る直線 ℓ_2 が x 軸となす角度が同じであるとする（角度としてはどちらも 90 度よりも小さい方を取る）．こうした ℓ_1 と ℓ_2 との交点の軌跡はどういう曲線になるか？

[問題 15]　✿ $y^2 = ax$ で定まる放物線の焦点が $(a/4, 0)$ であることを証明せよ．

[問題 16]　✿ 放物線の点 P から準線に垂線を下ろし，その足を M とする．焦点を S とするとき，点 P における接線は，$\angle SPM$ を二等分することを証明せよ．

[問題 17]　✿ 放物線の焦点を通る直線を引きそれが放物線と交わる点を P, Q とする．P における接線と Q における接線は直交し，その交点は準線上にあることを証明せよ．

[問題 18]　✿ 放物線の焦点 S を通り，準線に平行な直線を引き，放物線との交点を P, Q とする．このとき，P, Q および頂点 A を通る円の直径を $\overline{AS}$ を使って表せ．

[問題 19]　✿ 図 A.6 を見て，放物線を定規とひもと鉛筆を使って描く方法を説明せよ．ただしここで MN が定規である．

[問題 20]　✿ 放物線上の点 P で引いた法線が軸と交わる点を R とする．点 P から軸に下ろした

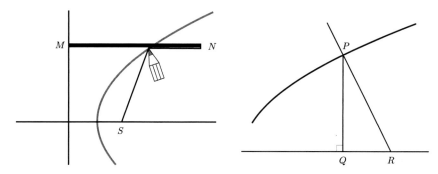

図 **A.6** （左）放物線をひもと定規と鉛筆で描く．（右）法線影．

垂線の足を Q とする（図 A.6 右）．このとき $\overline{QR}$ は[2] P の位置によらず一定であることを証明せよ（オイラー 1748 年，『無限解析序説』）．

[問題 21] ✿ 上記の性質，すなわち x 軸上への法線影の長さが一定という条件を満たす曲線は放物線に限ることを証明せよ．

[問題 22] ✿ 放物線と円が 4 点で交わっているものとし，交点を A, B, C, D とする．このとき，放物線の軸と AB のなす角度は，放物線の軸と CD のなす角度と等しいことを証明せよ．

[問題 23] ✿ 放物線上の点 P で接線を引き，焦点からその接線へ垂線を下ろし，その足を H とする．P が放物線上を動くとき，H の軌跡を求めよ．

[問題 24] ✿ 放物線の 1 点 P で接線を引き，接線と軸との交点を T とする．焦点を S とする．このとき $ST = PS$ を証明せよ．

[問題 25] ✿ 放物線 $4x = y^2$ の点 $(\xi, 2\sqrt{\xi})$ と焦点を直線で結ぶ．ただし，$\xi > 0$ とする．この線分に沿って点 $(\xi, 2\sqrt{\xi})$ から焦点まで質点が滑り落ちるのに要する時間を $T(\xi)$ とする．$T(\xi)$ を最小にする ξ を求めよ．ただし，重力は $(0, -1)$ を向いているものとし，摩擦は無視せよ．この問題の拡張・変形を考えてみよ．

[問題 26] ✿✿ 平面内の 2 点 A, B と一つの直線 ℓ を用意する．また，二つの角度 α, β も与えられているものとする．点 P は ℓ 上を動く点であるとする．線分 AP を図 A.7 のように角度 α だけ回転し，線分 BP を β だけ回転し，必要ならば延長することによって両者の交点 Q をとる．P が直線 ℓ の上を動くとき，点 Q はある 2 次曲線上を動く．これを証明せよ[3]．

---

2 $\overline{QR}$ は法線影と呼ばれる．

3 2 次曲線のこうした構成は，ニュートンの *Principia Mathematica* の Book I, Lemma 21 によるものである．

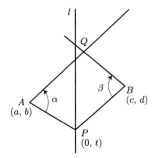

図 **A.7** ニュートンによる 2 次曲線の構成.

演習問題解答

第 1 章

問題 1　2 本の直交する直線で，それらについて図形が対称になるものをとる．その交点を原点とし，二つの対称軸を x 軸と y 軸にとる．任意の対称軸は原点を通ることをまず証明する．そして，原点から図形の境界までの距離が一定となることを証明する．

問題 2　上の問題に帰着することができる．実際，曲線の任意の点 A を選び，その点を通る法線を y 軸とする．y 軸と交わるもう一方の点を B とし，AB の中点を通り y 軸と直交する直線を x 軸とする．A の近傍で曲線を $y = f(x)$ で表し，B の近傍で $y = g(x)$ と表す．このとき問題の仮定によって，$f'(x) = -g'(x)$ が成り立つ．つまり，$f(x) = -g(x) +$ 定数 となる．これは図形が x 軸について対称であることを意味する．任意の方向に y 軸をとる事は可能であるから，問題 1 に帰着された．

問題 3　$\triangle ABC$ の外接円と $\triangle ABH$ の外接円を考える（図 B.1 参照）．A, B, C から対辺に下ろした垂線の足をそれぞれ P, Q, R とする．そして $\triangle ABP$ と $\triangle CBR$ に着目する．$\angle APB$ と $\angle CRB$ は直角で，かつ，$\angle ABP$ と $\angle CBR$ は共通だから等しい．ゆえに，残りの角も等しく，$\angle PAB = \angle RCB$．

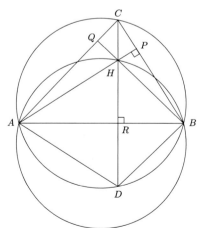

図 B.1　二つの外接円.

　CR を延長し，$\triangle ABC$ の外接円と交わる点を D とする．このとき $\triangle ADB$ と $\triangle AHB$ が合同であることを証明しよう．上で示したように，$\angle HAB = \angle DCB$．さらに，円周角の性質によ

って $\angle DCB = \angle DAB$. ゆえに, $\angle HAB = \angle DAB$. 全く同様の論法で $\angle HBA = \angle DBA$ も証明される. 辺 AB は共通であるから, $\triangle ADB \equiv \triangle AHB$.

以上の考察で $HB = DB$ がわかった. 弦 DB の作る円周角 $\angle DCB$ と弦 HB の作る円周角 $\angle BAH$ は等しい. しかも, その弦の長さは等しい. ゆえにその円の半径は等しい.

以上で, $\triangle ABH$ の外接円の半径が $\triangle ABC$ の外接円の半径に等しいことがわかった. 全く同様の論法は $\triangle BCH$ にも使えるので, $\triangle BCH$ の外接円の半径も $\triangle ABC$ の外接円の半径に等しいことがわかる. $\triangle CAH$ についても同様. したがって, $\triangle ABH$, $\triangle BCH$, $\triangle CAH$ の外接円の半径は等しいことがわかった.

命題の逆　この命題の逆を,「鋭角三角形 $\triangle ABC$ と点 H があって, $\triangle ABH$, $\triangle BCH$, $\triangle CAH$ の外接円の半径が等しいならば H は $\triangle ABC$ の垂心である.」とするとこれは正しくない. H が $\triangle ABC$ の外接円上にあればこの仮定は満たされるが H は垂心ではない.

しかし, 逆命題を「鋭角三角形 $\triangle ABC$ と三角形内部の点 H があって, $\triangle ABH$, $\triangle BCH$, $\triangle CAH$ の外接円の半径が等しいならば H は $\triangle ABC$ の垂心である.」とするとこれは正しい.

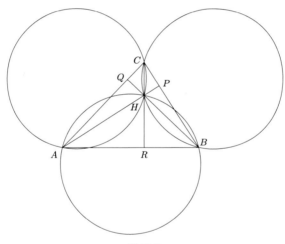

図 **B.2**

証明. 図 B.2 のように 1 点 H で 3 円が交わっているものとする. AH を延長し, 辺 BC と交わる点を P とする. 同様に点 Q, R を図のようにとる. 半径が等しく, かつ, 同じ長さの弦の円周角は等しいから, 弦 AH に対する円周角 $\angle ACH$ と $\angle ABH$ は等しい. これを α であらわそう：$\alpha = \angle ABH = \angle ACH$. 同様に β, γ を定義して, $\beta = \angle BCH = \angle BAH$, $\gamma = \angle CAH = \angle CBH$.

さてここで, $\triangle ABC$ の内角の和を考えると, $\pi = 2(\alpha + \beta + \gamma)$ を得る. つまり,

$$\alpha + \beta + \gamma = \frac{\pi}{2}.$$

最後に $\triangle ABP$ の内角の和を考えると $\angle APB + \beta + \alpha + \gamma = \pi$. これは $\angle APB = \pi/2$ を意味する. 同様に, $\angle BQC = \angle CRA = \pi/2$ も証明できるから, H は垂心である.

問題 4　逆命題は,「三角形の 3 本の中線のうちの 2 本の長さが等しければ, その三角形は 2 等

辺三角形である」.

この命題を証明するために, 三角形 ABC において, C から AB に向かう中線と B から AC に向かう中線の長さが等しいとしよう. 適当に平行移動すれば, A が原点であるとしてよい. C から AB に向かう中線のベクトルは $\frac{1}{2}\vec{B} - \vec{C}$ であり, B から AC に向かう中線のベクトルは $\frac{1}{2}\vec{C} - \vec{B}$ である. これらの長さが等しいのであるから,

$$\left|\frac{1}{2}\vec{B} - \vec{C}\right|^2 = \left|\frac{1}{2}\vec{C} - \vec{B}\right|^2.$$

これより $\left|\vec{B}\right| = \left|\vec{C}\right|$ を得る. これは $AB = AC$ を意味する.

問題 5　メネラウスの定理などを用いることによって全く初等的に解くこともできるが, ここではベクトルを使って座標を計算し, 解析幾何学的に示すことにする.

まず, 図 1.4 のように各点に名前をつけ, O を原点とする. このとき題意から,

$$\vec{F} = \delta\vec{A}, \quad \vec{G} = (1 - \delta)\vec{A} + \delta\vec{B}, \quad \vec{H} = (1 - \delta)\vec{B}$$

となる. P が線分 OG 上にあることから, ある実数 t をとって

$$\vec{P} = t(1 - \delta)\vec{A} + t\delta\vec{B}$$

と書くことができる. 一方, P は線分 FB 上にあるから, ある実数 s をとれば

$$\vec{P} = s\delta\vec{A} + (1 - s)\vec{B}$$

と書くこともできる. したがって, $t(1 - \delta) = s\delta$ と $t\delta = (1 - s)$ を得る. これを s, t について解くと,

$$s = \frac{1 - \delta}{1 - \delta + \delta^2}, \qquad t = \frac{\delta}{1 - \delta + \delta^2}$$

を得る. したがって

$$\vec{P} = \frac{\delta}{1 - \delta + \delta^2}\big((1 - \delta)\vec{A} + \delta\vec{B}\big)$$

この P の表示式を使うと, $FP : PB = \delta^2 : (1 - \delta)$, $OP : PG = \delta : (1 - \delta)^2$ が簡単に導かれる. 対称性を考慮に入れると, $OP : PQ : QG = \delta : (1 - 2\delta) : \delta^2$ がわかる. あとは面積の比例計算のみである.

$$\triangle OGB = (1 - \delta)\triangle ABO, \quad \triangle PGB = \frac{(1 - \delta)^2}{1 - \delta + \delta^2}\triangle OGB,$$

$$\triangle PGR = \frac{1 - 2\delta}{1 - \delta}\triangle PGB, \quad \triangle PQR = \frac{1 - 2\delta}{(1 - \delta)^2}\triangle PGR.$$

これから結論を得る.

問題 6　これは問題 3 とほとんど同じであるから省略する.

問題 7　n を奇数とし, 正 n 多角形を用いて図 1.3 のようにすればよい.

問題 8　楕円の方程式を $\frac{x^2}{a^2} + \frac{y^2}{b^2} = 1$ とする. この楕円上の点 (x_0, y_0) において接線を引くと, その方程式は

$$\frac{x_0 x}{a^2} + \frac{y_0 y}{b^2} = 1$$

になる. 楕円上のもう一つの点 (x_1, y_1) でも接線を考える. これらが直交するための条件を書き下すと,

$$b^4 x_0 x_1 + a^4 y_0 y_1 = 0 \tag{B.1}$$

を得る. 二つの接線の交点は, 連立方程式

$$\frac{x_0 x}{a^2} + \frac{y_0 y}{b^2} = 1, \qquad \frac{x_1 x}{a^2} + \frac{y_1 y}{b^2} = 1$$

を解くことによって得られる:

$$x = \frac{a^2 (y_1 - y_0)}{x_0 y_1 - x_1 y_0}, \qquad y = \frac{b^2 (x_0 - x_1)}{x_0 y_1 - x_1 y_0}.$$

ゆえに, (B.1) によって,

$$x^2 + y^2 = \frac{a^4 (y_1 - y_0)^2 + b^4 (x_0 - x_1)^2}{(x_0 y_1 - x_1 y_0)^2} = \frac{a^4 (y_1^2 + y_0^2) + b^4 (x_0^2 + x_1^2)}{(x_0 y_1 - x_1 y_0)^2}.$$

再び (B.1) を使うと,

$$\begin{aligned}
(x_0 y_1 - x_1 y_0)^2 &= x_0^2 y_1^2 + x_1^2 y_0^2 + \frac{a^4}{b^4} y_0^2 y_1^2 + \frac{b^4}{a^4} x_0^2 x_1^2 \\
&= \frac{1}{a^4 b^4} \left(b^4 x_0^2 + a^4 y_0^2 \right) \left(b^4 x_1^2 + a^4 y_1^2 \right).
\end{aligned}$$

ゆえに,

$$x^2 + y^2 - a^2 - b^2 = \frac{a^4 b^4}{b^4 x_0^2 + a^4 y_0^2} + \frac{a^4 b^4}{b^4 x_1^2 + a^4 y_1^2} - a^2 - b^2.$$

$b^2 x_0^2 + a^2 y_0^2 = a^2 b^2$ であるから,

$$\frac{a^4 b^4}{b^4 x_0^2 + a^4 y_0^2} - a^2 = \frac{a^4 y_0^2 (b^2 - a^2)}{b^4 x_0^2 + a^4 y_0^2}, \qquad \frac{a^4 b^4}{b^4 x_1^2 + a^4 y_1^2} - b^2 = \frac{b^4 x_1^2 (a^2 - b^2)}{b^4 x_1^2 + a^4 y_1^2}.$$

ゆえに,

$$\begin{aligned}
x^2 + y^2 - a^2 - b^2 &= (a^2 - b^2) \left(\frac{-a^4 y_0^2}{b^4 x_0^2 + a^4 y_0^2} + \frac{b^4 x_1^2}{b^4 x_1^2 + a^4 y_1^2} \right) \\
&= \frac{(a^2 - b^2) \left(b^8 x_0^2 x_1^2 - a^8 y_0^2 y_1^2 \right)}{(b^4 x_0^2 + a^4 y_0^2)(b^4 x_1^2 + a^4 y_1^2)}.
\end{aligned}$$

この右辺は (B.1) によってゼロである. したがって, (x, y) は半径 $\sqrt{a^2 + b^2}$ の円周上にある.

問題 9 前問を用いれば反例が直ちに作れる. こうした図形の境界は定角曲線と呼ばれている. Blaschke [61] には一般的な反例の作り方が詳しく書かれている. また, 松浦重武氏は『数学セミナー』の 1981 年から 1987 年にかけてこの問題を詳述している. また同氏は, シュプリンガー社の Lecture Notes in Math. の第 1540 巻の 251-268 にも解説を書いている.

問題 10 Ω が半径 R の円板ならば, $d(\Omega) = \tilde{d}(\Omega) = 2R$ である. 半径 R の円に内接する正 n 角形を T とすると, n が偶数のとき $d(T) = 2R$ であり, n が奇数のとき $d(T) = 2R \cos \frac{\pi}{2n}$ である. $d(\Omega) = \tilde{d}(\Omega)$ となるのは, 2 点 $P, Q \in \Omega$ が取れて, 線分 PQ の中点を中心とし, 半径が $\frac{1}{2} \overline{PQ}$ の閉円板が Ω を含むことである.

第 2 章

問題 1 二つの法線の方程式は

$$y = -\frac{1}{f'(\xi)}(x - \xi) + f(\xi), \qquad y = -\frac{1}{f'(\zeta)}(x - \zeta) + f(\zeta)$$

であるから, 交点の x 座標は

$$x = \frac{\xi f'(\zeta) - \zeta f'(\xi) + (f(\xi) - f(\zeta))f'(\xi)f'(\zeta)}{f'(\zeta) - f'(\xi)}$$

である. これから, ξ を ξ_0 に置き換えれば (2.6) を得る.

問題 2 $y' = 2x$ だから,

$$長さ = \int_0^a \sqrt{1 + 4x^2}\,dx = \frac{1}{2}\int_0^{2a} \sqrt{1 + u^2}\,du.$$

積分の計算は

$$\left[\frac{u}{2}\sqrt{1 + u^2} + \frac{1}{2}\log\left(u + \sqrt{1 + u^2}\right)\right]' = \sqrt{1 + u^2}$$

からわかる.

問題 3

$$\int_0^a \sqrt{1 + \sinh^2 x}\,dx = \int_0^a \cosh x\,dx = \sinh a.$$

問題 4〜6 省略.

問題 7 グラフは図 B.3 となる.

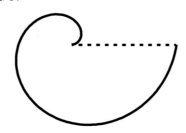

図 **B.3** アルキメデスの螺旋.

面積は,

$$\frac{1}{2}\int_0^{2\pi} a^2\theta^2\,d\theta = \frac{4a^2\pi^3}{3}.$$

長さは,

$$\int_0^{2\pi} \sqrt{(r_\theta)^2 + r^2}\,d\theta = a\int_0^{2\pi} \sqrt{1 + \theta^2}\,d\theta$$
$$= \frac{a}{2}\left[\log\left(2\pi + \sqrt{1 + 4\pi^2}\right) + 2\pi\sqrt{1 + 4\pi^2}\right]$$

となる. 曲率は (2.13) を使って, $\kappa = \dfrac{2 + \theta^2}{a\left(1 + \theta^2\right)^{3/2}}$.

問題 8

$$\kappa = \frac{(6x^2 - 2)(1 + x^2)^3}{((1 + x^2)^4 + 4x^2)^{3/2}}$$

であるから, $x = \pm 1/\sqrt{3}$ で曲率はゼロになる.

問題 9　曲線は図 B.4 のようになる. 直線 DE と x 軸との角度を θ とすれば, 曲線は

$$x = a\cot\theta + b\cos\theta, \quad y = b\sin\theta \qquad (0 < \theta < \pi)$$

で表される. これを用いて曲率を計算すると, $(0, b)$ において, すなわち, $\theta = \pi/2$ において曲率は $b/(a + b)^2$ (あるいは $-b/(a + b)^2$) である.

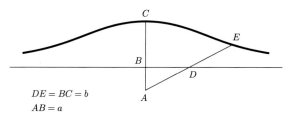

$DE = BC = b$
$AB = a$

図 B.4　ニコメデスのコンコイド.

問題 10　これを証明するには, $(0, b)$ における楕円の曲率半径が a^2/b であることを示せばよい. 点 $(0, b)$ の近くで楕円は $y = \dfrac{b}{a}\sqrt{a^2 - x^2}$ で表される. 微分すると,

$$y' = \frac{-bx}{a}(a^2 - x^2)^{-1/2} \qquad \text{すなわち,} \qquad y''(0) = -\frac{b}{a^2}$$

を得る. ゆえに曲率半径は a^2/b に等しい.

問題 11　(2.8) を用いて計算すればよい. $\kappa = \dfrac{6x}{(1 + (3x^2 - a^2)^2)^{3/2}}$ であるから,

$$\frac{(1 + (3x^2 - a^2)^2)^3}{x^2}$$

が最小となる x を求めればよい.

問題 12　$\kappa = \left(1 + 2x^2\right)^{-3/2}$.

問題 13　楕円の点 $(a\cos\theta, b\sin\theta)$ における曲率は

$$\kappa = \frac{ab}{(a^2\sin^2\theta + b^2\cos^2\theta)^{3/2}} = \frac{ab}{((a^2 - b^2)\sin^2\theta + b^2)^{3/2}}$$

となる. $a > b > 0$ であるから, 分母が最小となるのは $\theta = 0, \pi$ のときである. これらは長径の端点に相当する. κ が最少となるのは短径の端点である.

問題 14〜17　省略.

問題 18　それぞれ, 以下のようになる. 最初のものが最大であり, 最後のものが最小である:

$$\frac{a}{2}\left(\frac{1}{b^2} + \frac{1}{c^2}\right), \qquad \frac{b}{2}\left(\frac{1}{a^2} + \frac{1}{c^2}\right), \qquad \frac{c}{2}\left(\frac{1}{a^2} + \frac{1}{b^2}\right)$$

問題 19　省略.

問題 20　前問の公式を用いると，$H = \dfrac{\cos \alpha}{2r}$ を得る.

問題 21　$H = \dfrac{1}{r} - 1$.（あるいは逆符号.）

第 3 章

問題 1　直線 CB の方程式は $y = \dfrac{c}{b}x$ であり，直線 AB の方程式は $y = \dfrac{c}{b-a}(x - a)$ である.

$$\iint_\Omega x \mathrm{d}x \mathrm{d}y = \int_0^c \int_{by/c}^{(b-a)y/c+a} x\, \mathrm{d}x\, \mathrm{d}y$$
$$= \frac{1}{2}\int_0^c \left[\left(\frac{b-a}{c}y + a \right)^2 - \left(\frac{by}{c} \right)^2 \right] \mathrm{d}y = \frac{ac(a+b)}{6}$$

三角形の面積はもちろん $ac/2$ であるから，重心の x 座標は

$$\alpha = \frac{ac(a+b)}{6} \times \frac{2}{ac} = \frac{a+b}{3}.$$

重心の y 座標については，

$$\iint_\Omega y \mathrm{d}x \mathrm{d}y = \int_0^c y \left(\frac{ay}{c} + a \right) \mathrm{d}y = -\frac{a}{c}\frac{c^3}{3} + a\frac{c^2}{2} = \frac{ac^2}{6}$$

から直ちに $c/3$ を得る.

問題 2　円 $x^2 + y^2 \le a^2$ の右半分が金であるとし，左半分が銅であるとする．このとき，(3.5) によって半円の重心の位置は $4a/(3\pi)$ であるから，

$$\left(\frac{4a}{3\pi} - \alpha \right) \times 19.32 = \left(\frac{4a}{3\pi} + \alpha \right) \times 8.82$$

これを解いて，

$$\alpha = \frac{4a}{3\pi} \times \frac{10.5}{28.14} \approx 0.15836a$$

問題 3　$y = x^2/b$ ならば $y' = 2x/b$. ゆえに，点 $(\xi, \xi^2/b)$ における法線は $y = -\dfrac{b}{2\xi}(x - \xi) + \dfrac{\xi^2}{b}$. これは y 軸と $\left(0, \dfrac{b}{2} + \dfrac{\xi^2}{b} \right)$ で交わる．つまり，$p = b/2 + \xi^2/b > b/2$.

問題 4　放物線を $y = -ax^2$ で表す．E の座標を $(\xi, -a\xi^2)$ とすると，AB を通る直線の方程式は，適当な定数 d を用いて $y = -2a\xi(x - \xi) - a\xi^2 - d$ となる．これと放物線との交点を求めると，

$$-ax^2 = -2a\xi(x - \xi) - a\xi^2 - d, \quad \text{すなわち} \quad a(x - \xi)^2 = d,$$

つまり，$x = \xi \pm \sqrt{d/a}$. ゆえに，点 A, B は

$$\left(\xi \pm \sqrt{d/a}, -a\xi^2 \mp \sqrt{ad}\xi - d \right)$$

となる．AB の中点を C とすると，$C = (\xi, -a\xi^2 - d)$ これから $AC = BC$ を得る.

問題 5　前問を用いれば，AB に平行な直線と斜線領域との共通部分の中点が直線 ED 上にあることがわかる．したがって，重心は ED にあることがわかる．$3 : 2$ になることの証明は AB が軸に垂直な場合と同じである（前問の記号で，AB の長さが $\sqrt{d}$ に比例することに注意せよ）.

問題 6 2 次元の場合と同様である.

問題 7

$$\frac{\int_b^a x\pi(a^2-x^2)\,\mathrm{d}x}{\int_b^a \pi(a^2-x^2)\,\mathrm{d}x} = \frac{3(a+b)^2}{4(2a+b)}.$$

問題 8 曲線を描くと図 B.5（左）のようになる.

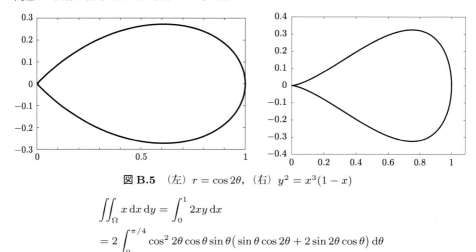

図 B.5 （左）$r = \cos 2\theta$，（右）$y^2 = x^3(1-x)$

$$\iint_\Omega x\,\mathrm{d}x\,\mathrm{d}y = \int_0^1 2xy\,\mathrm{d}x$$
$$= 2\int_0^{\pi/4} \cos^2 2\theta \cos\theta \sin\theta \big(\sin\theta \cos 2\theta + 2\sin 2\theta \cos\theta\big)\,\mathrm{d}\theta$$

ここで被積分関数を，「$\sin\theta$ の関数」$\times \cos\theta$ という形に変形する.

$$2\int_0^{\pi/4} (1-2\sin^2\theta)^2 \sin^2\theta(5-6\sin^2\theta)\cos\theta\,\mathrm{d}\theta$$
$$= 2\int_0^{1/\sqrt{2}} (2x^2-1)2x^2(5-6x^2)\,\mathrm{d}x = \frac{16\sqrt{2}}{105}$$

一方，面積 $= \frac{1}{2}\int_{-\pi/4}^{\pi/4} r^2\,\mathrm{d}\theta = \frac{\pi}{8}$ であるから，重心の x 座標は

$$\frac{128\sqrt{2}}{105\pi} \approx 0.54876.$$

問題 9 曲線を描くと図 B.5（右）のようになる.

$$\text{面積} = 2\int_0^1 \sqrt{x^3(1-x)}\,\mathrm{d}x = \frac{\pi}{8}, \qquad 2\int_0^1 x\sqrt{x^3(1-x)}\,\mathrm{d}x = \frac{5\pi}{64}.$$

（$x = \sin^2\theta$ と変数変換する.）ゆえに，重心の x 座標は 5/8 である.

問題 10 面積は

$$2\int_0^9 y\,\mathrm{d}x = 2\int_0^{\sqrt{3}} t(3-t^2)\times 6t\,\mathrm{d}t = \frac{72\sqrt{3}}{5}.$$

x 座標の平均は

$$2 \times \int_0^{\sqrt{3}} 3(3-t^2) \times t(3-t^2) \times 6t\,\mathrm{d}t = \frac{2592}{35}\sqrt{3}$$

ゆえに重心は

$$\alpha = \frac{36}{7} \approx 5.1428...$$

問題 11　この曲線はカタランの「角の三等分曲線」とも呼ばれている．そう呼ばれている理由を記したものがどこかにあるのかもしれないが，著者には見つけられなかった．たぶん次のような方法で角の三等分をやったのではなかろうかと想像する．まず，次の事実に注意する．

$$\frac{y}{x} = \frac{t}{3}, \qquad \frac{y}{x-8} = \frac{3t-t^3}{1-3t^2} = \tan 3\theta \qquad (t = \tan\theta)$$

と表されるので，図 3.9（右）のように $A = (8,0)$ において，x 軸と与えられた角をなす AB を作る．そして曲線上の点 B から x 軸に垂線を下ろして足を C とする．原点と C を三等分する点 D をとれば，$\angle CDB$ は元の角の三等分に等しい．

問題 12　重心は x 軸上にある．面積は

$$2\int_0^3 x\sqrt{\frac{3-x}{3(1+x)}}\,\mathrm{d}x = \frac{16}{\sqrt{3}}\int_0^{\sqrt{3}} \frac{u^2(3-u^2)}{(1+u^2)^3}\,\mathrm{d}u$$

である（$u = \sqrt{\dfrac{3-x}{1+x}}$ と変数変換する）．$u = \tan\theta$ とおくと，

$$= \frac{16}{\sqrt{3}}\int_0^{\pi/3} \cos^2\theta\sin^2\theta(3-\tan^2\theta)\,\mathrm{d}\theta = 3$$

となる．次に $2\int_0^3 x^2\sqrt{\frac{3-x}{3(1+x)}}\,\mathrm{d}x$ を同様の方法で計算する．結果は，

$$\frac{16}{\sqrt{3}}\int_0^{\sqrt{3}} \frac{u^2(3-u^2)^2}{(1+u^2)^4}\,\mathrm{d}u = \frac{16}{\sqrt{3}}\int_0^{\pi/3} \cos^4\theta\sin^2\theta(3-\tan^2\theta)^2\,\mathrm{d}\theta$$

$$= \frac{16}{\sqrt{3}}\int_0^{\pi/3} \sin^2 3\theta\,\mathrm{d}\theta = \frac{8\pi}{3\sqrt{3}}.$$

ゆえに，重心の x 座標は

$$\frac{8\pi}{9\sqrt{3}} \approx 1.612.$$

問題 13　$f_1(x) = \dfrac{1}{x\log(x+1)}, \qquad f_2(x) = x^{-\beta} \quad (\beta > 1).$

問題 14　球の半径を R とし，円柱の半径を b とすれば，$R^2 = a^2 + b^2$ である．体積は，

$$\pi\int_a^a (R^2 - x^2 - b^2)\,\mathrm{d}x = \pi\int_a^a (a^2 - x^2)\,\mathrm{d}x = \frac{4\pi a^3}{3}.$$

（この問題は [82] による．）

問題 15　重心は y 軸上にあり，その y 座標は，

$$\frac{\tan^{-1} a + \frac{a}{1+a^2}}{4\tan^{-1} a}.$$

その極限は 1/4 である.

第 4 章
問題 1　省略.

問題 2　風に当たると一部の表面から水が蒸発する. 風は乱れているのが普通であるから, 蒸発量はまちまちであり, 表面張力に大小が生ずる. シャボン玉が平衡状態にあるのは至るところで一様な表面張力がお互いに釣り合っているからである. 風はこの一様性を壊してしまう. これが一つの考え方である. あるいは, シャボン玉に風があたると, ベルヌーイの定理によってあたった部分だけ圧力が低下する. このときシャボン玉内部の圧力が勝って破裂を引き起こすということもあるかもしれない.

問題 3, 4　省略.

問題 5

$$\int_0^{\pi/2} \frac{1 - s_0 \sin^2 u}{\sqrt{2 - s_0 \sin^2 u}} \cos u \, du = \int_0^1 \frac{1 - s_0 x^2}{\sqrt{2 - s_0 x^2}} dx$$

$$= \frac{1}{\sqrt{s_0}} \int_0^{\sqrt{s_0/2}} \frac{1 - 2y^2}{\sqrt{1 - y^2}} dy = \frac{1}{\sqrt{s_0}} \left[y\sqrt{1 - y^2} \right]_0^{\sqrt{s_0/2}} = \frac{1}{2}\sqrt{2 - s_0}$$

問題 6　$\varepsilon = h/a$ とおくと,

$$\frac{d}{a\sqrt{s_0}} = \int_0^1 \frac{1 - s_0 x^2}{\sqrt{2 - s_0 x^2}} \frac{\mathrm{d}x}{\sqrt{\varepsilon^2 + s_0 x^2}} \sim \frac{1}{\sqrt{2}} \int_0^1 \frac{\mathrm{d}x}{\sqrt{\varepsilon^2 + s_0 x^2}}$$

$$= \frac{1}{\sqrt{2s_0}} \int_0^{\sqrt{s_0}/\varepsilon} \frac{\mathrm{d}y}{\sqrt{1 + y^2}} \sim \frac{1}{\sqrt{2s_0}} \int_1^{\sqrt{s_0}/\varepsilon} \frac{\mathrm{d}y}{y} = \frac{1}{\sqrt{2s_0}} \log \frac{\sqrt{s_0}}{\varepsilon}.$$

ゆえに, $d \approx \frac{a}{\sqrt{2}} \log \frac{a\sqrt{s_0}}{h}$. この近似で, $\varepsilon \to 0$ のときに有界にとどまる量は切り落とされていることに注意せよ.

問題 7　省略.

問題 8　(2.20) によって,

$$\rho g f(r) = \sigma \frac{1}{r} \left(\frac{r f'}{\sqrt{1 + (f')^2}} \right)'.$$

第 5 章
問題 1　省略.

問題 2　$x = ch/2$ とおくと, $\cosh(ch/2) = ca$ は $\cosh x = \frac{2a}{h} x$ と書き直すことができる. 図 B.6 のように, $y = \cosh x$ の接線で原点を通るものを求めると, $\xi \tanh \xi = 1$ の正根 ξ_0 をとって, $y = (\sinh \xi_0) x$ であることがわかる. 原点を通る直線 $y = \frac{2a}{h} x$ がこの傾きよりも大きければ $\cosh x = \frac{2a}{h} x$ は 2 根をもち, 小さければ根を持たない. (5.8) のすぐ後の条件はこれを表している.

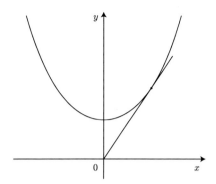

図 B.6　$y = \cosh x$ に原点から接線を引く.

問題 3　$x \tanh x$ は $x \geq 0$ の狭義単調増加関数で, $x = 0$ でゼロとなり, $x \to \infty$ のとき限りなく増加してゆく.

問題 4　懸垂面の方程式は (5.7)(5.8) で決まる. これを面積の公式に代入すると,
$$2\pi \int_0^h R(z)\sqrt{1 + R'(z)^2}\, \mathrm{d}z = \frac{\pi}{c^2}\left(ch + \sinh ch\right).$$
これが $2\pi a^2$ よりも小さくなる条件を求める. (5.8) から $\cosh ch = 2c^2 a^2 - 1$ を得るので, 条件は $ch \leq e^{-ch} + 1$ と書くことができる. これは $ch \leq \gamma_0$ と同値である. これより
$$\frac{2a}{h} = \frac{\cosh ch/2}{ch/2} \geq 2\frac{\cosh \gamma_0/2}{\gamma_0} = e^{-\gamma_0/2}.$$
($x^{-1}\cosh x$ は $0 < x < \xi_0$ で単調減小であり, $\gamma_0/2 < \xi_0$ である.)

問題 5　省略.

問題 6
$$S(d) = \sqrt{3}a(h - d) + 3a\sqrt{d^2 + \frac{a^2}{12}}$$
である.
$$S'(d) = -\sqrt{3}a + \frac{3ad}{\sqrt{d^2 + \frac{a^2}{12}}}$$
であるから, $S(d)$ が最小となる d は $d = \frac{a}{2\sqrt{6}}$ となる.

問題 7　上記の d のときに $S_{\min} = \sqrt{3}ah + \frac{a^2}{\sqrt{2}}$ となる. 図 5.4 (右) のように張られたときの面積は $3ha + \frac{\sqrt{3}}{2}a^2$ に等しい. これは正数 a と h の値にかかわらず $S_{\min}$ よりも大きい.

問題 8　三つの石鹸膜が交わっているところでは, 三つの同じ大きさの力のベクトルがその点に作用している. これが釣り合うには 120 度の角度をなすしかない. 図 5.5 で実際そうなっていることを計算で確かめることができる.

問題 9　図 B.7 のようになる.

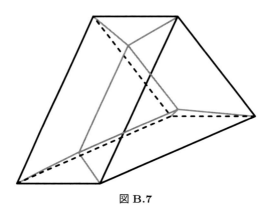

図 B.7

問題 10　正 4 面体の 1 辺の長さを a とする．頂点から対面へ垂線をおろす．垂線上に頂点から $\sqrt{6}a/4$ の距離に点をとる．この点は 4 面体の重心でもある．この点と各頂点を直線で結び，図 5.9 のように凹面を構成すればこれが求めるものとなる．この点を求めることは，4 頂点を A, B, C, D としたときに，$\overline{PA} + \overline{PB} + \overline{PC} + \overline{PD}$ を最小にする点を求めることと同値である．

第 6 章
問題 1　$X\frac{\mathrm{d}y}{\mathrm{d}s}\,\mathrm{d}s \approx X\delta Y$ とみなせば，この公式の正当化は容易である．

問題 2　1) は省略する．2) は複素関数に変換する：

$$\frac{1}{A - \cos\sigma} = \mathrm{Re}\left[\frac{1}{A - \frac{1}{2}\left(z + \frac{1}{z}\right)}\right].$$

ここで $z = e^{i\sigma}$ とおいた．つまり，$F(z) := \frac{2z}{2Az - 1 - z^2}$ の実部を考えればよい．$z^2 - 2Az + 1 = (z - a)\left(z - \frac{1}{a}\right)$ に注意すると，

$$F(z) = \frac{2a^2}{1 - a^2}\frac{\frac{1}{z}}{1 - \frac{a}{z}} + \frac{2a}{1 - a^2}\frac{1}{1 - az}$$

となる．$0 < a < 1$ に注意してべき級数展開すると，問題の等式を得る．

3)　$\cos x = y$ として，$F(y) = f(x) = f(\cos^{-1}(y))$ とおく．F は $-1 < y < 1$ で定義された関数である．これがテーラー展開できるものと仮定すると，A_n を定数として，

$$F(y) = A_0 + A_1 y + A_2 y^2 + \cdots.$$

ここで $y^n = \cos^n x$ を 1) を使ってバラし，整理すればフーリエ余弦展開を得る．

問題 3　省略．図 6.2 は著者が実験して得たものである．

問題 4　これには，二つの条件を使う．まず，鎖が 2 点で留められているので，その 2 点を $(\pm p, 0)$ とする．また，鎖の長さはわかっているので，これを L とする．当然，$L > 2p$ は要請されねばならない．このとき，

$$0 = \frac{1}{a}\cosh ap + b, \qquad L = 2\int_0^p \sqrt{1 + \sinh^2 ax}\, dx$$

を得る．2 番目の条件から $La/2 = \sinh ap$ を得るが，これを a に関する方程式と見てその正根
をとる．$L > 2p$ のもとで正根はただ一つ存在する．この a を用いて，$b = -a^{-1}\cosh ap$ と定義
すればよい．

問題 5 (2.12) を使えばよい．$\kappa = \dfrac{-1}{4\sin\frac{\alpha}{2}}$．

問題 6 $u = \cos\alpha(t)/2, u_0 = \cos\alpha_0/2$ とおいて (6.29) を変形する．

$$\frac{\dot{u}}{\sqrt{u_0^2 - u^2}} = -\frac{1}{2}\sqrt{\frac{g}{R}} \qquad \text{すなわち} \qquad \int_u^{u_0} \frac{dx}{\sqrt{u_0^2 - x^2}} = \frac{t}{2}\sqrt{\frac{g}{R}}.$$

あとは $x = u_0\cos\theta$ と変数変換すればよい．

問題 7（この証明にはいささか複雑な計算が必要である．証明できなくてもがっかりすることは
ない．）曲線の底を原点とし，そこから測った弧長パラメータ s によって，曲線を $(x(s), y(s))$ と
表す．$(ds)^2 = (dx)^2 + (dy)^2$ である．時刻 $t = 0$ における点の位置を $(x(s_0), y(s_0)) = (x_0, y_0)$
とおく．エネルギー保存式を書き直すと，

$$\left(\frac{ds}{dt}\right)^2 = 2g(y_0 - y)$$

である．したがって，(x_0, y_0) から底 $(0,0)$ まで達する時間は

$$T = \int_0^{s_0} \frac{ds}{\sqrt{2g(y_0 - y)}} = \frac{1}{\sqrt{2g}}\int_0^{y_0} \frac{\varphi(y)}{\sqrt{y_0 - y}}\, dy$$

ここで，ds/dy を y の関数とみなして $\varphi(y)$ とおいている．問題は，T が y_0 に依存しないとき
に φ がどういう関数になるか，という問題に帰着された．

$$f(z) = \int_0^z \frac{\varphi(y)}{\sqrt{z - y}}\, dy \tag{B.2}$$

で f を定義すれば，これは**アーベルの積分方程式**と呼ばれるものである．ここで特に $f = T\sqrt{2g}$
が定数関数である場合が我々の問題に相当する．一般的に解いても同じことなので (B.2) を次の
ように解く．

$$\int_0^w \frac{f(z)}{\sqrt{w - z}}\, dz = \int_0^w \int_0^z \frac{\varphi(y)}{\sqrt{(w - z)(z - y)}}\, dy dz$$

の右辺を計算する．積分の順序を交換すると，

$$\int_0^w \varphi(y) \int_y^w \frac{dz}{\sqrt{(w - z)(z - y)}}\, dz dy = \pi \int_0^w \varphi(y)\, dy$$

になる．ゆえに，

$$\int_0^w \varphi(y)\, dy = \frac{1}{\pi}\int_0^w \frac{f(z)}{\sqrt{w - z}}\, dz.$$

ここで $f(z) = \sqrt{2g}T$ が定数であることを用いると,

$$\int_0^w \varphi(y)\,\mathrm{d}y = \frac{1}{\pi}\sqrt{2g}T \times 2\sqrt{w}.$$

左辺は $s(w)$ である. すなわち, a を正定数として $y = as^2$ である. あとは

$$1 = \left(\frac{\mathrm{d}x}{\mathrm{d}s}\right)^2 + \left(\frac{\mathrm{d}y}{\mathrm{d}s}\right)^2 = \left(\frac{\mathrm{d}x}{\mathrm{d}s}\right)^2 + 4a^2 s^2$$

を積分する. $2as = \sin\theta$ と変数変換すると,

$$x = \int_0^s \sqrt{1 - 4a^2 u^2}\,\mathrm{d}u = \int_0^\theta \cos\theta \times \frac{1}{2a}\cos\theta\,\mathrm{d}\theta = \frac{1}{8a}(2\theta + \sin 2\theta).$$

これと

$$y = \frac{\sin^2\theta}{4a} = \frac{1 - \cos 2\theta}{8a}$$

を見ると, 曲線がサイクロイドであることがわかる.

問題 8 時刻 $t = 0$ における θ の値を $\theta_0 > 0$ とすると, (6.30) から

$$\frac{\mathrm{d}\theta}{\mathrm{d}t} = -\frac{2g}{L}\sqrt{\cos\theta - \cos\theta_0}$$

を得る. これは

$$T = \sqrt{\frac{L}{2g}}\int_0^{\theta_0} \frac{\mathrm{d}\theta}{\sqrt{\cos\theta - \cos\theta_0}}$$

を意味する. $\cos\theta - \cos\theta_0 = 2\left(k^2 - \sin^2\frac{\theta}{2}\right)$ を代入し, $y = \sin\frac{\theta}{2}$ として整理すると,

$$T = \sqrt{\frac{L}{g}}\int_0^k \frac{\mathrm{d}y}{\sqrt{(k^2 - y^2)(1 - y^2)}}.$$

ここで $y = kx = k\sin\theta$ と変数変換すると求める式を得る.

$$K(k) := \int_0^{\pi/2} \frac{\mathrm{d}\theta}{\sqrt{1 - k^2\sin^2\theta}}$$

は $0 \le k < 1$ で定義された単調増加関数で, **第一種完全楕円積分**と呼ばれている. $\lim_{k\to 1} K(k) = \infty$ は明らかであろう. また, $K(0) = \frac{\pi}{2}$ である.

問題 9 サイクロイドは $x = \alpha - \sin\alpha, y = 1 - \cos\alpha$ であり, 円は $x^2 + (y - 1)^2 = 1$ である. G の座標は $(-\sin\alpha, 1 - \cos\alpha)$ となるから, $\angle AOG = \alpha$ である. ここで, O は円の中心である. これから, $\angle HGP = \pi - \alpha$. ゆえに, $\angle QPS = \pi - \alpha$. 一方, P における接ベクトルは $(1 - \cos\alpha, \sin\alpha)$ であるから, その傾きは,

$$\tan\angle RPS = \frac{\sin\alpha}{1 - \cos\alpha} = \cot\frac{\alpha}{2} = \tan\frac{\pi - \alpha}{2}$$

これは $\angle RPS = \frac{\pi - \alpha}{2} = \frac{1}{2}\angle QPS$ を意味する.

問題 10 左右対称であるから, 重心の位置の x 座標が πR であることは定理 3.2 から従う. サイクロイドの面積は $3\pi R^2$ であることは証明済みであるから,

$$\int_0^{2\pi R} \mathrm{d}x \int_0^{y(x)} y \,\mathrm{d}y = \frac{R^3}{2} \int_0^{2\pi} (1 - \cos\theta)^3 \,\mathrm{d}\theta = \frac{5\pi R^3}{2}.$$

これを $3\pi R^2$ で割れば重心の y 座標を得る.

問題 11　$R = 1$ としてよい. 一般の場合は R^3 を掛ければよいだけである. 体積は,

$$\int_0^2 \pi(x - \pi)^2 \,\mathrm{d}y = \pi \int_0^\pi (\pi - \alpha + \sin\alpha)^2 \sin\alpha \,\mathrm{d}\alpha$$

$$= \pi \int_0^\pi (\beta + \sin\beta)^2 \sin\beta \,\mathrm{d}\beta = \frac{\pi(9\pi^2 - 16)}{6}$$

重心の位置を基底から c にあるものとすると,

$$c = \frac{\int_0^2 (\pi - x)^2 y \,\mathrm{d}y}{\int_0^2 (\pi - x)^2 \,\mathrm{d}y}.$$

定積分を実行すると,

$$c = \frac{45\pi^2 - 128}{54\pi^2 - 96} \approx 0.72348.$$

サイクロイドを基底の周りに回転したときにできる図形の体積は

$$\int_0^{2\pi} \pi y^2 \,\mathrm{d}x = \pi \int_0^{2\pi} (1 - \cos\alpha)^3 \,\mathrm{d}\alpha = 5\pi^2.$$

問題 12

$$\int_0^{2\pi R} y \,\mathrm{d}x = \int_0^{2\pi} (R - r\cos\theta)^2 \,\mathrm{d}\theta = \int_0^{2\pi} \left(R^2 + \frac{r^2}{2} - 2rR\cos\theta + \frac{r^2}{2}\cos 2\theta \right) \mathrm{d}\theta$$

問題 13

$$\int_0^{2\pi} \sqrt{\left(\frac{\mathrm{d}x}{\mathrm{d}\theta}\right)^2 + \left(\frac{\mathrm{d}y}{\mathrm{d}\theta}\right)^2} \,\mathrm{d}\theta = 2 \int_0^\pi \sqrt{(R - r\cos\theta)^2 + r^2\sin^2\theta} \,\mathrm{d}\theta$$

$$= 2 \int_0^\pi \sqrt{R^2 + r^2 - 2rR(2\cos^2(\theta/2) - 1)} \,\mathrm{d}\theta = 2 \int_0^\pi \sqrt{(R + r)^2 - 4rR\cos^2(\theta/2)} \,\mathrm{d}\theta$$

$$= 4 \int_0^{\pi/2} \sqrt{(R + r)^2 - 4rR\sin^2 u} \,\mathrm{d}u \qquad (\theta = \pi - 2u)$$

問題 14

$$\int_0^{2\pi} \sqrt{\left(\frac{\mathrm{d}x}{\mathrm{d}\theta}\right)^2 + \left(\frac{\mathrm{d}y}{\mathrm{d}\theta}\right)^2} \,\mathrm{d}\theta$$

$$= \int_0^{2\pi} \sqrt{(2R\sin\theta - 2R\sin 2\theta)^2 + (2R\cos\theta - 2R\cos 2\theta)^2} \,\mathrm{d}\theta$$

$$= 2R \int_0^{2\pi} \sqrt{2 - 2\cos\theta} \,\mathrm{d}\theta = 4R \int_0^{2\pi} \sin\frac{\theta}{2} \,\mathrm{d}\theta = 16R.$$

問題 15　カーディオイドを $(2R\cos\beta - R\cos 2\beta, 2R\sin\beta - R\sin 2\beta)$ とし, $(R, 0)$ を原点としたときの極座標を (r, θ) とする. このとき,

$$\frac{r^2}{R^2} = (2\cos\beta - \cos 2\beta - 1)^2 + (2\sin\beta - \sin 2\beta)^2, \quad \tan\theta = \frac{2\sin\beta - \sin 2\beta}{2\cos\beta - \cos 2\beta - 1}.$$

これから $\beta = \theta$ と $r/R = 2(1 - \cos\theta)$ を導けばよい. $\beta = \theta$ は図を書いてみれば明らかになる（図 B.8）.

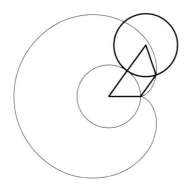

図 B.8　カーディオイド，および $(R, 0)$ を原点とする極座標.

問題 16　簡単のため，$R = 1$ とする. 前問を用いると，面積は

$$\int_0^{2\pi} \frac{r^2}{2}\,\mathrm{d}\theta = 2\int_0^{2\pi} (1 - \cos\theta)^2\,\mathrm{d}\theta = 6\pi.$$

一方，$\int_0^{2\pi} \cos^2\theta\,\mathrm{d}\theta = \pi$ と $\int_0^{2\pi} \cos^4\theta\,\mathrm{d}\theta = 3\pi/4$ を用いると，

$$\iint x\,\mathrm{d}x\mathrm{d}y = \int_0^{2\pi}\int_0^{2(1-\cos\theta)} (1 + r\cos\theta)r\,\mathrm{d}r\mathrm{d}\theta = -4\pi.$$

したがって，カーディオイドの重心は $(\alpha, \beta) = (-2/3, 0)$ である.

問題 17　このとき，点は $(R, 0)$ と $(-R, 0)$ を結ぶ直径の上を往復する.

問題 18　小問 1) は既出であるが，$L = \int_0^\xi \sqrt{1 + (f'(x))^2}\mathrm{d}x = \int_0^\xi \sqrt{1 + \sinh^2 x}\mathrm{d}x = \sinh\xi$. 小問 2) は，$\beta - \cosh\xi = (\alpha - \xi)\sinh\xi$ となる.
小問 3) は，長さが等しいという条件を書き下すと，$\sinh^2\xi = (\alpha - \xi)^2 + (\beta - \cosh\xi)^2$ となる.
小問 2) の式を代入すると

$$\sinh^2\xi = (\alpha - \xi)^2(1 + \sinh^2\xi) = (\alpha - \xi)^2\cosh^2\xi$$

これより $\alpha - \xi = \pm\tanh\xi$ を得る. ＋は題意に適さないことがわかるから，

$$\alpha = \xi - \tanh\xi \tag{B.3}$$

を得る. これと小問 2) の式から

$$\beta = \frac{1}{\cosh\xi} \tag{B.4}$$

を得る.（B.3）と（B.4）から $\alpha = \cosh^{-1}\left(\frac{1}{\beta}\right) - \sqrt{1 - \beta^2}$ を導くことは簡単だから省略する.

問題 19　牽引線の場合，時刻 t における荷物の位置を $(x(t), y(t))$ とすれば，

$$\frac{\dot{y}}{\dot{x}} = \frac{-y}{t - x}, \qquad (x - t)^2 + y^2 = 1$$

となる．$t - x$ を消去すると，

$$\frac{\mathrm{d}y}{\mathrm{d}x} = \frac{-y}{\sqrt{1 - y^2}} \quad \text{あるいは} \quad \frac{\mathrm{d}x}{\mathrm{d}y} = -\frac{\sqrt{1 - y^2}}{y}.$$

これを初期条件（$y = 1$ で $x = 0$）のもとで解くと，

$$x = \log \frac{1 + \sqrt{1 - y^2}}{y} - \sqrt{1 - y^2}.$$

追跡曲線の場合，時刻 t における荷物の位置を $(x(t), y(t))$ とすれば，

$$\frac{\dot{y}}{\dot{x}} = \frac{-y}{t - x}, \qquad \dot{x}^2 + \dot{y}^2 = 1$$

となる．これは次のように書き直すことができる．

$$t - x + y\frac{\mathrm{d}x}{\mathrm{d}y} = 0, \qquad \left(\frac{\mathrm{d}t}{\mathrm{d}y}\right)^2 = 1 + \left(\frac{\mathrm{d}x}{\mathrm{d}y}\right)^2$$

左の式を y について微分すると，

$$\frac{\mathrm{d}t}{\mathrm{d}y} + y\frac{\mathrm{d}^2 x}{\mathrm{d}y^2} = 0. \quad \text{ゆえに，} \quad -\sqrt{1 + \left(\frac{\mathrm{d}x}{\mathrm{d}y}\right)^2} + y\frac{\mathrm{d}^2 x}{\mathrm{d}y^2} = 0.$$

$u = \mathrm{d}x/\mathrm{d}y$ とおくと，

$$\frac{\mathrm{d}y}{y} = \frac{\mathrm{d}u}{\sqrt{1 + u^2}}.$$

これを解くと，$\log y = \log(u + \sqrt{1 + u^2}) + $ 定数．式変形して再度積分すると，

$$x = \frac{y^2 - 1}{4} - \frac{1}{2}\log y.$$

両者をグラフにすると，図 B.9（左）のようになる．

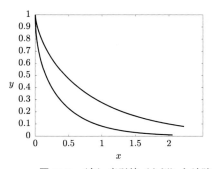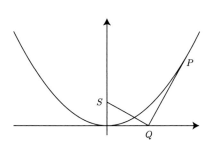

図 B.9　（左）牽引線（上側）と追跡曲線（下側）．（右）放物線をころがす．

問題 20　これを証明するには，図 B.9（右）を見る．点 $S = (0, 1)$ は焦点で $P = (\xi, \xi^2/4)$ は放物線上の任意の点であり，そこにおける接線と x 軸との交点を Q とする．このとき，$Q = (\xi/2, 0)$ であり，かつ，$SQ \perp PQ$ であることが初等的な計算でわかる．原点から P までの放物

線の弧長は

$$L(\xi) = \frac{\xi\sqrt{\xi^2 + 4}}{4} + \log\left(\frac{\xi}{2} + \frac{\sqrt{\xi^2 + 4}}{2}\right)$$

である（第 2 章の問題 1 参照）．放物線を転がしていって，点 P が x 軸上に来たとき，焦点は $(L(\xi) - PQ, SQ)$ に移っている．これを計算すると，

$$\left(\log\left(\frac{\xi}{2} + \frac{\sqrt{\xi^2 + 4}}{2}\right), \frac{\sqrt{\xi^2 + 4}}{2}\right).$$

これから結論を得ることはやさしい．

問題 21 遠心力 = 質量 × (回転角速度)^2 × 半径 であるから，(6.21) は次の方程式に置き換えられる:

$$f''(x) = \frac{\rho\omega^2}{\tau}(b - f(x))\sqrt{1 + (f'(x))^2} \tag{B.5}$$

ここで，ω は縄の回転角速度である．これを次のように書き直す:

$$\frac{f'(x)f''(x)}{\sqrt{1 + (f'(x))^2}} = \frac{\rho\omega^2}{\tau}(b - f(x))f'(x) \tag{B.6}$$

これを積分すると，

$$\sqrt{1 + (f'(x))^2} = \frac{\rho\omega^2}{2\tau}\left(c^2 - (b - f(x))^2\right)$$

ここで $c > 0$ は定数である．$x = 0$ で $f'(0) = 0$ であるから，$\frac{2\tau}{\rho\omega^2} + (b - f(0))^2 = c^2$. そこで，$A = \frac{\rho\omega^2}{2\tau}$, $f(0) = y_0$ とおくと，

$$\mathrm{d}x = \frac{\mathrm{d}y}{\sqrt{A(y - y_0)\left[2(2b - y_0 - y) + A(2b - y_0 - y)^2(y - y_0)\right]}}.$$

A と y_0 は

$$a = \int_{y_0}^{b} \frac{\mathrm{d}y}{\sqrt{A(y - y_0)\left[2(2b - y_0 - y) + A(2b - y_0 - y)^2(y - y_0)\right]}}$$

という条件と縄の長さが与えられていることから決定できる．あとは，こうした楕円積分を計算すればよい．

問題 22 $x^2 + y^2 = (R - r)^+ r^2 + 2r(R - r)\cos(R\alpha/r)$ に注意すれば，曲線が円環領域 $(R - 2r)^2 \leq x^2 + y^2 \leq R^2$ に収まることは明らかであろう．また無限に多くの α で $x^2 + y^2 = (R - 2r)^2$ となることもわかる．そういった点においてハイポサイクロイドは円 $x^2 + y^2 = (R - 2r)^2$ に接する．

第 7 章
問題 1 直線状では $y = 1 - x$ であるから，$\dot{y} = -\dot{x}$ である．エネルギー保存則から

$$gmy + \frac{m}{2}\left(\dot{x}^2 + \dot{y}^2\right) = gm$$

を得る．これから $\frac{\mathrm{d}x}{\sqrt{gx}} = \mathrm{d}t$ を確かめよ．これを積分して答えを得る．

問題 2　前問と同様に，$\frac{1}{2}\left(\dot{x}^2 + \dot{y}^2\right) = g(1-y)$ であり，一方，$\dot{x} = 2(y-1)\dot{y}$ である．$z = 1-y$ とおくと，

$$\frac{\mathrm{d}z}{\mathrm{d}t} = \frac{\sqrt{2gz}}{\sqrt{1+4z^2}} \qquad \text{ゆえに} \qquad T = \int_0^1 \frac{\sqrt{1+4z^2}}{\sqrt{2gz}}\,\mathrm{d}z.$$

問題 3　$\int_0^1 \frac{\sqrt{1+4z^2}}{\sqrt{z}}\,\mathrm{d}z = 2\int_0^1 \sqrt{1+4y^4}\,\mathrm{d}y$ であるから，$\int_0^1 \sqrt{1+4y^4}\,\mathrm{d}y < \sqrt{2}$ が言えればよい．そのためにまず $f(y) \equiv \sqrt{1+4y^4}$ が y の凸関数であることを示す．これは $f''(y) > 0$ を示すだけのことであるから各自確認されたい．次に，凸関数であることより，すべての $a \in (0,1)$ について

$$\int_0^1 \sqrt{1+4y^4}\,\mathrm{d}y < \frac{1}{2}\left(1+\sqrt{1+4a^4}\right)a + \frac{1}{2}\left(\sqrt{5}+\sqrt{1+4a^4}\right)(1-a)$$

が成り立つ（図 B.10 参照）．$a = 1/\sqrt{2}$ ととると，

$$\int_0^1 \sqrt{1+4y^4}\,\mathrm{d}y < \frac{\sqrt{10}+3-\sqrt{5}}{2\sqrt{2}}$$

を得る．あとはこの右辺が $\sqrt{2}$ よりも小さいことを確かめればよい．定積分を数値計算するときにはは $\int_0^1 \sqrt{1+4y^4}\,\mathrm{d}y$ にシンプソン則を使えば十分な精度が出る．同じ値を出すといっても，$\int_0^1 \frac{\sqrt{1+4z^2}}{\sqrt{z}}\,\mathrm{d}z$ は使わないこと．被積分関数が端点で無限大になるので，精度が出ない．

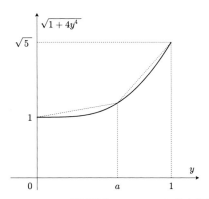

図 B.10　$y = \sqrt{1+4y^4}$ のグラフの凸性を使う．

問題 4　T_3 の表示式は T_2 と同様に導くことができるので，その導出は省略する．$T_3 < T_1$ は

$$\int_0^1 z^{-1/2}(1-z^2)^{-1/2}\,\mathrm{d}z < 2\sqrt{2}$$

に同値である．左辺は，オイラーのベータ関数 B を用いれば，$\frac{1}{2}B(1/4,1/2)$ に等しい．そしてそれは，ガンマ関数を用いれば，

$$\frac{\Gamma(1/4)\Gamma(1/2)}{2\Gamma(3/4)}$$

に等しい．一方，ガンマ関数には $\Gamma(z)\Gamma(1-z) = \frac{\pi}{\sin \pi z}$ という恒等式が成り立ち，また，$\Gamma(1/2) = \sqrt{\pi}$ も既知であるから，$\Gamma(1/4)^2 < 8\sqrt{\pi}$ が言えればよい．

$$\Gamma(1/4) = \int_0^\infty e^{-t} t^{-3/4}\, dt = 4 \int_0^\infty e^{-x^4}\, dx$$
$$< 4 \int_0^{+\infty} e^{-x^2}\, dx = 2\sqrt{\pi} < \sqrt{8\sqrt{\pi}}.$$

問題 5　(7.1) と同様にして，エネルギー保存則から，

$$T = \frac{1}{\sqrt{2g}} \int_0^1 \sqrt{\frac{(dx)^2 + (dy)^2}{1-y}}$$

がわかる．これを書き直すと結論を得る．数値計算の詳細は省略する．

　　結局，ガリレオの予想（[11] の下巻の 138 ページ）は正しくはなかったのであるが，最小値と比べてみてもそれほど悪くはないのである．ガリレオは『新科学対話』の第 3 日でこうした問題をたくさん考察しているので，一読をお薦めする．一例を挙げよう．$a > 0$ とする．点 $(1, a)$ から静かに放たれた質点が重力のもとで $(1, 0)$ まで鉛直に落下する．そこで速度ベクトルの方向を原点方向に変え，$(1, 0)$ における速さと同じ速さで原点まで水平に進む．摩擦は無視し，点 $(1, 0)$ におけるエネルギーの損失も無視できるとする．このとき，できるだけ早く原点に到達するには a をどれだけにしたらよいか？　答：$a = 1/2$.

問題 6　省略．

問題 7

$$\left(\frac{x - \sin x}{1 - \cos x} \right)' = 1 - \frac{(x - \sin x)\sin x}{(1 - \cos x)^2}.$$

したがって，$0 < x < 2\pi$ において $(1 - \cos x)^2 - (x - \sin x)\sin x > $ が言えればよい．$g(x) = (1 - \cos x)^2 - (x - \sin x)\sin x$ とおくと，$g(0) = g(2\pi) = 0, g'(0) = 0, g(\pi) > 0, g'(2\pi) < 0$ がわかる．$g''(x) = x\sin x$ であるから，g は $0 < x < \pi$ で下に凸，$\pi < x < 2\pi$ で上に凸である．これより結論を得る．

問題 8　$x = a_0$ における条件より，3 次式は，$f(x) = (x - a_0)^2(Ax + B)$ と置くことができる．$f(a_1) = 1$ と $f'(a_1) = 0$ を連立させると，A と B がただ一つに定まる．結果は，

$$f(x) = (x - a_0)^2 \frac{3a_1 - a_0 2x}{(a_1 - a_0)^3}.$$

問題 9　前問を使ってつぎはぎをすればよい．

問題 10　任意の $\xi_0 < \xi_1$ をとる．これに対して上の問題の ϕ を使うと

$$0 = \int_{x_0}^{x_1} g(x)\phi'(x)\,\mathrm{d}x = \int_{x_0}^{\xi_0} g(x)\phi'(x)\,\mathrm{d}x + \int_{\xi_1}^{x_1} g(x)\phi'(x)\,\mathrm{d}x$$

$$= (g(\xi_0) + o(1)) \int_{\xi_0-\varepsilon}^{\xi_0} \phi'(x)\,\mathrm{d}x + (g(\xi_1) + o(1)) \int_{\xi_1}^{\xi_1+\varepsilon} \phi'(x)\,\mathrm{d}x$$

$$= g(\xi_0) + o(1) - (g(\xi_1) + o(1)).$$

ここで，$o(1)$ は ϵ がゼロに近づくときゼロに近づく．これから $g(\xi_0) = g(\xi_1)$ を得る.

　この補題は，「ある連続関数 g が超関数の意味で $g' \equiv 0$ ならばそれは定数関数である」と解釈することができる．

第 8 章
問題 1〜3　省略.

問題 4　点 $(\xi, \sqrt{\xi/a})$ における接線は $y = \frac{x}{2\sqrt{\xi a}} + \frac{1}{2}\sqrt{\frac{\xi}{a}}$. これが x 軸となす角度を θ とすれば，$\tan\theta = \frac{1}{2\sqrt{a\xi}}$ となる．この点と焦点を結ぶ直線の傾きは

$$\frac{\sqrt{\frac{\xi}{a}}}{\xi - \frac{1}{4a}}.$$

これは $\tan 2\theta$ に等しいことが倍角の公式によって証明できる．

問題 5　放物線の焦点 $(1/4, 0)$ から放射されたかのように進む．その理由は以下の通りである．水平な直線 $y = c$ を左無限遠方から進んできた光は点 (c^2, c) で放物面にぶつかる．$c < 0$ でも同じように計算できるから $c > 0$ としてみよう．この点における接線の傾きは，$y = \sqrt{x}$ の微分 $y' = 1/(2\sqrt{x})$ によって，$1/(2c)$ であることがわかる．この接線の傾きを $\tan\alpha$ で表すことにする．つまり，$\tan\alpha = 1/(2c)$．幾何学的な考察によって（図 B.11 の左参照），反射光のなす直線の方程式の傾きが $\tan 2\alpha$ となることがわかる（6 章の問題 9）．

$$\tan 2\alpha = \frac{2\tan\alpha}{1 - \tan^2\alpha} = \frac{4c}{4c^2 - 1}$$

であるから反射光の方程式は

$$y = \frac{4c}{4c^2 - 1}(x - c^2) + c = \frac{4c}{4c^2 - 1}\left(x - \frac{1}{4}\right).$$

これは常に $(1/4, 0)$ を通る．

問題 6　まず，$\angle AOB = \alpha$ とおく．このとき，$OA \parallel CB$ によって $\angle OBC = \alpha$ である．反射の法則と $OA \parallel CB$ を使って，図 B.11（右）の $\theta = 2\alpha$ となることがわかる．ゆえに，$OA = BA$ である．また，$r = 2OA\cos\alpha$ である．すなわち，

$$OA = \frac{r}{2\cos\alpha} > \frac{r}{2}.$$

問題 7　点 P の座標を $(a\cosh\xi, b\sinh\xi)$ とする．これから，$(a\sinh\xi, b\cosh\xi)$ が接ベクトルになることがわかる．このベクトルと $AP = (a\cosh\xi + ae, b\sinh\xi)$ がなす角度 θ を求める．ここで，$e = \sqrt{a^2 + b^2}/a$ であり，双曲線の離心率である．さて，

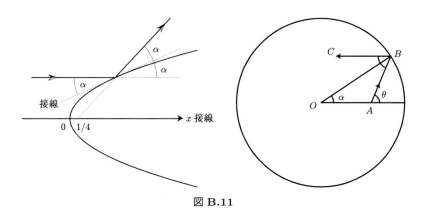

図 **B.11**

$$\cos\theta = \frac{a^2\sinh\xi(\cosh\xi + e) + b^2\sinh\xi\cosh\xi}{\sqrt{a^2\sinh^2\xi + b^2\cosh^2\xi}\sqrt{a^2(\cosh\xi + e)^2 + b^2\sinh^2\xi}}$$

$$= \frac{a^2e\sinh\xi(1 + e\cosh\xi)}{\sqrt{a^2\sinh^2\xi + b^2\cosh^2\xi}\sqrt{a^2(\cosh\xi + e)^2 + b^2\sinh^2\xi}}.$$

一方，$a^2(\cosh\xi + e)^2 + b^2\sinh^2\xi = a^2\cosh^2\xi + 2a^2e\cosh\xi + a^2 + b^2 + b^2\sinh^2\xi = a^2(1 + e\cosh\xi)^2$ であるから，

$$\cos\theta = \frac{ae\sinh\xi}{\sqrt{a^2\sinh^2\xi + b^2\cosh^2\xi}}$$

となる．同様にして $\cos\angle BPT$ も計算できて，両者は等しいことがわかる．これから $\angle APT = \angle BPT$ が出る．あとは図 8.9 から結論は見えてくる．

問題 8　2 枚の鏡を直交させ，両者を 45 度で見るようにすればよい．

問題 9　$H(x + y) = H(x) + H(y)$ において $x = y = 0$ とおくと $H(0) = 2H(0)$ すなわち $H(0) = 0$ を得る．$H(1) = a$ とおく．任意の ξ をとって $x = y = \xi/2$ とおくと $H(\xi) = 2H(\xi/2)$ である．これから $H(1/2) = a/2$. これを使うと，$H(1/4) = (1/2)H(1/2) = a/4$. また，$H(3/4) = H(1/2) + H(1/4) = 3a/4$. 全く同様にして $H(k/2^n) = ak/2^n$　$(k = 1, 2, \cdots, 2^n)$ が証明できる．ところが，自然数 n, k は任意であり，$k/2^n$ の形の分数は $(0, 1)$ で稠密である．稠密な点の上で，$H(x) = ax$ がわかったので，H の連続性によって $H(x) = ax$ がすべての $x \in [0, 1]$ について成立する．任意の正数 x について $x = M + y$ なる非負整数 M と $y \in [0, 1)$ がただ一組存在するから，$H(x) = H(M) + H(y) = aM + ay = ax$. これで $H(x) = ax$ がすべての $0 \leq x < \infty$ について成立することがわかった．$x < 0$ のときには $0 = H(0) = H(x + (-x)) = H(x) + H(-x)$ より，$H(x) = -H(-x) = -a \times (-x) = ax$ これで $H(x) = ax$ が $x < 0$ の場合についても証明された．

問題 10　省略．

問題 11　図 B.12 のように，点 A から水平左に光線が入って，B で反射され，C へ向かうものとする．反射光の方程式は $y = \tan 2\alpha(x + \sin\alpha) + \cos\alpha$ となる．ただし，$\alpha \in (0, \pi)$ である．

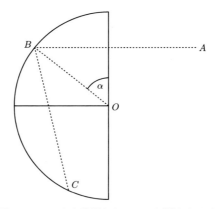

図 B.12 A から発射され，B で反射される光．

これは

$$-x \sin 2\alpha + y \cos 2\alpha = \cos \alpha \tag{B.7}$$

と書き直すことができる．微分すると，

$$x \cos 2\alpha + y \sin 2\alpha = \frac{1}{2} \sin \alpha \tag{B.8}$$

(B.7)(B.8) から

$$x = -\frac{3}{4} \sin \alpha - \frac{1}{4} \sin 3\alpha, \quad y = \frac{3}{4} \cos \alpha - \frac{1}{4} \cos 3\alpha,$$

を得る．適当に α の変数変換を行うと，$R = 1/2, r = 1/4$ のエピサイクロイドになる．

問題 12 $xy = \pm 1/2$ という二組の双曲線で囲まれる領域になる．これらの楕円の族の包絡線を計算すればよい．

問題 13 いわゆる，円内のビリヤードである．円を，原点中心で半径が 1 であるとする．始点が $(-1, 0)$ で光線の方向が x 軸と角度 α をなす場合に考えれば十分である．何度反射しても入射角・反射角は α であり続ける．α/π が有理数ならば閉軌道となり，無理数ならば円環領域を稠密に埋める．

第 9 章

問題 1 u は調和関数であるから，$u \triangle u = 0$ である．これを Ω で積分してグリーンの公式を適用する．

$$0 = \iiint_\Omega u \triangle \, \mathrm{d}V = \iint_{\partial\Omega} u \frac{\partial u}{\partial n} \, \mathrm{d}\Gamma - \iiint_\Omega |\nabla u|^2 \, \mathrm{d}V$$

境界上で $u = 0$ であるから，$\iiint_\Omega |\nabla u|^2 \, \mathrm{d}V = 0$ を得る．これは $\nabla u \equiv 0$ を意味するから，u は定数でなくてはならない．境界上でゼロなのだから，$u \equiv 0$．

問題 2〜6 省略．

第 10 章

問題 1 (10.20) を得る.

問題 2, 3 省略.

問題 4 (10.19) の両辺に $\sin kx$ をかけて，$-\pi \leq x \leq \pi$ で積分する．項別積分を実行すると結論を得る．この級数で項別積分ができるという事実は自明ではないが，ここではこれを認めることにしよう．

問題 5 省略.

問題 6 次式に注意すればよい.

$$\frac{1}{(1-p^{-2})(1-q^{-2})} = (1 + p^{-2} + p^{-4} + \cdots)(1 + q^{-2} + q^{-4} + \cdots)$$
$$= 1 + p^{-2} + q^{-2} + p^{-4} + (pq)^{-2}q^{-4} + \cdots.$$

問題 7 問題 6 から導かれる.

問題 8 方程式 (10.15) を積分すると，部分積分によって，

$$\frac{\mathrm{d}}{\mathrm{d}t}\int_0^a \theta(t,x)\,\mathrm{d}x = \int_0^a \frac{\partial\theta}{\partial t}(t,x)\,\mathrm{d}x = \int_0^a \frac{\partial^2\theta}{\partial x^2}(t,x)\,\mathrm{d}x = \left[\frac{\partial\theta}{\partial x}\right]_0^a = 0.$$

問題 9 最大値原理を使うともう少し仮定を弱めることができるが，次のようにしても証明可能である．

$$\frac{\mathrm{d}}{\mathrm{d}t}\int_0^a \theta(t,x)^2\,\mathrm{d}x = \int_0^a 2\theta\theta_{xx}\,\mathrm{d}x = -2\int_0^a \theta_x^2\,\mathrm{d}x \leq 0.$$

ゆえに，$\int_0^a \theta(t,x)^2\,\mathrm{d}x \leq \int_0^a \theta(0,x)^2\,\mathrm{d}x$ を得る．したがって，初期状態でゼロならば，いつまでたってもゼロのままである．これから一意性が従う．

第 11 章

問題 1 $\sqrt{-\log x} = u$ と変数変化すればよい.

問題 2, 3 省略.

問題 4 円 $x^2 + y^2 = a^2, z = 0$ に沿って $\boldsymbol{v} \cdot (-y, x, 0)$ を積分せよ．$\nabla\Phi \cdot (-y, x, 0) = \frac{\partial\Phi}{\partial\theta}$ に注意せよ．

問題 5 省略.

第 12 章

問題 1 省略.

問題 2

$$\varphi(\beta) = \log \frac{\sqrt{(a+\beta)^2 + \alpha^2} + a + \beta}{\sqrt{(a-\beta)^2 + \alpha^2} - a + \beta}.$$

問題 3　この証明では，星が球と同相であることを暗黙の内に仮定している.

問題 4　この式の証明は容易である. この両辺を $\Delta(u)$ で割って積分すると

$$2a_1 a_2 a_3 \int_0^\infty \frac{1}{\Delta(u)^2} \frac{\partial \Delta(u)}{\partial u} \, du = A_1 + A_2 + A_3$$

を得る. 左辺の積分は $1/\Delta(0) = a_1 a_2 a_3$ に等しい.

問題 5　$a_1^2 A_1 - a_3^2 A_3 < 0$ を示したら十分である. これは，

$$\int_0^\infty \frac{a_1^2}{(a_1^2 + u)^2 \sqrt{(a_3^2 + u)}} \, du < \int_0^\infty \frac{a_3^2}{(a_1^2 + u)(a_3^2 + u)\sqrt{(a_3^2 + u)}} \, du$$

からただちに従う.

問題 6　部分積分によって

$$\int_0^1 \frac{x^2 \, dx}{(a^2 + x^2)^2} = \int_0^1 \left(\frac{1}{a^2 + x^2} \right)' \frac{x}{-2} \, dx$$

$$= \left[-\frac{x}{2(a^2 + x^2)} \right]_0^1 + \frac{1}{2} \int_0^1 \frac{dx}{a^2 + x^2} = -\frac{1}{2(a^2 + 1)} + \frac{1}{2a} \tan^{-1} \left(\frac{1}{a} \right)$$

を得る. $a^2 = (1 - e^2)/e^2$ とおいて両辺を e^4 で割ると，

$$\int_0^1 \frac{x^2 \, dx}{(1 - e^2 + e^2 x^2)^2} = -\frac{1}{2e^2} + \frac{1}{2\sqrt{1 - e^2} e^3} \tan^{-1} \left(\frac{e}{\sqrt{1 - e^2}} \right).$$

一方，

$$\tan^{-1} \left(\frac{e}{\sqrt{1 - e^2}} \right) = \sin^{-1} e$$

は容易に確かめられるから，

$$\int_0^1 \frac{x^2 \, dx}{(1 - e^2 + e^2 x^2)^2} = -\frac{1}{2e^2} + \frac{1}{2\sqrt{1 - e^2} e^3} \sin^{-1} e.$$

これから結論が得られる.

問題 7　問題 6 と同様であるから省略する.

第 13 章

問題 1　f は y の 2 次式でなくてはならない.

問題 2　$0 = \triangle^2 \psi = \left(\dfrac{d^2}{dr^2} + \dfrac{1}{r} \dfrac{d}{dr} \right)^2 \psi$ を積分すると $\psi'' + r^{-1} \psi' = A \log r + B$. さらに積分すると，

$$\psi = A (\log r - 1) \frac{r^2}{4} r + B \frac{r^2}{4} + C \log r + D.$$

ここで，A, B, C, D は定数である. あとは，境界条件からこれらの定数を定めればよい.

問題 3 切り口の楕円を $\frac{x^2}{a^2} + \frac{y^2}{b^2} = 1$ であるとすると,

$$u = \frac{c}{2\rho\nu(a^2 + b^2)}(a^2 b^2 - b^2 x^2 - a^2 y^2).$$

問題 4 直接微分してもよいが，次のようにしたほうが便利である．関数を $z = x + \mathrm{i}y = re^{\mathrm{i}\theta}$ とその複素共役 $\bar{z}$ で表す．そして

$$\triangle = 4\frac{\partial}{\partial z}\frac{\partial}{\partial \bar{z}}, \qquad \frac{\partial}{\partial z} = \frac{1}{2}\left(\frac{\partial}{\partial x} - \mathrm{i}\frac{\partial}{\partial y}\right), \quad \frac{\partial}{\partial \bar{z}} = \frac{1}{2}\left(\frac{\partial}{\partial x} + \mathrm{i}\frac{\partial}{\partial y}\right)$$

に注意する．

問題 5 y を有界にとどめたままで $x \to +\infty$ とすると，$\theta \to 0$ であり，$x\theta \to y$ である．したがって，$\psi \to \frac{U}{\pi^2 - 4}(-4y + \pi^2 y) = Uy$. これから，$y = \psi/U$ という水平な線が漸近線となることがわかる（ψ は負の定数であることに注意する）．x を有界にとどめたままで $y \to -\infty$ とすると，$\theta \to -\pi/2$. しかし，漸近線が鉛直な直線でると考えて計算を進めるとおかしな結果になる．そこで，$|y| \to \infty$ のとき $x \to \infty$ であるが同時に $x/y \to 0$ であろうと目星をつける．$\tan(\theta + \frac{\pi}{2}) = -x/y$ であるから，$y(\theta + \frac{\pi}{2}) \to -x$ である．また，

$$\theta = -\frac{\pi}{2} + \tan^{-1}\frac{x}{-y} \approx -\frac{\pi}{2} - \frac{x}{y} + \frac{x^3}{3y^3}$$

を用いると，

$$\frac{(\pi^2 - 4)\psi}{U} = \frac{4x^2}{y} + \frac{2\pi x^3}{3y^2} - \frac{4x^4}{3y^3} + \cdots$$

を得る．ゆえに，$y \to -\infty$ のとき，

$$x \approx \sqrt{\frac{(\pi^2 - 4)\psi y}{U}}$$

という放物線が第一近似となる．y 軸に最も近い点を計算するには，曲線に沿って $\frac{\mathrm{d}x}{\mathrm{d}y}$ を計算し，それを $\theta = \tan^{-1}(y/x) \in (-\pi/2, 0)$ の関数として表せばよい．結果は

$$\frac{\mathrm{d}x}{\mathrm{d}y} = \frac{\cos\theta(2\cos\theta - \pi\sin\theta) - \pi(\theta + \frac{\pi}{2})}{\sin\theta(2\cos\theta - \pi\sin\theta) - 2\theta}.$$

あとは，$-\pi/2 < \theta < 0$ において分母が常に < 0 であることに注意し，増減を調べるだけである．

問題 6 $(0, \pm R)$ と $(\pm R/\sqrt{3}, 0)$ である．

問題 7〜10 省略．

第 14 章
問題 1 省略．

問題 2

$$Y_{\max} - \eta = \frac{\sqrt{\eta^2 + 4a^2} - \eta}{2} = \frac{4a^2}{2(\sqrt{\eta^2 + 4a^2} + \eta)} \sim \frac{a^2}{\eta}.$$

問題 3　$\eta = \beta \tan \theta$ と変換すると，

$$\int_{-\infty}^{\infty} \frac{\mathrm{d}\eta}{(\eta^2 + \beta^2)^{3/2}} = \frac{2}{\beta^2} \int_0^{\pi/2} \cos\theta \, \mathrm{d}\theta = \frac{2}{\beta^2}.$$

問題 4　$\eta \to \infty$ のとき，

$$D = a^4 \eta^{-3} \int_0^\pi \left(1 + 4a^2 \eta^{-2} \sin^2\theta\right)^{-3/2} \sin^2 2\theta \, \mathrm{d}\theta \approx a^4 \eta^{-3} \int_0^\pi \sin^2 2\theta \, \mathrm{d}\theta = \frac{\pi a^4}{2\eta^3}.$$

$\eta \to 0$ のときには次のようにする．$\sin\theta = x$ とおく．

$$D = 2a^2 \int_0^{\pi/2} \left(\eta^2 + 4a^2 \sin^2\theta\right)^{-1/2} \cos 2\theta \, \mathrm{d}\theta = 2a^2 \int_0^1 \frac{1 - 2x^2}{\sqrt{\eta^2 + 4a^2 x^2}} \, \mathrm{d}x.$$

$$\int_0^1 \frac{x^2}{\sqrt{\eta^2 + 4a^2 x^2}} \, \mathrm{d}x = O(1) \qquad (\eta \to 0)$$

であるから，$\eta \to 0$ のとき，

$$D \approx 2a^2 \int_0^1 \frac{1}{\sqrt{\eta^2 + 4a^2 x^2}} \, \mathrm{d}x = a \int_0^{2a/\eta} \frac{1}{\sqrt{1 + y^2}} \, \mathrm{d}y \approx a \log \frac{2a}{\eta} + O(1).$$

問題 5　$f(R) = R^3 - \eta^2 R - a^3$ とおく．

$$f(\eta + a) = (\eta + a)a(2\eta + a) - a^3 > 0, \quad f(a) = -\eta^2 a < 0, \quad f(\eta) = -a^3 < 0.$$

$f'(R) = 3R^2 - \eta^2$ から増減表を作れば不等式がわかる．不等式から推察できるように，α, β, γ を定数として，

$$R_0 \sim \eta + \alpha + \frac{\beta}{\eta} + \frac{\gamma}{\eta^2} + \cdots$$

とおく．これを $R_0^3 - \eta^2 R_0 - a^3 = 0$ に代入して係数を比較すると $\alpha = \beta = 0$ と $\gamma = a^3/2$ を得る．

問題 6　省略．

付録 A

問題 1　大円・中円・小円の半径を a, b, c とし，図 A.4 のように x, y をとる．ピタゴラスの定理を使うと，

$$(a+b)^2 = (x+y)^2 + (a-b)^2, \qquad (a+c)^2 = y^2 + (a-c)^2, \qquad (b+c)^2 = x^2 + (b-c)^2$$

を得る．これから x, y を消去すると，$c = ab/(a + b + 2\sqrt{ab})$ を得る．

問題 2

$$PQ = \frac{\sqrt{21} - 3}{4}, \qquad AQ = \frac{9 - \sqrt{21}}{12}.$$

となる．これを示すには，$BR = AQ = CP = x$ とおき，$PQ = QR = RP = y$ とおく．$\angle BQA = 120°$ であるから，$\triangle BQA$ に余弦定理を適用すると

$$1 = x^2 + (x+y)^2 + x(x+y) = 3x^2 + 3xy + y^2.$$

$\triangle PQR$ は正三角形であるから，これに内接する円の半径は $\frac{y}{2\sqrt{3}}$ である．これは $\triangle ABQ$ の内接円の半径でもあるから，

$$\frac{y}{4\sqrt{3}}(1 + 2x + y) = \triangle ABQ \text{ の面積} = \frac{\sqrt{3}}{4}x(x + y).$$

すなわち，$y + y^2 = 3x^2 + xy$．以上の二式から x を消去すると，次の y の 4 次方程式を得る：
$4y^4 + 6y^3 - 7y^2 - 6y + 3 = 0$ これは因数分解できて，

$$4y^4 + 6y^3 - 7y^2 - 6y + 3 = (4y^2 + 6y - 3)(y^2 - 1).$$

この根のうち題意に適するのは $y = (\sqrt{21} - 3)/4$ だけである．

問題 3 円の場合には焦点と中心は一致するから，この命題は自明に成り立つ．$e > 0$ を離心率とし，$(c, 0)$ を焦点の座標とする．準線は y 軸にとり，$c > 0$ と仮定する．また，焦点を通る直線を $x - c = Ay$ とする．円錐曲線は $ex = \sqrt{(x-c)^2 + y^2}$ となる．交点を求めると，$A^2 e^2 x^2 = A^2(x-c)^2 + (x-c)^2$．すなわち，

$$x = \frac{c\sqrt{1 + A^2}}{\sqrt{1 + A^2} \pm Ae}, \qquad y = \frac{\mp ce}{\sqrt{1 + A^2} \pm Ae}.$$

これから，

$$\frac{1}{SP} = \frac{\sqrt{1 + A^2} + Ae}{ce\sqrt{1 + A^2}}, \qquad \frac{1}{SQ} = \frac{\sqrt{1 + A^2} - Ae}{ce\sqrt{1 + A^2}}$$

となるから，

$$\frac{1}{SP} + \frac{1}{SQ} = \frac{2}{ce}.$$

これは A に無関係である．

問題 4 前問と同じ座標軸を取る．$ex = \sqrt{(x-c)^2 + y^2}$ 上の点 $P = (\xi, \eta)$ における接線を計算する．$e^2 x^2 = (x-c)^2 + y^2$ を微分すると，$e^2 x \dot{x} = (x-c)\dot{x} + y\dot{y}$．ゆえに，

$$\frac{\dot{y}}{\dot{x}} = \frac{(e^2 - 1)x + c}{y} \qquad \text{つまり，接線は} \qquad y = \frac{(e^2 - 1)\xi + c}{\eta}(x - \xi) + \eta.$$

これの y 切片が Q の座標になるから，

$$Q = \left(0, \frac{\eta^2 - (e^2 - 1)\xi^2 - c\xi}{\eta}\right).$$

$PS \perp QS$ という条件は $-c(\xi - c) + \eta^2 - (e^2 - 1)\xi^2 - c\xi = 0$ と書き表される．一方で，(ξ, η) が円錐曲線上にあるという条件は $e^2 \xi^2 = (\xi - c)^2 + \eta^2$ であり，これらは同じものである．

問題 5 $P = (\xi, f(\xi))$ で接線を引くと，$y = f'(\xi)(x - \xi) + f(\xi)$．ゆえに，$Q = (0, f(\xi) - \xi f'(\xi))$ である．$QS \perp PS$ を式に直すと，

$$-c(\xi - c) + f(\xi)\left(f(\xi) - \xi f'(\xi)\right) = 0$$

となる．これを微分方程式とみて解く．$y^2 - c(x - c) = xyy'$ と書き直そう．

$$\left(\log\left(y^2 + (x-c)^2\right)\right)' = \frac{2yy' + 2(x-c)}{y^2 + (x-c)^2} = \frac{2}{x}$$

となるから，$\log(y^2 + (x-c)^2) = 2\log x + $定数．つまり，$k$ を正定数として $y^2 + (x-c)^2 = kx^2$ である．

問題 6　楕円を $\frac{x^2}{\alpha^2} + \frac{y^2}{\beta^2} = 1$ とし，弦の端点のひとつを (x_0, y_0) とすれば，接線は $\frac{x_0 x}{\alpha^2} + \frac{y_0 y}{\beta^2} = 1$ であり，弦は $x_0 y - y_0 x = 0$ である．したがって，c を定数として，直線 $\frac{x_0 x}{\alpha^2} + \frac{y_0 y}{\beta^2} = c$ が楕円と交わるときその 2 交点の中点が $x_0 y - y_0 x = 0$ 上にあることを言えばよい．楕円の方程式と $\frac{x_0 x}{\alpha^2} + \frac{y_0 y}{\beta^2} = c$ を連立させ，y を消去し x のみの式を導く．その二根を x_1, x_2 とすれば，根と係数の関係から

$$\frac{x_1 + x_2}{2} = \frac{c x_0 \alpha^2 \beta^2}{\alpha^2 y_0^2 + \beta^2 x_0^2}. \qquad 同様に \qquad \frac{y_1 + y_2}{2} = \frac{c y_0 \alpha^2 \beta^2}{\alpha^2 y_0^2 + \beta^2 x_0^2}.$$

これらは確かに

$$\frac{y_1 + y_2}{2} x_0 = \frac{x_1 + x_2}{2} y_0$$

を満たしている．

問題 7　2 点を A, B とする．直線に関して 2 点を折り返し，A', B' とする．AB' とこの直線の交点を P_0 とする．そうして，$\overline{PA} + \overline{PB} = \overline{P_0 A} + \overline{P_0 B}$ なる P の集まりをとればよい．離心率は $\overline{AB}/\overline{AB'}$．

問題 8　楕円と円を

$$\frac{x^2}{\alpha^2} + \frac{y^2}{\beta^2} = 1, \qquad x^2 + y^2 = \alpha^2 \qquad (0 < \beta < \alpha)$$

とする．$P = (x_0, y_0)$ とすれば，接線の方程式は (A.4) となるから，その x 切片は $\frac{\alpha^2}{x_0}$ となる．一方，円は楕円の特殊な場合であるから，$Q = (x_0, \alpha y_0/\beta)$ における接線は $x_0 x + (\alpha y_0/\beta)y = \alpha^2$ となる．その x 切片は $x = \frac{\alpha^2}{x_0}$ である．

問題 9　$B = (x_0, y_0), D = (x_1, y_1)$ とおく．題意から

$$-\frac{x_0 \beta^2}{y_0 \alpha^2} = \frac{y_1}{x_1}.$$

すなわち，$x_0 x_1 \beta^2 + y_0 y_1 \alpha^2 = 0$．一方，$\xi_0$ と ξ_1 をうまくとれば，

$$B = (\alpha \cos \xi_0, \beta \sin \xi_0), \qquad D = (\alpha \cos \xi_1, \beta \sin \xi_1)$$

と書くこともできる．このとき上の式は $\cos(\xi_0 - \xi_1) = 0$ を意味する．

さて，平行四辺形の面積の 4 分の 1 はベクトル OB とベクトル OD が張る平行四辺形の面積であるから，$|x_0 y_1 - x_1 y_0| = \alpha\beta |\sin(\xi_0 - \xi_1)|$ に等しい．ところが，$\cos(\xi_0 - \xi_1) = 0$ だから，$\sin(\xi_0 - \xi_1) = \pm 1$ である．したがって，平行四辺形の面積は $4\alpha\beta$ となり，B の取り方に依存しない．

問題 10　$f(\theta) = (\alpha \cos \theta - \xi)^2 + \beta^2 \sin^2 \theta$ が最小となる θ を求める．$f'(\theta) = (\beta^2 - \alpha^2)\sin 2\theta + 2\xi \sin \theta$，$f''(\theta) = 2(\beta^2 - \alpha^2)\cos 2\theta + 2\xi \cos \theta$ となる．常に $f'(0) = 0$ であるが，$\xi = 0$ で最小値をとってはならない．ゆえに，$f''(0) = 2(\beta^2 - \alpha^2) + 2\alpha\xi$ が正となる ξ の上限を求めればよ

い. $\xi = (\alpha^2 - \beta^2)/\alpha$ である.

問題 11 線分 AB に垂直な直線になる.

問題 12 少しずれた双曲線になる. 双曲線を $\frac{x^2}{\alpha^2} - \frac{y^2}{\beta^2} = 1$ とすると焦点は $(\alpha e, 0)$ である. 焦点を通る直線を $y = A(x - \alpha e)$ とする. ただし, A は定数である. これと双曲線の交点の x 座標を ξ_1, ξ_2 とすると, それらは x に関する 2 次方程式 $(\beta^2 - \alpha^2 A^2)x^2 + 2\alpha^3 A^2 ex - \alpha^4 A^2 e^2 - \alpha^2 \beta^2 = 0$ の根となる. 根と係数の関係から $\xi_1 + \xi_2 = \dfrac{2\alpha^3 A^2 e}{\alpha^2 A^2 - \beta^2}$ を得る. よって, 中点の座標は

$$\left(\frac{\alpha^3 A^2 e}{\alpha^2 A^2 - \beta^2}, \frac{\alpha \beta^2 A e}{\alpha^2 A^2 - \beta^2} \right)$$

となり, これから A を消去すると, 最終的に次の双曲線の方程式を得る.

$$\frac{x^2}{\alpha^2} - \frac{y^2}{\beta^2} = \frac{ex}{\alpha}.$$

問題 13 $(\sqrt{2}, \sqrt{2})$ と $(-\sqrt{2}, -\sqrt{2})$ が焦点である. 明らかに, 焦点は直線 $y = x$ 上にあるから, $(-a, -a), (a, a)$ とおくことにする. 双曲線の性質から, k を定数として,

$$\sqrt{(x + a)^2 + (y + a)^2} - \sqrt{(x - a)^2 + (y - a)^2} = k$$

これを書き直して,

$$16a^2(x + y)^2 - 8ak^2(x + y) + k^4 = 4k^2 \left[(x - a)^2 + (y - a)^2 \right].$$

これが $xy = 1$ になるための条件を考えると, $4k^2 = 16a^2$ と $32a^2 = 8a^2 k^2 - k^4$ を得る. これから $a^2 = 2$.

問題 14 次式で表される双曲線になる.

$$y = \frac{bx}{x - a}.$$

問題 15 焦点の位置が $(c, 0)$ で, 準線が $x = -b$ ならば, 方程式は $x + b = \sqrt{(x - c)^2 + y^2}$ である. これを整理すると, $x^2 + 2bx + b^2 = x^2 - 2cx + c^2 + y^2$ すなわち, $2(b + c)x = y^2 + c^2 - b^2$ である. これが $y^2 = ax$ になるには, $b = c = a/4$ であればよい.

問題 16 放物線を $4ax = y^2$ とすると, 焦点は $(a, 0)$ である. 点 $(\xi, \sqrt{4a\xi})$ における接線は

$$y = \sqrt{\frac{a}{\xi}} x + \sqrt{a\xi}.$$

これが x 軸となす角度を θ とすれば, $\tan \theta = \sqrt{\dfrac{a}{\xi}}$. 直線 SP が x 軸となす角度を θ' とすれば,

$$\tan \theta' = \frac{\sqrt{4a\xi}}{\xi - a} = \frac{2\sqrt{\frac{a}{\xi}}}{1 - \frac{a}{\xi}} = \frac{2 \tan \theta}{1 - \tan^2 \theta}$$

である. したがって, $\theta' = 2\theta$.

問題 17 放物線を $4ax = y^2$ とする. $(a, 0)$ が焦点であるから, 焦点を通る直線を $y = A(x - a)$ とおくことができる. これは $y = 2\sqrt{ax}$ と $P = (\xi_1, 2\sqrt{a\xi_1})$ で交わり, $y = -2\sqrt{ax}$ と $Q = (\xi_2, 2\sqrt{a\xi_2})$ で交わる. それぞれに対応する接線は,

$$y = \sqrt{\frac{a}{\xi_1}}x + \sqrt{a\xi_1}, \qquad y = -\sqrt{\frac{a}{\xi_2}}x - \sqrt{a\xi_2}$$

である. $y = A(x-a)$ と $4ax = y^2$ から y を消去すると, $4ax = A^2(x-a)^2$. これから, $\xi_1\xi_2 = a^2$. 一方, 接線が直交する必要十分条件は

$$\sqrt{\frac{a^2}{\xi_1\xi_2}} = 1.$$

すなわち, $\xi_1\xi_2 = a^2$. これは上で導いた条件と同じものである.

問題 18 上と同じ記号を用いる. $AS = a$ である. $A = (0,0)$, $P = (a, 2a)$, $Q = (a, -2a)$ となる. これら 3 点を通る円は $(x-R)^2 + y^2 = R^2$ とおくことができる. これに $x = a, y = 2a$ を代入すると, $R = 5a/2$ を得る.

問題 19 定規 MN と, ひもを用意する. ひもの長さは定規の長さと同じにし, 片方の端を N に固定し, もう片方を S に固定する. 定規は準線に垂直になるようにしながら滑らす. そして図 A.6 のように鉛筆をおけばよい.

問題 20 放物線を $4ax = y^2$ とし, 点 P の座標を $(\xi, 2\sqrt{a\xi})$ とする. 法線は,

$$y = -\sqrt{\frac{\xi}{a}}(x - \xi) + 2\sqrt{a\xi}$$

である. したがって, R の座標は $(2a + \xi, 0)$ である. $Q = (\xi, 0)$ であるから, $RQ = a/2$ となり, これは定数である.

問題 21 曲線の方程式を $y = f(x)$ とする. 点 $(\xi, f(\xi))$ における法線は

$$y = -\frac{1}{f'(\xi)}(x - \xi) + f(\xi)$$

である. したがって, 法線影は $f'(\xi)f(\xi)$ となり, これが一定ということは, $f(\xi)^2$ が ξ の 1 次関数であるということである.

問題 22 放物線を $y = Ax^2$ とし, 円を $(x-a)^2 + (y-b)^2 = r^2$ とする, ただし, A, a, b, r は定数である. このとき, 交点を (x_i, y_i) $(i = 1, 2, 3, 4)$ とする. x_i は $(x-a)^2 + (Ax^2 - b)^2 - r^2 = 0$ の根である. この 4 次式には 3 乗の項がないから, $x_1 + x_2 + x_3 + x_4 = 0$ である. これを $x_1 + x_2 = -(x_3 + x_4)$ と書き直す. 交点のうち二つ, たとえば, (x_1, y_1) と (x_2, y_2) をとると, その 2 点を通る直線の傾きは

$$\frac{y_2 - y_1}{x_2 - x_1} = \frac{Ax_2^2 - Ax_1^2}{x_2 - x_1} = A(x_2 + x_1)$$

となる. (x_3, y_3) と (x_4, y_4) を通る直線の傾きは $A(x_3 + x_4)$ である. これらは大きさが同じで符号が逆である. したがって, 軸となす角度は等しい. どの二つの組合せでも同じであるから, 証明が終わる.

問題 23 $a > 0$ とし, $4ay = x^2$ を放物線の方程式とする. このとき焦点は $(0, a)$ である. P の座標を (ξ, η) とすると, 接線は

$$y = \frac{\xi}{2a}(x - \xi) + \frac{\xi^2}{4a} = \frac{\xi x}{2a} - \frac{\xi^2}{4a}$$

である．この接線上の点 (x, y) を焦点と結ぶと，傾きは $-(a - y)/x$ である．これが接線に垂直であるから，$-(a - y)/x = -2a/\xi$．これら二つの方程式から x と y が求まり，$x = \xi/2, y = 0$ となるから，この点は常に直線 $y = 0$，すなわち，頂点における接線上を動く．

問題 24 $a > 0$ とし，放物線を $y = ax^2$ とし，点 P の座標を $(\xi, a\xi^2)$ とする．接線は $y = 2a\xi x - a\xi^2$ だから，T の座標は，$(0, -a\xi^2)$ である．焦点は $(0, 1/(4a))$ である．ゆえに，$ST = 1/(4a) + a\xi^2$ となる．

$$PT^2 = \xi^2 + (a\xi^2 - 1/(4a))^2 = (a\xi^2 + 1/(4a))^2$$

これから結論が従う．

問題 25 焦点は $(1, 0)$ である．これと $(\xi, 2\sqrt{\xi})$ との距離を L とし，この線分と鉛直線がなす角度を θ とすれば，

$$\frac{g\cos\theta}{2}t^2 = L, \qquad \cos\theta = \frac{2\sqrt{\xi}}{L}, \qquad L = \sqrt{(\xi - 1)^2 + 4\xi} = \xi + 1.$$

したがって，$(\xi + 1)^2/\sqrt{\xi} = (\xi^{3/4} + \xi^{-1/4})^2$ を最小にすればよい．$\xi = 1/3$ で最小となる．

問題は様々な変形が可能である．放物線を楕円や双曲線に変えてもいいし，焦点をもっと一般の位置の点に置き換えてもよい．

問題 26 ニュートンの証明は初等幾何学的であるがわかりやすいとは言えない．ここではその後マクローリンが *Geometria Organica*（1720 年）で与えた証明方法で示す．
ℓ を y 軸に取る．$A = (a, b), B = (c, d)$ とする．P の座標を $(0, t)$ とすれば，直線 AQ の方程式は

$$(x - a)\{-a\sin\alpha + (t - b)\cos\alpha\} + (y - b)\{(t - b)\sin\alpha + a\cos\alpha\} = 0.$$

また，直線 BQ の方程式は，

$$(x - c)\{c\sin\beta + (t - d)\cos\beta\} + (y - d)\{-(t - d)\sin\beta + c\cos\beta\} = 0.$$

これら二つの方程式から t を消去すると $Q = (x, y)$ の方程式を得るが，これは x と y について 2 次式となる．

あとがき

　いろいろと書き並べたので一つの項目について深く掘り下げることができなかったことは遺憾である．ここにいくつかの参考文献を挙げて，読者の便宜を図りたい．一般論として，多少読みにくくても定評のあるものを読むことをお薦めする．

　数学的な手法を学ぶには [36] より良い本は思いつかない．また，[13] は今後も読み継がれてゆく古典である．この二つの内容を完全に消化してあれば数理科学の最前線に立っても心配はない．ただ，これらの本が出版されて以降，力学系理論は大きく進展している．カオスとは何か，その基本的な知識は必要である．入門的なところを学ぶには [24] をお薦めするが，さらに高度な知識を得るには何がよいか，迷うところである．[45] はカオスに関する良い入門書である．[16] はもう少し数学的にタフではあるが，大事な概念を学ぶのによいであろう．

　表面張力については，ドゥジェンヌ他 [38] が刺激的な本である．変分法はたくさんありすぎて何が一番かわからない．とりあえず [14] と [64] を推薦しておく．

　物理・生物・化学・工学・社会現象を数学的に考察するという本は本書以外にも多い．参考書として [49, 57, 121] をあげておく．

関連図書

[1] 石黒浩三，『光学』，裳華房（1982）.

[2] 礒田正美，M. G. Bartolini Bussi（編），田端 毅・讃岐 勝・礒田正美（著），『曲線の事典』，共立出版（2009）.

[3] 猪狩 惺，『フーリエ級数』，岩波書店（1975）.

[4] 今井 功，『流体力学』，岩波書店（1970）.

[5] 今井 巧，『流体力学　前編』，裳華房（1973）.《網羅的な流体力学の教科書. ハンドブックとしても使える.》

[6] ウェルギリウス，『アエネーイス，上，下』，泉井久之助（訳），岩波書店（1976）.

[7] 江里口良治，自己重力回転流体の平衡形状，天文月報，第 75 巻（1982），86-90.

[8] 岡本 久，『ナヴィエ-ストークス方程式の数理』，東京大学出版会（2009）.

[9] 岡本 久，長岡亮介，『関数とは何か』，近代科学社（2014）.

[10] 小川知之，『非線形現象と微分方程式』，サイエンス社（2010）.

[11] ガリレオ・ガリレイ，『新科学対話』，岩波文庫，今野武雄・日田節次（訳）（1937）.

[12] 熊谷 隆，『確率論』，共立出版（2003）.

[13] クーラント，ヒルベルト，『数理物理学の方法』，東京図書.

[14] ゲリファント，フォーミン，『変分法』，関根智明（訳），文一総合出版（1961）.

[15] 小磯憲史，『変分問題』，共立出版（1998）.

[16] 國府寛司，『力学系の基礎』，朝倉書店（2000）.

[17] 小林昭七，『曲線と曲面の微分幾何』改訂版，裳華房（1995）.

[18] 小林昭七，『円の数学』，裳華房（1999）.

[19] 小林 亮，高橋大輔，『ベクトル解析入門』，東京大学出版会（2003）.

[20] コペルニクス，『天体の回転について』，岩波文庫，矢島祐利（訳）（1953）.

[21] 齊藤宣一，『数値解析入門』，東京大学出版会（2012）.

[22] 坂上貴之，『渦運動の数理的諸相』，共立出版（2013）.

[23] 佐野 理，『連続体力学』，朝倉書店（2002）.

[24] スメール，ハーシュ，『力学系入門』，岩波書店（1976）.

[25] フリッツ ジョン，『偏微分方程式』，丸善（2003）.

[26] 杉田 洋，『確率と乱数』，数学書房（2014）.

[27] 砂川重信，『電磁気学』，岩波書店（1987）.

[28] 長岡亮介，『線型代数入門講義』，東京図書（2010）.

[29] 中村 滋，『円錐曲線　歴史とその数理』，共立出版（2011）.

[30] 中村 周，『フーリエ解析』，朝倉書店（2003）.

[31] 高崎金久，『微分方程式』，日本評論社（2006）.

[32] 巽 友正，『流体力学』，培風館（1982）.《流体力学の標準的教科書であり，しかも乱流に関する記述も詳しい.》

[33] 種子田定俊，『画像から学ぶ流体力学』，朝倉書店（1988）．《流体力学の実験でパイオニア的業績を上げた研究者による写真集．》

[34] 田端正久，『偏微分方程式の数値解析』，岩波書店（2010）．

[35] 辻井 薫，『超撥水と超親水』，米田出版（2009）．（著）

[36] 寺沢寛一（編），『自然科学者のための数学概論』，岩波書店（1954）．同 応用編，岩波書店（1960）．

[37] 寺田寅彦，『寺田寅彦随筆集』，第 1〜5 巻，岩波文庫（1963）．

[38] ドゥジェンヌ他，奥村剛（訳），『表面張力の物理学』，吉岡書店（2003）．

[39] 流れの可視化学会（編），『流れのファンタジー』，講談社（1986）．

[40] 一松 信（他），『数学七つの未解決問題』，森北出版（2002）．

[41] 深川英俊 & ダン・ソコロフスキー，『日本の数学―何題解けますか？ ［下］』，森北出版（1994）．

[42] 深川英俊 & ダン・ペドー，『日本の幾何―何題解けますか？』，森北出版（1991）．

[43] 福島正俊，『確率論』，裳華房（1998）．

[44] 藤田 宏，池部晃生，犬井鉄郎，高見穎郎，『数理物理に現れる偏微分方程式 I』，岩波書店（1977）．

[45] 船越満明，『カオス』，朝倉書店（2008）．

[46] ポントリャーギン，『常微分方程式』，千葉克裕（訳），共立出版（1968）．

[47] 俣野 博，『微分方程式 I』，岩波書店，1993．《常微分方程式の定性的理論が大変わかりやすく解説してある．図が豊富なので理解がしやすい．》

[48] マルクシェビイチ，『面白い曲線他 2 編』，東京図書（1962）．

[49] 三村昌泰（編集），『現象数理学入門』，東京大学出版会（2013）．

[50] 森 正武，『数値解析』，第 2 版，共立出版（2002）．

[51] 柳田英二（編），『爆発と凝集』，東京大学出版会（2006）．

[52] 柳田英二，栄伸一郎，『常微分方程式論』，朝倉書店（2002）．

[53] 山本義隆，『熱学思想の史的展開 1-3』，筑摩書房 (2008 & 2009)．

[54] ランダウ，アヒエゼール，リフシッツ（著），小野 周，豊田博慈（訳），『物理学』，岩波書店（1969）．《物理学の基本的な概念を外接した好著．ただし，電磁気学はほんの最小限しか書いてない．》

[55] 国立天文台（編），『理科年表』，丸善．

[56] ロゲルギスト，『物理の散歩道 1〜5』，岩波書店．『新 物理の散歩道』，筑摩書房．

[57] J. A. Adam, *Mathematics in Nature*, Princeton Univ. Press (2003).

[58] S. Banach and S. Ruziewicz, Sur les solutions d'une équation fonctionnelle de J. Cl. Maxwell, *Oeuvres*. vol. I, 51-57.

[59] G.K. Bachelor, *An Introduction to Fluid Dynamics*, Camb. Univ. Press, (1967). 『入門流体力学』，橋本英典他訳，東京電機大学出版局（1972）．《数学的なことよりも，流体を物理的な側面から見たい人のための教科書．渦運動にも詳しく，入門以上のことにもふれている名著．》

[60] K. Bajer and H. K. Moffatt, On a class of steady confined Stokes flows with chaotic streamlines *J. Fluid Mech.*, **212** (1990), 337-363.

[61] W. Blaschke, Über eine Ellipseneigenschaft und über gewisse Eilinien, *Archiv für*

Math. Physik, **26** (1917), 115-118.

[62] G. A. Bliss, *Calculus of Variations*, Math. Assoc. Amer. (1925).

[63] G. Blom, L. Holst, and D. Sandell, *Problems and Snapshots from the World of Probability*, Springer (1994).

[64] O. Bolza, *Calculus of Variations*, Chelsea (1973).

[65] C.V. Boys, *Soap Bubbles, Their colors and forces which molds them*, Dover Publ. (1959).

[66] D. M. Cannell, *George Green, Mathematician & Physicist 1793-1841*, Society of Industrial and Applied Mathematics, Philadelphia (2001).

[67] S. Chandrasekhar, *Ellipsoidal Figures of Equilibrium*, Yale Univ. Press (1969).

[68] R. Courant, *Dirichlet's Principle, Conformal Mapping, and Minimal Surfaces*, Interscience Publishers (1950). Springer (1977).

[69] A.D.D. Craik, *Mr Hopkins' Men*, Springer (2007).

[70] A.D.D. Craik, Thomas Young on fluid mechanics, *J. Eng. Math.*, **67** (2010), 95-113.

[71] J. J. Cross, Integral theorems in Cambridge mathematical phyisics, 1830-55, in *"Wranglers and Physicists, Studies on Cambridge physics in the nineteenth century"*, ed. P. M. Harman, Manchester University Press (1985), 112-148.

[72] P. G. Dandelin, *Mémoire sur quelques propriétés remarquables de la focale parabolique* (1822).

[73] O. Darrigol, *Worlds of Flow*, Oxfold Univ. Press (2005).

[74] René Descartes, *Discourse on Method, Optics, Geometry, and Meteorology*, Translated by P. J. Olscamp, Hackett Publ. Co. (2001). French Original (1637). D.E. Smith and M.L. Latham (transl.), The Geometry of Reneé Descartes, Dover (1954). 原 亮 吉（訳），『幾何学』，筑摩書房（2013）.

[75] W. H. Drew, *A Geometric Treatise on Conic Sections*, Macmillan (1893).

[76] C.H. Edwards, Jr., *The Historical Development of the Calculus*, Springer (1979).

[77] N.M. Ferrers (ed.), *Mathematical Papers of George Green*, Chelsea Pub., New York (1970).

[78] A. Fick, Ueber Diffusion, *Ann. der. Physik*, **170** (1855), 59-86.

[79] R. Finn, *Equilibrium Capillary Surfaces*, Springer (1986).

[80] G. B. Folland, *Introduction to Partial Differential Equations*, 2nd ed., Princeton Univ. press (1995).

[81] G. Gamov, *One Two Three ⋯ Infinity*, Viking Press (1947), Dover (1988).

[82] M. Gardner, *Hexaflexagons, Probability Paradoxes, and the Tower of Hanoi*, Camb. Univ. Press (2008).

[83] H. H. Goldstine, *A History of the Calculus of Variations from the 17th through the 19th Century*, Springer (1980).

[84] P. Gorroochurn, *Classic Problems of Probability*, Wiley (2012).

[85] T. L. Heath, *Treatise on Conic Sections*, Camb. Univ. Press (2013).《円錐曲線の歴史を知るには，この Heath の本の序文を読むのが一番であろう.》

[86] T.L. Heath, *The Works of Archimedes*, Dover Publ. (2002).

[87] T.L. Heath, *A Manual of Greek Mathematics*, Oxford Univ. Press (1931).

[88] A. Hurwitz, Sur quelques applications géométriques des séries de Fourier, Ann. Sci. École Normale Supér, **19(3)** (1902), 357-408.

[89] C. Isenberg, *The Science of Soap Films and Soap Bubbles*, Tieto Ltd. (1978). Dover (1992).

[90] R. A. Johnson, A circle theorem, *Amer. Math. Month.*, **23** (1916), 161-162.

[91] T. Kato, *Perturbation Theory for Liner Operators*, 2nd Ed., Springer (1976).

[92] O.D. Kellogg, *Foundations of Potential Theory*, Dover (1953).

[93] H. Lamb, *Hydrodynamics*, Cambridge University Press (1932), 和訳，『流体力学 I, II, III』（今井 功，橋本英典 共訳），東京図書（1978, 1981, 1988）.

[94] J.D. Lawrence, *A Catalog of Special Curves*, Dover (1972).

[95] P.D. Lax, A short path to the shortest path, *Amer. Math. Month.*, **102** (1995), 158-159.

[96] E. H. Lockwood, *A Book of Curves*, Camb. Univ. Press (1963).

[97] B. Mahon, *The Man Who Changed Everything. The Life of James Clerk Maxwell*, Wiley (2003).

[98] St Andrews 大学の数学史のウェブサイト：
http://www-history.mcs.st-and.ac.uk/

[99] E. Maor, *e: the story of a number*, Princeton Univ. Press (1994).

[100] J. C. Maxwell, Illustrations of the dynamical theory of gases, *Phil. Mag.* (1860), 377-409.

[101] J. C. Maxwell, On the displacement in a case of fluid motion, *Proc. London Math. Soc.*, vol. 3 (1870), 82-87.

[102] J. C. Maxwell, *Theory of Heat* (1870). Dover (2001). 《これはマクスウェルによる熱現象の解説である．極めて明快.》

[103] J. C. Maxwell, *Matter and Motion* (1876).

[104] J.C. Maxwell, Capillary action, *Encyclopedia Britannica*, 9th ed., The Scientific Papers, vol. 2, 541-591.

[105] R.A. Millikan, On the elementary electrical chrage and the Avogadro constant, *Phys. Rev.*, **2** (1913), 109-143.

[106] L.M. Milne-Thomson, *Theoretical Hydrodynamics*, 5th Ed., Macmillan (1968).

[107] F. Mosteller, *Fifty Challenging Problems in Probability with Solutions*, Dover (1965).

[108] I. Niven, *Maxima and Minima without Calculus*, Math. Assoc. Amer. (1981).

[109] H. Okamoto, A generalization of Liapunov's theorem concerning a mass of fluid with self-gravitation, *Proc. Japan Acad. Ser. A,* **60** (1984), 4-7.

[110] J. Oprea, *The Mathematics of Soap Films: Explorations with Maple*, Amer. Math. Soc. (2000).

[111] R. Osserman, *A Survey of Minimal Surfaces*, Van Nostrand Reinhold, (1969).

[112] R. Osserman, The isoperimetric inequality, *Bull. Amer. Math. Soc.*, **84** (1978), 1182-1238.

[113] C. Pozrikidis, *Little Book of Streamlines*, Academic Press (1999).

[114] R.A. Proctor, *A Treatise on the Cycloid and All Forms of Cycloidal Curves*, Longmans, Green and Co. (1878).

[115] H. Rademacher and O. Toeplitz, *The Enjoyment of Mathematics: Selections from Mathematics for the Amateur*, Dover (1990).

[116] T. Radó, *On the Problem of Plateau & Subhamonic Functions*, Springer Verlag (1971).

[117] R. C. Reilly, Mean curvature, the Laplacian, and soap bubbles, *Amer. Math. Month.*, **89** (1982), 180-198.

[118] M. Shōji, H. Okamoto, and T. Ooura, Particle trajectories around a running cylinder or a sphere, *Fluid Dynamics Res.*, **42** (2010), 25506.

[119] C. Taylor, *An Introduction to the Ancient and Modern Geometry of Conics* (1881).

[120] I. Todhunter, *A history of the mathematical theories of attraction and the figure of the earth from the time of Newton to that of Laplace*, Macmillan (1873).

[121] D. Thompson, *On Growth and Form*, Camb. Univ. Press (1942).

[122] C. Truesdell, Notes on history of the general equations of hydrodynamics, *Amer. Math. Monthly*, **60** (1953), 445-458.

[123] M. Van Dyke, *An Album of Fluid Motion*, The Parabolic Press (1982). 《流れを様々な方法で可視化し，その写真などを収めたものである.》

[124] E.A. Whitman, Some historical note on the cycloid, *Amer. Math. Month.* **50** (1943), 309-315.

索 引

あ

アイヴォリー, 168
圧力, 145
アニェージ, 24, 39
アボガドロ数, 144
アポロニウスの円, 193
アルキメデス, 29, 31, 34, 36
アルキメデスの原理, 151
アルキメデスの螺旋, 24
アレクサンドロフの定理, 22, 44

渦度, 152
渦なしの流れ, 152
運動エネルギー保存則, 149

epicycle, 85
エピサイクロイド, 84, 113
エラスティカ, 187
江里口良治, 169
円, 2, 193
円錐曲線, 193, 199
Ennepper, 65
Ennepper の極小曲面, 65

オイラー, 69, 187
オイラーの運動方程式, 147
オイラー方程式, 147
オストログラッキー, 118

か

カーディオイド, 84, 88, 113
回転楕円体, 163
界面エネルギー, 41
外力, 147
カヴァリエリ, 35, 83
ガウス–オストログラッキー, 118
ガウスの定理, 118, 147
拡散現象, 140
拡散方程式, 141

カテナリー, 73
カテノイド, 62
ガリレオ, 34, 91
完全流体, 146

極小曲面, 60
曲線, 11
曲面, 19
曲率, 11, 14, 15, 17
曲率半径, 14, 15

クーロンの法則, 121
クエット流, 181
グリーン, 119
グリーン関数, 123
グリーンの公式, 116
クレイ財団の問題, 174
クロネッカーのデルタ, 70

ケルビン, 101
牽引線, 89
懸垂線, 73
懸垂面, 60, 62

コーシーの仮説, 146
弧長, 68
弧長パラメータ, 16, 68
コペルニクス, 42
convex, 3
コンコイド, 24
コンデンサー, 122

さ

サイクロイド, 77, 96
サイクロイド振り子, 79
最速降下線, 91
最適制御, 98
坂部廣胖, 24
佐藤雪山, 31

Scherk, 64
シャボン玉, 46
重心, 27
重調和関数, 177
周転円, 85
重力ポテンシャル, 159
準線, 194
焦点, 102, 193
ジョンソンの定理, 8

数値計算, 7
ストークス, 128, 173, 190
ストークスの定理, 128
ストークスのパラドクス, 181
ストークス方程式, 177
スネルの法則, 106

接触角, 46
ゼノドロス, 42, 69, 199

双曲線, 194, 197
双曲線の焦点, 113
双曲線の接線, 198
双曲線のパラメータ表示, 198
双曲線の離心率, 198

た
楕円, 102, 194
楕円のパラメータ表示, 196
楕円の接線, 196
楕円の短軸, 196
楕円の長軸, 196
楕円の離心率, 102
弾性体力学, 6

調和関数, 115
直径, 9, 35
チルンハウス, 38

追跡曲線, 89
吊り橋, 76

定角曲線, 208
ディドの問題, 72
定幅曲線, 4
デカルトの問題, 105

デカルトの葉線, 38
デューラー, 85
電位, 120
電荷, 120
電場, 120
天秤のつり合い, 28

等周不等式, 69
動粘性係数, 171
凸, 3
トッリチェッリ, 35
トロコイド, 77, 88

な
ナヴィエ–ストークス方程式, 6
流れ関数, 154
ナヴィエ–ストークス方程式, 171

ニュートン, 105, 163, 203

熱方程式, 135
粘性, 6

は
ハイポサイクロイド, 84
汎関数, 93

非圧縮性条件, 147
ヒース, 69
ひもの張力, 74
表面張力, 44, 49

フィックの法則, 141
フーリエ, 131
フーリエ級数, 70, 132
フーリエ係数, 70
フーリエ正弦級数, 134
フーリエ余弦級数, 134
フェルマーの原理, 107
プラトー問題, 59, 60
振り子の等時性, 79
プリンキピア, 105
フルヴィッツ, 69

閉曲面, 22
平均曲率, 20, 43, 49

平面クエット流, 175
ベルヌーイ, 91
変数分離法, 137
変分法の基本補題, 94
変分問題, 67

ポアッソン方程式, 120
ポアンカレ断面, 180
放物線, 194, 199
放物線の焦点, 112, 199
包絡線, 22
ポワズィーユ流, 175

ま
マクスウェル, 56, 101, 183
マクスウェルの関数方程式, 109
マクスウェル分布, 111
マクローリン, 163, 236

モーメント, 27
モデル, 5

や
ヤコビ, 169
ヤング-ラプラスの関係式, 49

ら
ラグランジュ, 92, 132
ラックス, 72
ラプラス, 132
ラプラス作用素, 21, 115

離心率, 102, 167, 194
粒子の軌道, 153, 187
流線, 153
流線のカオス, 181
流体力学, 6

ルーローの三角形, 4

レン, 82
連続体, 144
連続体力学, 6

ロベルヴァル, 82, 87

著者紹介

岡本 久 （おかもと ひさし）

   1956 年生まれ
   1981 年　東京大学理学系研究科修士課程修了
   1985 年　理学博士
   現　在　京都大学教授

主な著書

『非線形力学』（共著）（岩波書店，1995 年）
『関数解析』（共著）（岩波書店，1997 年）
The Mathematical Theory of Permanent Progressive Water-Waves（World Scientific，2001 年）
『ナヴィエーストークス方程式の数理』（東京大学出版会，2009 年）
『関数とは何か』（共著）（近代科学社，2014 年）

日常現象からの解析学

ⓒ 2016 Hisashi Okamoto

Printed in Japan

2016 年 2 月 29 日　初版第 1 刷発行

著　者　　岡　本　　　久
発行者　　小　山　　　透

発行所　　株式会社　近代科学社

〒162-0843 東京都新宿区市谷田町 2-7-15
電話 03-3260-6161 振替 00160-5-7625
http://www.kindaikagaku.co.jp

大日本法令印刷　　**ISBN978-4-7649-0499-6**

定価はカバーに表示してあります.

【本書の POD 化にあたって】

近代科学社がこれまでに刊行した書籍の中には、すでに入手が難しくなっているものがあります。それらを、お客様が読みたいときにご要望に即してご提供するサービス / 手法が、プリント・オンデマンド（POD）です。本書は奥付記載の発行日に刊行した書籍を底本として POD で印刷・製本したものです。本書の制作にあたっては、底本が作られるに至った経緯を尊重し、内容の改修や編集をせず刊行当時の情報のままとしました（ただし、弊社サポートページ https://www.kindaikagaku.co.jp/support.htm にて正誤表を公開 / 更新している書籍もございますのでご確認ください）。本書を通じてお気づきの点がございましたら、以下のお問合せ先までご一報くださいますようお願い申し上げます。

お問合せ先：reader@kindaikagaku.co.jp

Printed in Japan
POD 開始日　2021 年 5 月 31 日
発　　　行　株式会社近代科学社
印刷・製本　京葉流通倉庫株式会社